区域规划概论

吴殿廷　宋金平　陈　光　编著

北京师范大学"区域地理"国家级教学团队成果

U0196661

科　学　出　版　社

北　京

内 容 简 介

本书以区域为对象，以区域发展和协调发展为主线，梳理了区域规划的理论基础和国际进展，结合中国特色的经济发展和社会治理实践阐述了区域规划的目的、任务、内容和重点，剖析了区域规划的编制方法与实施、评价过程，探讨了区域规划常用的指标体系和数学模型，参照联合国人类住区规划署《城市与区域规划国际准则》，提出了适合于中国实际的区域规划准则。

本书适合公共管理、区域经济、地理及城乡规划专业的师生阅读，也可为政府机关，特别是发改、城建及国土部门人员提供参考。

图书在版编目（CIP）数据

区域规划概论 / 吴殿廷，宋金平，陈光编著. —北京：科学出版社，2018.1

ISBN 978-7-03-054489-6

Ⅰ. ①区⋯　Ⅱ. ①吴⋯②宋⋯③陈⋯　Ⅲ. ①区域规划-高等学校-教材　Ⅳ. ①TU982

中国版本图书馆 CIP 数据核字（2017）第 224570 号

责任编辑：文　杨　程雷星 / 责任校对：何艳萍
责任印制：张　伟 / 封面设计：迷底书装

科 学 出 版 社 出版
北京东黄城根北街 16 号
邮政编码：100717
http://www.sciencep.com
北京中石油彩色印刷有限责任公司 印刷
科学出版社发行　各地新华书店经销

*

2018 年 1 月第　一　版　开本：787×1092　1/16
2023 年 1 月第三次印刷　印张：13 1/2
字数：320 000

定价：49.00 元
（如有印刷质量问题，我社负责调换）

目　　录

第一章 绪 论

本章需要掌握的主要知识点是:

什么叫区域规划?

为什么要编制区域规划?

区域规划包括哪些类型?

第一节 区域规划的意义和任务

一、规划和区域规划概述

（一）规划的三个基本要素

规划是对未来活动所作的有目的、有意识的统筹安排。规划既是一个过程——制定规划目标和方案的策划、调研、决策过程，也是一个结果——规划方案。规划对区域未来的发展影响深远。例如，英国放弃对巴勒斯坦"委任统治"70 年后，其当时编制的区域规划仍然存在，且作为用于规划决策的正当法定文件依据[①]。

规划必须具备 3 个基本要素。

（1）目标。任何规划都必须具有明确的目标，规划方案的选择必须以一定的目标为依据。当然，规划目标不一定在规划研究开始时就明确了，常常是在规划过程中逐渐明确的。

（2）条件。任何规划的制定都必须考虑各种现实与可能的条件，并以这些条件为前提。当然，条件是可以改变的，改变有限条件的本身也构成规划的内容。

（3）方案，即实现目标的途径或措施。一般来说，一项规划往往有两个或两个以上的可行方案，正所谓"条条大道通罗马"，规划的过程，主要就是寻找这些通道。在此基础上还要选择其中一条最佳的路线，即哪一条最近？最安全？最省钱？这是需要权衡的。不同的决策者，不同价值取向的人，对"最优"的判断是不同的，正因为如此，规划才成为一门科学，才需要谨慎对待。规划失误是最大的失误。

（二）规划的基本特征

规划一般都具有如下共同特征。

（1）目的性——规划都是为一定目的服务的，没有目的（目标），就谈不上规划。

---

① Crookston M. 2017. Echoes of empire: British mandate planning in palestine and its influence in the West Bank today. Planning Perspectives，32(1): 87-98.

（2）前瞻性——以构想的形式来安排未来的行动。过去的事情不需要规划，正在做的事情已经规划好了，只有面向未来的事情才需要规划，也必须规划。摸着石头过河的时代已经结束，未来的区域发展都需要规划。

（3）动态性——规划所依据的环境条件是变化的，决策者所追求的规划目标也是变化的。

区域规划是在科学认识区域系统发展变化规律的基础上，从地域角度出发，综合协调区内资源与环境、经济和社会等要素的关系，以谋求建立和谐的人地关系系统。这是一项庞大而复杂的系统工程，涉及工业、农业、建筑、交通运输、商业服务等各个产业，涉及工程技术、农学、经济学、社会学、管理学等许多学科。

区域总体规划包括很多方面，如明确区域开发的方向、确定区域开发的目标、选择区域开发的重点、组织合理的区域产业结构、统筹空间布局等。不同层面的区域，总体规划的内容体系不尽相同：层次越高，宏观性越强，总体规划覆盖的内容就越丰富，指导性越强，操作性越弱。不同发展阶段的区域，规划的侧重点不同。但是，不论什么样的区域，在制定区域总体规划时，如下的四个方面，即区域发展的方向、目标、重点和战略对策，都是不可或缺的。当然，这四个方面也可根据实际情况有所侧重。

二、区域规划的任务和类型

（一）区域规划的主要任务

区域规划的主要任务是：有效地开发利用资源，合理布局生产力和城镇居民点体系，使各项建设在地域分布上相互协调配合，提高社会经济效益，保持良好的生态环境，顺利地进行地区开发、整治与建设。区域规划具有战略性、地域性和综合性等特点。它要对整个规划地区国民经济与社会发展中的建设布局问题做出战略决策，把同区域开发与整治有关的各项重大建设落实到具体地域，进行各部门综合协调的总体布局，为编制中长期部门规划和城市建设规划等提供重要依据。

（二）区域规划的广义性与狭义性

区域规划分为广义和狭义两种。

广义区域规划包括：自然规划（自然地理的规划，土壤改良的规划，水资源开发利用规划，动植物资源开发利用和环境保护规划，能源、矿产资源的采掘规划等）、人口规划（出生率、结婚年龄、未来人口的数量和人才需要、培养、引进、输送等）、社会规划（文化、教育、卫生、社会福利、政府管理等）、城乡建设规划（城市数量、规模、功能，乡村与城市之间的分工与合作等）、基础设施规划（水、路、电、通信设施建设等）、经济规划（农业、工业等的发展规划，产业结构调整与生产布局规划等）和科技规划（科研、技术推广等）。

狭义区域规划一般指经济社会发展规划，重点是产业规划和空间布局规划。

中国区域规划层次和类型见图1-1。本书以狭义规划为主。

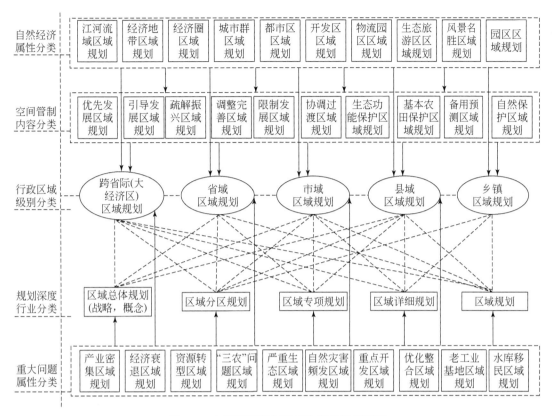

图 1-1 中国区域规划的层次和类型示意图

资料来源：方创琳. 2007. 区域规划与空间管治论. 北京：商务印书馆

三、区域规划的产生与发展

现代意义上的区域规划产生于 19 世纪末 20 世纪初，其发展与地理学、经济学、社会学、工程学的发展密不可分。在实践上，区域规划经历过几次发展高峰期。21 世纪以来，国内外都进入了区域规划发展的新时期，涌现出不少新的动向与理念，各国都在进行大规模的区域规划实践。

（一）西方国家区域规划的发展概况

1. 起步阶段

区域规划是在城市区规划和工矿区规划的基础上发展起来的。霍华德（Howard）在其《明日的花园城市》（1898）中提出的"城市应与乡村相结合"的思想，克鲁泡特金（Kropotkin）在《田野、工厂与作坊》（1899）提出的从区域角度看待工业问题，以及盖迪斯（Geddes）在《演变中的城市》（1915）中强调城市的发展要同周围地区的环境联系起来进行规划的观点，为区域规划的产生奠定了思想基础。1930 年美国城市学家芒福德（Mumford）提出了区域整体发展理论，1933 年国际现代建筑协会（Congrès International d'Architecture Moderne,CIAM）颁布的《雅典宪章》指出，城市要与周围受其影响的地区作为一个整体来被研究，这是区域规划思想在 20 世纪上半叶的进一步发展。

在规划手段与方法上,20 世纪上半叶苏联的国民经济计划体制,特别是部门之间、区域之间的平衡核算体系的广泛实行,以及美国田纳西河流域治理的成功经验,大大地扩展了区域规划实践领域。投入产出模型和运筹学模型的研制及计算机的广泛应用,则使区域规划在方法体系和实用性上取得长足进展。该阶段比较重要的区域规划实践如下。

(1)市域范围的区域规划。德国 19 世纪末的《首都柏林扩展规划》(James Hobrecht 所作),成为德国大部分城市扩展计划的模板。1923 年,美国区域规划协会(Regional Planning Association of America)成立,主要遵循霍华德与格迪斯的思想,考虑第一次世界大战之后住房短缺及区域城市(regional city)的问题。1921～1929 年,纽约区域规划协会(Regional Planning Association of New York)对纽约大都市地区进行了第一次区域规划,并编制了《纽约及周边地区区域规划》(*The Regional Plan of New York and Its Environs*)。1915～1945 年,澳大利亚的城市规划学家将重点放在首都城市,在很大程度上忽视了区域性城市的发展;20 世纪 30 年代,由于北塔斯马尼亚城市规划协会等组织的工作及著名建筑师致力于保护和延续朗塞斯顿作为美丽花园城市的美誉,城镇规划意识开始萌发。1944 年,州政府开始支持城镇规划并通过了《城乡规划法》,这是塔斯马尼亚州的第一个重大规划立法[①]。

(2)矿区范围的区域规划。德国鲁尔区于 1920 年成立了鲁尔煤矿居民点委员会,制定了《区域居民点总体规划》,1923 年又编制了鲁尔工业区的区域总体规划,1935 年成立了"帝国主义居住和区域规划工作部",负责全国国土整治、规划和交通建设等工作。此外,还有英国兰卡斯特煤矿的煤矿区区域规划(1922～1923 年)、苏联为开采阿普歇伦半岛石油资源而制定的综合规划(20 世纪 20～30 年代)等。

(3)自然地理单元的区域规划。美国于 1933 年成立了田纳西河流域管理局,制定了田纳西河流域区域规划,对流域进行综合开发和整治。把防洪、发电、航运、治穷致富、建工厂等措施有机结合起来[②]。经过几十年的努力,田纳西河流域的总体面貌大为改观,并成为世界区域规划和国土整治的成功范例之一。

2. 区域规划的发展期

第二次世界大战以后,欧洲国家步入战后的恢复重建时期,欧洲许多国家伴随着国内经济的复苏,先后在大城市地区和重要工矿地区开展了大量以工业和城镇布局为主题内容的区域规划工作。20 世纪 60 年代以来,以科学技术发展日新月异及城市化进程加剧为背景,区域规划受到发达国家和发展中国家的普遍重视,区域规划进入了一个新的发展阶段。许多国家比以往任何时候都重视区域规划和城市规划工作,除了开展城市和工矿地区的区域规划外,还进行了农业地区、风景旅游和休疗养地区、流域综合开发地区,以及经济不发达地区等多种类型的区域规划工作。区域规划的范围与规模也明显扩大,研究地域范围从城市、大经济区、工矿地区扩展到大自然地理单元地区、流域地区和整个国家。规划者的眼界从市镇或城市扩展到更大的区域范围,从侧重城镇建设规划转向侧重经济及社会的发展规划。

日本从 1962 年到现在以整个国家为对象已进行了六次"全国综合开发规划"(简称"全

① Petrow S. 2013. Town planning in regional Australia: the case of launceston 1915–45. Urban Policy and Research, 31(3): 325-342.

② Ransmeier J S. 1942. The Tennessee Valley Authority: A Case Study in The Economics of Multiple Purpose Stream Planning. Nashville: Vanderbilt University Press.

综"）；荷兰从 1960 年以来已编制了四次全国国土规划；韩国从 20 世纪 70 年代以来先后编制了四次全国国土规划；法国和德国把全国分为若干相互联系的区域进行了全面规划（在法国称为"地区整治"）。

区域规划的理论研究不断深化，佩鲁（Perroux）的增长极理论、弗里德曼（Friedmann）的"核心-边缘"模型，以及以理性主义为核心思想的理性综合规划模型、过程规划理论等都是该时期对区域规划工作影响较大的理论。此阶段的主要规划类型如下。

1）以城市为核心的区域规划

在艾伯克隆比爵士主持下的 1944 年的大伦敦规划采取了"绿带＋新城"的模式，在伦敦外围地区建设卫星城镇，并相互以绿带隔开，计划将伦敦中心区人口减少 60%。这一规划计划在伦敦周围建成一个新城带，这些城镇具有"自给自足"和"社会安定"的特点，围绕伦敦外围绿带而建，这样就形成了四个圈层：中心是伦敦城，外围是郊区，第三层是绿带，第四层是外围郡县。此后，英国所有城镇集聚地区基本上都做了类似的区域规划。

丹麦的哥本哈根于 1948 年制定了著名的"指状规划"（finger plan）。为了提高到中心城区的可通达性，该市规划了几条从核心延伸出去的高速交通线路，由于它们像手指一样伸展，规划由此得名。在交通轴线之间是绿地。至 1960 年时，整个哥本哈根城市地区的人口已从 1948 年的 100 万增长到 150 万，即 1948 年规划的远期目标上限，规划因此必须做出修编。新的区域规划采取在"指"伸展出去的远端设置"城市区"（city section）的方式，城市区里既提供制造业，也提供服务业的就业机会。主要城市区的服务人口为 25 万，相当于丹麦当时最大省份人口值。这样，人们就可以在住所附近找到工作，如果必须要到中心城区通勤，也有高速的指状交通轴线提供便捷的交通条件。经哥本哈根区域规划局（Copenhagen Regional Planning Office）计算，这种非集中化的规划布局每年能为政府节省5000 万英镑的通勤费用。

瑞典的斯德哥尔摩 1952 年的区域规划，把城市中心视为一个巨大的交通交换中心，从中心放射出去许多地下交通轴。轴线上每隔 0.8km 设一个站。在郊区范围里，围绕地铁站设置组团，组团的密度遵循金字塔式的密度模式，由地铁站向周围递减。地铁站同时也是商业及服务业的中心，服务 1.5 万～3 万人（地上步行距离），以及 5 万～10 万人（地下和私人汽车者）。周围的次一级中心服务 1 万～1.5 万人。规划也采取了以绿带作为自然分界线及隔离带的做法。

法国巴黎 1966 年的区域规划，预期人口在未来 35 年内（即 1965～2000 年）从 900 万增长到 1400 万的前提下，提议在塞纳河南北两条主轴线上建设 8 座新城，然而由于实际人口增长远低于预期，最后计划缩减到 5 座。20 世纪 90 年代，人口为 1035 万，未来 25 年中将稳定在这一数字。为此而做的区域规划将重点放在以知识为基础的经济发展上，希望通过在教育、交通和通信设施等领域上的投资，把巴黎建设成为顶级世界城市，在欧洲经济一体化后，能与欧洲其他大城市相抗衡。规划坚持平衡性大都市区的原则，强化省级城镇与大巴黎地区（Ile-de-France）之间的连锁关系。

荷兰兰得斯塔特（Randstad）地区是荷兰的大都市区域，也是欧洲本土最重要的城市区域之一，其密集程度超过英法等国。兰得斯塔特地区奉行了多中心的区域规划策略。该地区中间一直靠区域规划强制政策保持着以农业种植业为主的"绿心"（green heart），使地区的城市化部分呈马蹄铁状。每一部分分别承担不同的功能，海牙是政府及行政中心所在地，鹿特丹是贸易中心，而阿姆斯特丹则是购物业与文化中心。轻工业及地方级服务业则在小一些的地区中心如乌得勒支（Utrecht）、哈勒姆（Haarlem）、莱顿（Leiden）等。

此外，华沙、莫斯科、华盛顿、东京、汉堡等大城市也相继编制了以大都市为核心、覆盖其周边城市影响区域的区域规划。

2）重要工矿地区的区域规划

第二次世界大战后，苏联的顿巴斯地区、伊尔库茨克-契列姆霍夫工业区、古比雪夫和斯大林格勒水电站地区、布古尔马及图依马兹石油地区、卡拉干达工业区、爱沙尼亚页岩地区、克拉斯诺雅尔斯克和阿巴根-米努辛斯克地区，德国的鲁尔区及若干新建大型水电站影响地带等重要工矿区也进行了区域规划实践。

3. 区域规划的繁荣与新的变化

20世纪90年代以来，区域规划的发展方向是综合考虑全球性的人口、资源、环境与经济社会发展等的可持续发展（sustainable development）问题。经济全球化趋势下的区域一体化进程和新区域主义的兴起，是近15年来世界范围内，尤其是欧洲国家掀起新一轮区域规划高潮的主要原因。区域规划的定位也发生转变，由物质建设规划逐渐转为社会发展规划，由蓝图设计转变为公共政策。大尺度空间越来越成为区域规划关注的对象，规划的空间范围从国家进一步扩大到跨国乃至洲际，开展了欧洲空间展望计划、拉美安第斯山脉周围地区区域规划、东欧八国空间规划等跨国、跨地区的区域规划实践。生态最佳化与发展循环经济成为未来区域规划的新方向，如美国区域规划协会把表征生活质量的"3E"（经济，economy；环境，environment；公平，equity）作为构成区域竞争力的新内容[①]。与此同时，还强调区域规划中的灵活弹性，以多目标、多方案为特征，以指导性的柔性规划纲要替代了指令性的强制性规划；倡导规划中的互助合作，重视协商机制及多方参与等。

近年来，西欧各国的区域规划还对经济的地域结构变化及不同的结构所引起的环境变化做出经济预测，使区域规划能与实际发展相吻合。同时，注重方法与技术经济的研究，采用了系统分析、运筹学、博弈论及大型模拟技术等计量经济学的手法。运用电子计算机、模拟模型、系统工程分析方法，通过体系内部结构相互依存关系的定性定量分析，来帮助人们认识和预测国民经济的发展趋势，以及应用系统工程方法求得最优化的综合规划方案。

（二）我国区域规划的发展

我国近现代区域规划的发展可分为四个时期：第一个时期是1840～1926年，在"实业救国"浪潮下近现代意义上的区域规划诞生；第二个时期是1927～1949年，区域规划实践在国家重建过程中举步维艰；第三个时期是1949～1978年，在社会主义道路的探索中继续区域规划实践；第四个时期是1979年至今，区域规划前进在改革开放的浪潮中[②]。

1895～1926年张謇的"村落主义"及苏北沿海地区现代化实践是中国近现代区域规划出现的标志。中华人民共和国成立后，在仿苏联模式的高速工业化战略及大规模基本建设的战略方针指导下，迎来了第一个区域规划高峰。1956年国家建设委员会制定了《区域规划编制与审批暂行办法》，并分别在1956～1957年和1958年实施两批区域规划试点，规划范围从工业区或城镇居民点扩大至城市地区及省内经济区（或地区）。但接踵而至的国民经济困难时期和10年"文化大革命"，使区域规划工作停顿。1979年改革开放以来，

---

① 殷为华. 2006. 20世纪90年代以来中外区域规划研究的对比分析. 世界地理研究，（4）：30-35.
② 武廷海. 2006. 中国近现代区域规划. 北京：清华大学出版社.

经济体制转轨，国民经济发展迅猛，区域规划迎来了第二次发展高峰。继 20 世纪 80 年代兴盛一时的国土规划后，以城乡协调为中心的区域城镇体系规划、以城市发展为中心的战略规划/概念规划，以及以保护耕地为中心的土地利用规划成为区域规划工作的重点。2003 年国家制定"国民经济和社会发展第十一个五年规划纲要"（此前的"一五"至"十五"都称作五年计划），"计划"更名为"规划"，一定程度上反映了中国经济体制、发展观念、政府职能的变革，更强调城乡统筹，区域规划被放在突出重要的位置上，引发了新一轮的区域规划浪潮。

中华人民共和国成立以来，国家开展了与区域规划有关的几项工作：资源考察与调查（20 世纪 50~60 年代）、经济区划（60~70 年代）、农业区划（70~80 年代）、国土开发整治与规划（80 年代）、经济发展战略研究和制定（80~90 年代）、环境治理与规划、人口规划、土地利用规划、城市规划等。这些工作在国家经济建设中均取得了巨大的成就。区域规划与这些工作有联系，但在出发点、目标、重点及适用范围等方面也有区别。因此，一方面要学习、总结这些工作的理论、方法和经验；另一方面也要勇于探索，不断实践，建立适合于中国未来需要的区域规划理论、方法体系。总体来说，要从以下三方面对区域规划进行完善：第一，以立法为突破口，确立区域规划的法律地位；第二，以城镇密集地区、城镇群、都市圈发展规划为依托，以各部门的行业规划、专项规划为基础，建构区域规划体系；第三，整合区域规划管理事权，明确管理主体和现实各部门职责[1]，推进全国范围内的空间规划。

四、与区域规划相关、相似的规划

区域是地球表层的空间系统，凡是与地表空间相关的规划都与区域规划相关，有的甚至非常相似。目前，在我国此类规划包括国土规划、城镇体系规划、城市群规划和主体功能区规划等。

（一）国土规划

我国 1981 年在国家建设委员会（简称建委）内部成立国土局，将国土规划的任务规定为"使国民经济的发展同人口、资源、环境协调起来"，并编制了《全国国土总体规划纲要》。原国家计划委员会（简称国家计委）在 1987 年颁布的《国土规划编制办法》中规定，国土规划为根据国家社会经济发展总的战略方向和目标及规划区的自然、经济、社会、科学技术等条件，按规定程序制定的全国的或一定地区范围内的国土开发整治方案。20 世纪 80 年代，我国开展了广泛的国土规划工作，国土规划由几个不同类型的试点推广至全国。多数省份编制了省级的国土规划，有些省份还编制了省内经济区、地区或县域的国土规划。但因国土规划没有通过立法确立法定地位，也未报国务院审批，编制后约束力低，被作为基础资料使用，未发挥应有作用[2]。

2001 年 8 月，国土资源部发布《关于国土规划试点工作有关问题的通知》（国土资发[2001]259 号），决定在天津和深圳开展国土规划试点工作；之后又于 2003 年 6 月决定在辽宁与新疆进行国土规划工作，这是 20 世纪 80 年代以来的第二轮大规模的国土规划实践。新时期的国土规划在内涵与性质上均发生了变化：首先，新一轮国土规划试点认识到国土具有双重含义，除了国土的资源价值外还有空间价值；其次，国土规划协调人地关系的作

---

① 王晓东. 2004. 对区域规划工作的几点思考——由美国新泽西州域规划工作引发的几点感悟. 城市规划, 28（4）：65-69.
② 胡序威. 2002. 我国区域规划的发展态势与面临问题. 城市规划, 26（2）：23-26.

用凸显出来，新时期国土规划主要任务就是协调经济社会发展与资源环境间的关系，在地域空间上保障可持续发展目标的实现[①]。

国土规划与区域规划的关系是：两者同属于以国土开发利用和建设布局为中心的、从战略高度进行地域性的综合规划。区域性的国土规划就是区域规划。因此，区域规划与国土规划的关系是局部与整体的关系，区域规划是国土规划的组成部分。但是，它们各有特点和侧重。一般来说，国土规划比区域规划涉及的内容、范围更为广泛，考虑的问题更为长远。而区域规划则着重于一个地区发展和建设的空间部署。

（二）城镇体系规划

城镇体系（urban system），又称城市体系或城市系统，由美国地理学家邓肯（Duncan）等于 1960 年在《大都会与区域》一书中首先提出。它是一个国家或一个地域范围内由一系列规模不等、职能各异的城镇所组成，并具有一定的时空地域结构、相互联系的城镇网络的有机整体。城镇体系规划（urban system planning）的主旨在于揭示地域城镇及其体系的形成、发展的一般规律，合理分布社会生产力，合理安排人口和城镇布局，充分开发利用国土资源，提出国家（或地域）经济社会总体战略部署[②]。

在我国，城镇体系规划是指一定地域范围内以区域生产力合理布局和城镇职能分工为依据，确定不同人口规模等级和职能分工的城镇的分布和发展规划。一般分为全国城镇体系规划、省域（或自治区域）城镇体系规划、市域（包括直辖市、市和有中心城市依托的地区、自治州、盟域）城镇体系规划、县域（包括县、自治县、自治旗域）城镇体系规划4 个基本层次。城镇体系规划区域范围一般按行政区划定。规划期限一般为 20 年，由住房和城乡建设部门归口管理和实施监督与评估。

城镇体系规划要达到的目标是：通过合理组织体系内各城镇之间、城镇与体系之间及体系与其外部环境之间的各种经济、社会等方面的相互联系，运用现代系统理论与方法探究整个体系的整体效益。

城镇体系规划的核心内容包括：

（1）制定城镇化和城镇发展战略；

（2）协调和部署影响省域城镇化与城市发展的全局性和整体性事项；

（3）按照规划提出的城镇化与城镇发展战略和整体部署，制订相应的调控政策和措施，引导人口有序流动；

（4）确定区域开发管治区划；

（5）确定区域城镇发展用地规模的控制目标；

（6）确定乡村地区非农产业布局和居民点建设的原则。

20 世纪 90 年代后期，国家对跨省的区域城镇体系规划工作日益关注[①]。当前，全国及各省纷纷开展城镇体系规划工作，制定了《全国城镇体系规划（2005~2020 年）》《江苏省城镇体系规划（1998~2020 年）》《湖北省城镇体系规划（2003~2020 年）》《河南省城镇体系规划（2006~2020 年）》《黑龙江省城镇体系规划（1998~2020 年）》《甘肃省城镇体系规划（2003~2020 年）》等。我国已经形成一套由国土规划—区域规划—城镇体系规划—城

---

① 武廷海. 2006. 中国近现代区域规划. 北京：清华大学出版社.
② 顾朝林. 1996. 中国城镇体系——历史·现状·展望. 北京：商务印书馆.

市总体规划—城市分区规划—城市详细规划等组成的空间规划系列。城镇体系规划处于对国土规划和城市总体规划进行衔接的重要地位。城镇体系规划既是城市规划的组成部分，又是区域国土规划的组成部分。

（三）大都市区规划和城市群规划

Metropolitanarea，或译"大都市区"，是源于美国的术语，用于表述一个巨大的城市聚落[①]。它指一个以大（中）城市为中心，包括外围与其联系密切的工业化和城镇化水平较高的县、市共同组成的区域，内含众多的城镇和大片半城镇化或城乡一体化地域。如果其中心城市人口规模大于 100 万，则可称大都市区；也可由若干个大中城市作为中心共同组成大都市区。都市区不一定是一个完整的一级行政区，它可能大于市域范围，也可能小于市域范围，它强调的是与中心市有密切的日常社会经济联系（如通勤）、有较高的非农化和城市化水平，要有协调内部建设的某种机制。

针对大都市区的区域规划由来已久，一个多世纪以前，德国首都柏林就已拟定过"首都柏林扩展规划"。20 世纪 20 年代的纽约都市区规划、40 年代的大伦敦规划、50～60 年代的巴黎区域规划和欧洲其他首都的都市区规划实践，都是区域规划史上有名的都市区规划实践。这些都市区规划都是以单中心城市及其影响区域为主体进行的。

当前我国的大都市区规划以多中心都市区，即"都市圈"或"城市群"为主体进行的较多。目前，进行的大都市区规划实践有首都圈（京津冀）规划、长三角城市群规划、珠三角城市群规划、南京都市圈规划、大武汉都市圈、沈阳都市圈、哈尔滨都市圈、中原城市群总体发展规划、长株潭城市群区域规划等。《国家新型城镇化规划（2014～2020年）》提出要优化提升东部城市群、加快培育中西部城市群，相关城市群正在编制实施新一轮规划。

（四）主体功能区规划

主体功能区理论是我国学者提出的原创性成果，主体功能区规划自国家"十一五"规划开始逐渐推进，目前县以上行政地域单元大多制定和实施了主体功能区规划。

2006 年 3 月，《中华人民共和国国民经济和社会发展第十一个五年规划纲要》明确提出：各地区要根据资源环境承载能力和发展潜力，按照优化开发、重点开发、限制开发和禁止开发的不同要求，明确不同区域的功能定位，制定相应的政策和评价指标，逐步形成各具特色的区域发展格局。国家"十二五""十三五"规划纲要进一步强调要实施主体功能区战略。

主体功能区是指根据不同区域的资源环境承载能力和发展潜力，按区域分工和协调发展的原则划分的具有某种主体功能的规划区域。划分主体功能区是国家实施可持续发展战略，实现空间科学发展的重大战略部署。

主体功能区的功能，不外乎生产、生活、生态及其服务，可以简单地归结为生产生活（二者在空间上常常不会分离很远）、生态两大类功能。主体功能区划以地球表层和国土空间（包括陆地和水面）为对象，区划的目的在于空间管治，引导开发方向，控制土地利用方式（方向和强度），提高国土利用的效益和可持续性。明确"主体功能区"中的"功能"是进行主体功能规划的基本前提。

---

① 约翰斯顿 R J. 2004. 人文地理学词典. 北京：商务印书馆.

第二节　当前区域规划的特点与方向

区域规划是进行空间管治的有效手段，随着人们对"空间"认识的提高，以及经济、社会发展新常态的出现，区域规划也在发生变化。

一、由"自上而下"强制型规划转向上下互动、协商研讨型规划

目前，世界上的区域规划数不胜数，但不外乎三种类型。

（一）自上而下的强制型规划

在实行计划经济的苏联及存在东方集权色彩的某些国家（如日本、新加坡），规划基本是计划的代名词，国家具有完善的区域规划编制体系及保障体系。区域规划的强烈指令性使其成为一种绝对的政府行为，区域规划因此成为国家干预、调控地方发展的有力工具。实践证明，除了少数国家较为成功外，这些规划虽然表面上具有强大的权威，但由于难以调动地方的积极性，不能发挥地方的主动性，因此常不成功。

（二）自下而上的放任型规划

由于自由经济意识形态在政治、文化领域的全面渗透，"控制"的观念在某些国家并不受欢迎。市场的盲动性和生产的无政府状态使规划缺乏稳定的地位，时而被政府当作防止市场失效的工具，时而被视为避免经济危机、政治危机发生的权宜之计。综合性区域规划在这些国家（如美国）基本不能真正开展。"区域性的规划"实际是为无数单项的规划、契约或法规所取代。美国国家级的规划管理机构主要职能是通过制定全国或全区的立法和分配国家对区域建设的财政补助（联邦基金）来干预地方，因此美国对区域物质环境发展和变化的管理能力要比许多欧洲国家薄弱得多。

（三）控制与引导双轨型规划

在奉行"第三条道路"的西欧国家，其相对集权的价值观及并不宽裕的生存空间，使得区域规划不仅成为政府的一项重要工作，也能基本得到整个社会的认同。政府通过权威的规划、完备的法规、开放的规划体系、市场化的经济手段等，将控制与引导较好地结合起来，基本保证了区域规划由编制到实施的一致性。这方面比较成功的是德国的区域规划。

我国未来既不能重蹈绝对强制的计划模式覆辙，也不能采用自由放任的市场模式。新的区域规划要求在自上而下与自下而上的力量之间进行磨合、平衡，转向双向互动互求、协商型规划。在西方国家称为"非正式规划"，即利用咨询、讨论、谈判、交流、参与等措施，在正式的规划途径之外，开辟一条不完全是官方的意见交流和协商行动的渠道，通过制定公平准则，建立公开的规划体系，广泛吸收各种利益集团（政府、部门、社团、企业等）参与规划的全过程，以寻求解决区域发展中的各种利益冲突的方法和途径，制定出一个透明度高、可信度强、满足全社会愿望的区域规划（契约）。这样的区域规划将被区域成员视作"我们的规划"而自觉去履行。这一点对我国传统的区域规划编制思维的改造是有重要意义的，虽然这个过程可能意味着大量的时间与精力耗费，却是使区域规划由图纸走向实施的重要保障。这种协商式的规划可以处理包括经济

结构的调整、就业市场的开拓、环境污染的防治、土地资源的需求、开敞空间的建设和区域基础设施的共享等问题,也可运用在目前已经频繁出现的有关争夺城市发展机遇和信息共享处理等方面。这在我国的《珠江三角洲城镇群协调发展规划》中已有较明显的体现。

二、由经济单目标型规划转向综合目标型规划

传统的区域规划尤其是城镇体系规划,是以生产力的布局为核心任务,计划经济时代城镇体系规划的根本目的就是要使国家的资本得到均衡的配置,甚至还带有限制资源、资本"计划外"流动的企图。在以经济目标为根本内在驱动的情况下,区域规划中虽然对社会发展、生态环境保护等也有一定的涉及,但大多是作为一种"标签",无论是规划者还是执行者,都没有将其放到真正重要的地位。

粗放型的经济增长模式是用国内生产总值和国民收入的总量与速度的增加掩盖自然资源衰竭、环境功能退化所代表的真正经济成本,但如今人们已经直接感受到了漠视环境成本所带来的昂贵代价。另外,人们越来越认识到,"经济增长"与"社会发展"是两个完全不同的概念,由社会发展极化、文化冲突、权利分割、社会需求多元化等引发的社会问题,许多必须在区域规划中找到解决或缓和的途径。20世纪90年代以来,为解决日益突出的人口、资源、环境与经济社会发展问题,区域规划在内容、范围、理论研究与方法技术等方面都发生了巨大的变化。区域规划从内容来看,越来越由单目标的物质建设规划或经济布局规划为主开始转向综合的区域发展目标规划,规划中的社会因素与生态环境因素越来越受到重视,生态最佳化成了未来区域规划的新方向。美国区域规划协会指出:表征生活质量的"3E"正日益成为评判区域在国内外竞争力大小的标准。总之,一个基本的规划理念是,社会与生态环境价值必须同时作为衡量最佳规划方案的重要标准。

三、由城镇为重点转向区域、城乡整体规划

传统的区域规划由于将规划视野过多囿于经济生产领域,因而将区域的经济中心——城镇作为规划研究的重点,而将区域中其他基质地域(生态地域、农村地域)作为一种支撑城镇发展的成本。在区域规划中,"二元分割"的规划思维特征非常明显。

但是,经济和社会的发展不仅创造了越来越多城乡界限日益模糊的城镇密集区、都市连绵区、城乡混合区等表象的空间形态,而且事实上从更为深刻的层面将城镇与区域、乡村的发展紧密地联系到了一起。以创新为第一生产力的知识型经济将从根本上改变城市与乡村的关系:乡村不再是为城市单纯提供生产要素的依附地,而实现了多种要素的相互组合流动;乡村的经济、社会、生态价值被重新发现和理解,城市的持续发展是以乡村的健康成长为基础的;经济成长的创新机制,有可能使传统城市地域以外的空间得到优先发展,从而改变由城市至乡村的单一扩散方向。城镇以外的区域基质空间不再是单向被动地承受城镇的资源耗费和经济、社会的主宰,而对城镇的发展越来越表现为依赖与制约并存、支持与竞争并存的格局。城乡一体化已经成为不可阻挡的趋势,区域城乡整体规划、整合发展的目标理念正日益被广泛接受。

尽管乡村区域规划曾经对规划实践与思想至关重要,但近年来乡村区域规划一直被规划人员和政策制定者所忽视。目前,后工业化国家的乡村区域面临着重大的新挑战,特别是在气候、生物多样性、非常规资源开发与利用方面,越来越多的规划人员开始将目光投向乡村区域规划[①]。

① Morrison T H, Lane M B, Hibbard M. 2015. Planning, governance and rural futures in Australia and the USA: Revisiting the case for rural regional planning. Journal of Environmental Planning and Management, 58(9): 1601-1616.

四、由面面俱到型规划转向问题导向型规划

在经济模式由计划经济向市场经济转轨的过程中,我国区域规划依然延续了无所不包的庞杂色彩。由于对市场环境中许多变动因素无法把握,甚至规划了许多无法调控的经济生产内容。如此面面俱到的规划,不仅耗费大量的规划精力与财力,也影响有关各界包括规划人员自身对区域规划实施效果的看法,实际上也削弱了区域规划的权威性、科学性。

区域是一个处于时代变化中的复杂综合体,区域规划只能是有限目标的规划。区域规划必须抓住其真正能发挥作用的内容进行规划,针对每个规划的特定区域、特定时段、特定背景的要求,进行针对性的"重点问题"规划,提高区域规划的编制效率与效果,力戒面面俱到、泛而无物。在此方面,日本的历次国土综合规划是非常有代表性的:日本第一次国土规划主要是实现生产力的最优经济布局;第二、第三次的国土规划则主要是逐步解决全国经济发展的不均衡问题;第四次国土规划则着重强调人口高龄化、信息化和国际化,把建设舒适开放的安居社会、形成安全而富饶的国土、整顿充实长寿社会中的生活空间和整备交通、信息和通信体系作为主要议题;第五次国土规划则将提高日本在全球经济社会发展中的竞争地位与能力,以及建立高水平的地域文化目标作为主题;第六次国土规划实现了由"国土综合开发"向"国土形成"的转变,突出的特点是将更大的区域单元作为国土战略的主题,强调要构建生活圈域,既提高效率,又降低成本,最终目标是建设经济实力强大、环境优美的日本国。

五、由单方案刚性规划转向多方案弹性规划

今天人们面对的是一个节奏快、矛盾复杂的网络化社会。多变的环境对规划也提出了更高也是更为现实的要求——如何实现规划的灵活性与弹性。

保证弹性和调控程度的平衡是区域规划有效性衡量的标准。必须将原来以行政手段为主的计划型规划转变为以价值引导为主的计划与市场兼容型规划,将原来过于具体的刚性规划转变为应变能力较强的弹性规划。当然区域规划更应体现出多目标、多方案的弹性特征,在全球化过程中使区域发展具备更大的应变性,防范各种风险与被动的境况。

六、由虚调控型规划转向以空间管治为手段的实调控型规划

传统区域规划效果低下而难以对区域发展起到真正调控与引导作用,其中一个重要原因是尚未找到其真正赖以调控区域发展的"权利砝码"。甚至有学者认为,空间发展调控不足是导致目前全球危机及全球危机期间财富分配不均加重的根源[1]。区域规划是一种以空间资源分配为主要调控手段的地域空间规划,即制定"空间准入"的规则、实施"空间管治",是实现由虚调控型规划转向实调控型规划的关键"砝码"。在市场经济环境中,空间管治如同法规、税收等一样,是政府握有为数不多而行之有效的调节经济、社会、环境可持续发展的重要手段。在当今环境中,区域规划作为一种空间地域规划,

---

① Janin Rivolin U. 2016. Global crisis, spatial justice and the planning systems: a European comparison. Ⅳ World Planning School Congress, Rio de Janeiro:1-20.

它不再是仅仅被动地对社会经济发展计划进行地域上的落实，更重要的是通过"空间准入"规则（空间供给的多少、分区发展的限制等）来主动对社会经济发展进行必要的调控，修正其中不合理的部分，即区域规划既要把国家和地区经济发展政策和社会改造意图综合反映在空间环境建设上，也要通过规划对有关社会经济政策及意图提出建议和补充。

在欧洲，受全球危机财富不均效应影响最严重的国家的空间规划体系通常是通过规划对土地利用与发展权利进行预防性分配，而其他国家的空间规划体系则是提前规定土地利用和空间发展的新权利，只有对发展项目及其布局影响进行公共管治之后才能进行分配。

区域规划必须由以前的以生产力布局和城镇体系布局为重点转向以空间资源配置为重点，划定各种用途管治区域，并制定相应的空间使用要求，在区域中划定鼓励发展地域、引导发展地域、限制发展地域、禁止发展地域等多种不同的空间类型。新加坡空间管治方面成功经验可以概括为：由大到小、由远到近、由不可开发到可开发逐渐识别、有序推进。在各种空间类型中，最为首要的是划定非发展地域的界限和制定保护的要求。"优势区"是德国在区域规划中作为生态平衡的一种规划理念和手段提出来的，其是指区域中一些具有单一职能或多种职能的农村地区或具有自然保护功能的大空间。从土地保养的角度看，优势区意味着使社会和自然环境之间达成有机的平衡。优势区一般具有五种职能：农业和林业生产、闲暇和休养、长期保障用水供应、特殊的生态平衡功能、原料和矿产的采集。在莱茵兰—普法尔兹州的规划中，就规定了一系列非开发地域作为"地区的首要用途"。绿带也是德国最著名的增长管理政策，作为区域规划的一部分，绿带可以使不发达地区永久开放，从而避免城市蔓延。Siedentop 等 2016 年通过对 4 个案例区域进行实证研究表明，绿带是开放空间保护的有效手段[①]。这一点对我国目前西部大开发是具有非常现实与深远意义的。

七、由单模式规划转向多模式规划

"区域"表达的是按某种目的划分出的空间地域概念，因而区域具有类型、层次之分。编制不同的区域规划应当采取不同的模式，尤其是不同层次区域规划解决的是不同层次的问题。苏联的区域规划有两种类型：编制区域规划纲要和区域规划设计。这两种类型是以不同的地域等级为对象而划分的，且两类规划要依次完成，即先编制国家层面的区域规划纲要，再编制地方层面的区域设计，这是典型的自上而下的编制模式。区域规划纲要具有资料调查和评估性质，其任务是揭示大地区地域性经济布局和发展的可能性，在总体上指出实现这些可能性的途径和最佳的方案；区域规划设计只是在区域规划纲要研究过的部分地段进行，研究纲要所提出的布局和发展可能性的具体实现途径（空间利用规划、设施安排等）。目前，我国已经出现以资源开发为重点的区域开发型规划，以城镇体系布局为核心的市、县域规划，以及城镇群规划、城乡一体化规划等相关类似规划，不同类型、不同层次、不同地域尺度的区域规划相互促进，区域规划也由过去单纯的物质实体的形态规划扩大到非物质实体规划在内的综合性规划。

---

① Siedentop S, Fina S, Krehl A. 2016. Greenbelts in Germany's regional plans—an effective growth management policy? Landscape and Urban Planning, 145: 71-82.

八、由目标终极型规划转向过程实施型规划

相较于其他类型的规划，区域规划更具有宏观性、长远性、战略性的特征。因此，将区域规划的种种"终极合理目标"转化为具体可行的"行动过程"，是关系区域规划实际成败的关键。这就要求人们必须强化对实施步骤、实施措施等的研究，而这正是人们以前较为忽略的内容。"空间管治"是一种实现由目标至过程的措施，而通过区域建设资金的分配或政策的倾斜、基础设施的建设引导，也是实施区域规划的重要手段，这在市场经济环境中很有现实意义。

在美国高度私有化的商业为导向的社会环境中，坚实的基础设施和环境是私人企业发展的必要条件，国家、州和地方政府可以通过提供基础设施服务，引导和限制私人企业的发展，大都市地区规划成为应付市场力量的一种工具。在我国社会主义市场经济条件下，如果明智地使用规划工具和选择性的基础设施投资，引导形成合理的空间形式，促进生产力集聚，节省时间与空间的耗费，保护脆弱的生态环境，也可以创造出更适合人类生存、更易管理的各种区域[①]。

九、区域发展战略规划应运而生

自 2008 年以来，国务院及国家发展和改革委员会（简称发改委）先后批准或批复了数十项区域发展规划，包括京津冀都市圈区域规划、长三角区域规划、东北振兴规划、关中—天水经济区发展规划、江苏沿海地区发展规划、辽宁沿海经济带发展规划、中部地区崛起规划等。这些规划，都不是典型的区域规划，也不是传统意义上的"发展战略"，而是一种既高瞻远瞩，又有一定操作意义的战略规划。区域发展战略规划及其研究的高潮正在到来。

从工作深度、指导性与操作性之间的关系看，区域发展决策在纵向上应该按照这样的思路进行：先编制高级区域的经济社会发展战略，在此基础上按照"区域发展战略→区域发展概念性规划（策划）→区域总体规划→区域详细规划→分区设计"的思路，将区域经济社会发展与空间协调发展有机结合起来，进行不同尺度区域规划的编制，详见图 1-2。

战略研究强调宏观性、长远性和指导性，规划强调系统性、操作性，区域发展战略规划是介于区域发展战略与区域规划之间的一种决策形式，要解决的主要问题，是找准区域定位，明确区域发展方向和目标，确定区域发展重点。

农业社会重视过去，工业社会重视现在，信息社会重视未来。战略规划既高瞻远瞩，又有一定的操作性（目标明确，重点落实），因而不像战略那样"虚无缥缈"；也不像规划那样面面俱到，"只见树不见林"。战略规划迎合了时代的要求，成为不可替代的一种思维方式和决策过程，它是区域发展决策人员必须了解和掌握的一种知识能力。

十、以主体功能区为基础，推进多规合一

涉及空间管治的，除了区域规划外，还有城乡规划、土地利用规划和主体功能区规划等。目前我国尚未建立全面的国家空间规划体系，致使各地区乃至全国各类规划依据打架、目标打架、标准打架。区域的整体目标、近期目标，行业和领域的分项目标都没有建立一

---

① 张京祥，吴启焰. 2001. 试论新时期区域规划的编制与实施. 经济地理，21(5): 513-517.

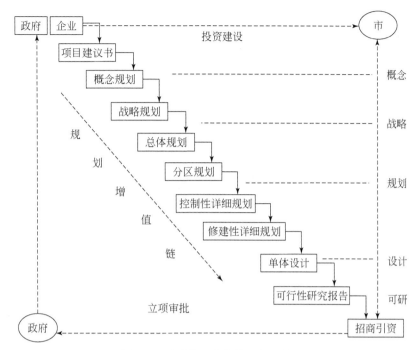

图 1-2 区域发展决策的深度示意图

资料来源：方创琳. 2007. 区域规划与空间管治论. 北京：商务印书馆

个完整的体系，各项规划即便想找到依据也很难。为此，中共中央关于国民经济和社会发展的"十三五"规划建议指出，要发挥主体功能区作为国土空间开发保护基础制度的作用，落实主体功能区规划，完善政策，发布全国主体功能区规划图和农产品主产区、重点生态功能区目录，推动各地区依据主体功能定位发展。以主体功能区规划为基础统筹各类空间性规划，推进"多规合一"。这就是说，未来的空间管治方面的规划，都要以主体功能区规划为基础。当然，"多规合一"并非指只有一个规划，而是在规划安排上互相统一，同时加强规划编制体系、规划标准体系、规划协调机制等方面的制度建设，强化规划的实施和管理的协调性，使规划真正成为建设和管理的依据和龙头[①]。

　　2017 年 1 月 9 日，中共中央办公厅和国务院办公厅联合发布《省级空间规划试点方案》，提出要以主体功能区规划为基础，全面摸清并分析国土空间本底条件，划定城镇、农业、生态空间及生态保护红线、永久基本农田、城镇开发边界（以下称"三区三线"），注重开发强度管控和主要控制线落地，统筹各类空间性规划，在海南、宁夏、吉林等九个省份编制统一的省级空间规划，为实现"多规合一"、建立健全国土空间开发保护制度积累经验、提供示范。各试点省份要重点围绕基础设施互联互通、生态环境共治共保、城镇密集地区协同规划建设、公共服务设施均衡配置等方面的发展要求，统筹协调平衡跨行政区域的空间布局安排。主要内容包括：省级空间发展战略定位、目标和格局，需要分解到市县的三类空间比例、开发强度等控制指标，"三区三线"空间划分和管控重点，基础设施、城镇体系、产业发展、公共服务、资源能源、生态环境保护等主要空间开发利用布局和重点任务，各类空间差异化管控措施，规划实施保障措施等。

---

① 沈迟. 2015. 我国"多规合一"的难点及出路分析. 环境规划，（Z1）：17-19.

复习思考题

1. 掌握概念：规划；规划三要素；国土规划；城镇体系规划；主体功能区。
2. 简述你对区域规划内涵的理解。
3. 简述我国区域规划的发展历史。
4. 分析论述当前区域规划的主要特点和努力方向。

进一步阅读

彼得·尼茨坎普. 2001. 区域与城市经济学手册. 北京：经济科学出版社.

崔功豪，魏清泉，刘科伟. 2006. 区域分析与区域规划. 2版. 北京：高等教育出版社.

方创琳. 2007. 区域规划与空间管治论. 北京：商务印书馆.

吴殿廷. 2016. 区域分析与规划教程. 2版. 北京：北京师范大学出版社.

武廷海. 2006. 中国近现代区域规划. 北京：清华大学出版社.

第二章 区域规划的理论基础

> **本章需要掌握的主要知识点是：**
> 区域发展的内涵和特征是什么？
> 区域经济发展有哪些基本的规律？
> 系统规划理论有哪些要点？
> 区域竞争、合作与一体化的内在机制与表现形式是什么？

第一节 区域发展论

区域规划的目的是促进区域发展和可持续发展，因此，必须首先弄清楚区域发展的内涵和特征。

一、区域发展的内涵

发展就是进步。进步，就是现在比过去、将来比现在有可能实现更理想的状态。所以，区域发展就是指在一定的时空范围内以资源开发、产业组织、结构优化为主的一系列经济社会活动处在更好的状态。我国正处在快速发展阶段，经济发展是社会进步的主要表现形式，经济发展表现在很多方面，对国家经济而言，大致包括八个方面[①]，而对区域经济而言，有意义的基本上是如下五个方面。

（一）经济的增长

狭义的经济增长指地区生产总值（gross domestic product，GDP）的增加。GDP 指一个国家或者地区（国界范围内）所有常驻单位在一定时期内生产的所有最终产品和劳务的市场价值。GDP 是国民经济核算的核心指标，也是衡量一个国家或地区总体经济状况的重要指标。在经济发展的早期阶段，经济增长在经济发展中占有中心地位，但并不等于经济发展的全部。生产增长的水平可以用地区生产总值或人均地区生产总值测定，不宜单纯用工农业总产值和社会总产值等指标，因为这两个指标中有相当一部分（中间消耗部分）是没有社会经济意义的。

（二）技术进步

技术进步（technological progress 或 technical progress）包括工具和机械的发明与改良、生产技术方面的知识增加、新产品的开发、劳动生产率的提高、资本效益的提高、成本的降低、大批量生产技术的开发、产品质量的提高、资源节约、环境改善等。由分工和大规模生产而带来的生产率的提高也是其重要的特征之一。

---

① 方甲. 1989. 产业经济学. 北京：中国人民大学出版社.

（三）产业结构的改进

产业结构（industrial structure）是指各产业的构成及各产业之间的联系和比例关系。在经济发展过程中，由于分工越来越细，因而产生了越来越多的生产部门。这些不同的生产部门，受到各种因素的影响和制约，会在增长速度、就业人数、在经济总量中的比重、对经济增长的推动作用等方面表现出很大的差异。因此，在一个经济实体当中（一般以国家和地区为单位），在每个具体的经济发展阶段、发展时点上，组成国民经济的产业部门是大不一样的。各产业部门的构成及相互之间的联系、比例关系不尽相同，对经济增长的贡献大小也不同。因此，把包括产业的构成、各产业之间的相互关系在内的结构特征概括为产业结构。

区域经济发展的历史就是区域产业结构演变的历史。典型的情况是，在区域经济形成和发展早期，社会从事农业这一单一的商品生产，后来随着新产业的兴起和它们之间的有机结合，各个产业的生产增加了，结果整个社会也进步了。各产业兴起的时间不同，发展速度不同，各产业之间的关系也不同。产业结构标志着地区经济的发展水平。促进区域经济的发展，就要适时地培育和扶持战略性新兴产业，使产业稳步地向有利于发挥地区优势、增加区域经济竞争力的方向发展。

（四）资本的积累

资本积累（capital accumulation）是资本所有者把利润的一部分用于购买扩大生产规模所需追加的资本要素和劳动要素，如购买工具、机械设备、工厂、建筑物、库房等。上述经济发展中技术进步和产业结构的变化等现象，都是与投资活动有联系的，这些投资就来自于资本积累。所以说，把新创造价值的一部分转换为生产设备的资本积累，是引起技术进步和产业结构变化并由此扩大生产的必要条件。资本积累一般用固定资产投资额来描述，目前更注重人力资本的积累，也逐渐开始重视生态资本的变化。

（五）与外界关系的改善

对于空间范围不大的区域来说，靠自产自销是发展不起来的，要增加收入就得出售产品。同样的道理，只靠区域内的资源是满足不了进一步发展的需要的。要保证生产资料的供应和产品的销售，就要与外界发展联系，这是一个地区经济的开放性。与周边地区、与国外有稳定良好协作关系，这是一个地区经济成熟的标志，也是今后发展的重要保障。当然，这种联系、这种协作关系是有原则的，也是互惠互利的。不能只讲协作，不顾区域本身的物质利益，不顾国家利益。关键是要在发挥自身的优势、生产出有竞争力产品的基础上，勇于开拓市场，讲信誉，守合同，与其他地区、其他国家建立起良好的协作关系。中国改革开放、积极加入世界贸易组织（World Trade Organization，WTO）、建立自由贸易区等，意义就在于此。

总之，经济发展不完全等同于区域经济增长，区域经济发展的表现是多方面的，而且这些方面是相辅相成的。

二、区域发展的形式

（一）量的扩张

描述区域经济规模的指标包括产值、产量和增加值等。其中，产值包括工农业产值、社会总产值等，描述的是物质生产部门的活动规模，因经济学意义不大，现在已经不大使用了（只有乡镇及以下区域还在使用）。产量不仅描述了各种实物生产部门的活动规模，也反映了当地生产特点和物质需求保障程度，特别是和人均指标结合使用，不仅有经济学意义，而且有社会学意义，如能源安全、粮食自给率等。这里着重讨论区域发展中的增加值及其变化。

1. 描述经济规模的指标

国内生产总值（GDP）：以国土范围计，是按市场价格计算的增加值的简称。它是一个国家（地区）内所有常驻单位在一定时期（一年）内生产的最终成果——所创造的增加值（总产值－中间消耗）之和。在地区层面，则称地区生产总值。

国民生产总值（gross national products，GNP）：以国民国籍计，是按市场价格计算的财富增加的简称。它是一个国家（地区）所有常驻单位一定时期（一年）内初次分配的最终成果，是一个国家或地区居民富裕程度的标志。在地区层面，则称居民生产总值。

国民收入（national income）：从事物质资料生产部门（农、工、建、运、商）的劳动者在一定时期（一年）内所新创造的价值，即净产值，等于（物质生产部门）社会总产值扣除中间消耗。但目前这种含义正在淡化，甚至在很多情况下所说的"国民收入"就是指国民生产总值。

三者的差别在于：国民收入只统计了物质生产部门新创造的价值，而国民生产总值统计所有部门（常住单位）的初次分配，国内生产总值统计所有部门的新增价值。即使是对物质生产部门，国民收入不包括固定资产折旧，而GNP、GDP包括固定资产折旧。

2. 描述经济增长的指标

在经济增长中，有意义的是如下的动态指标和相对指标。

增长的幅度，即目标期指标值减去基期指标值，描述的是该指标增加的幅度。用相对增加幅度，即增加的幅度与基期指标之比（增加若干倍、翻几番）更有意义。

增长的速度，包括当年增长速度、若干年平均增长速度等。

人均国民生产总值、人均收入的变化，包括绝对增长幅度、相对增长幅度和年平均增长速度等。

3. 到底要 GDP 还是要 GNP

GDP 是生产的概念，也是经济繁荣的标志，反映了该地区经济活动的规模与效益。因此，要反映一个地区经济繁荣程度或资源利用效率，最好用人均 GDP 或单位面积国土所创造的 GDP。

GNP 是收入（分配）的概念，是富裕程度的标志。因此，要反映一个地区居民富裕与否，最好用人均 GNP。例如，世界银行 2014 年国家收入分类就是基于人均 GNP 进行的，结果是：低收入，1045 美元以下；中低收入，1046～4125 美元；中高收入，4126～12735 美元；高收入，12736 美元以上。2014 年我国人均 GNP 为 4597 美元，已经进入中高收入国家的行列。

考虑 GNP 中包括很大部分的政府支出，所以，要确切反映居民富裕程度，在国内不同地区的比较时，应该用城镇居民人均可支配收入和农村居民人均纯收入来分别说明城镇居民和农村居民的富裕程度。国家"十三五"规划中已将这两个指标合并，称为居民可支配收入。

GDP 和 GNP 都有意义。虽然 GDP 和 GNP 定义不同，但在统计计算上却有密切联系，即

$$GNP=GDP+来自国（区）外的劳动者报酬和财产收入$$
$$-付给国（区）外的劳动者报酬和财产收入$$

对于一个较大或外向性不强的国家、地区来说，GDP 与 GNP 相差不大，GDP 提高了，GNP 也会提高。但对于吸引外资、劳务很多，或资本、劳务输出很多的地区来说，GDP 和 GNP 可能相差很大，前者 GDP 大于 GNP，后者 GDP 小于 GNP，从而出现繁荣未必富裕，或富裕但不繁荣的现象。

GDP 对于地方政府很有意义，因为 GDP 的扩大，就意味着税收和财政收入的提高；对于居民来说，虽然 GDP 也有意义，如增加就业机会等，但比较而言，GNP 意义更大。四川省外出打工者数以百万计，每年拿回的劳务输出收入数以百亿计，不是也很有意义吗？正因为如此，完全可以不求所在，只求所有。

经济增长并不一定等于经济发展。在分析经济形势时，人们往往更多的是关注 GDP 的增长。在总结经济工作成绩时，人们最经常引用的也是 GDP 的增长率。但 GDP 增长反映的是经济增长，只有在综合考虑 GNP 与 GDP 差额的正负、绝对值的大小基础上，才能衡量增长是否能够反映发展，特别是对较小的地区而言。

（二）质的改善

经济学就是研究资源配置，追求效益极大化。这包括如下几种情况：费用一定，产出（有益产出）最大；产出一定，费用最小；费用、效益都不定，但效益-费用最大，或效益/费用最大。这三种情况，第一种属于量的扩张，是经济发展的简单、低级形式；第二种属于质的提高，规模虽然没有扩大，但仍有经济学意义，这就是零增长——没有增长的发展，是区域或国家发展到一定程度后所追求的经济发展的重要方式；第三种既包含量的扩张，也包含质的提高，是区域/国家经济发展的普遍形式。

纯粹形式质的改善（即上述第二种形式）包括资本的积累、生产条件的改善、投入要素的节约、产出质量的提高、与周边地区及环境关系的改善等。

（三）结构的优化

经济结构包括产业结构、空间结构、技术结构、所有制结构、进出口结构、消费-积累结构等。其中，产业结构和空间结构将在本章第三节和第四节分别讨论。这里只简要地讨论技术结构、所有制结构和消费-积累结构的优化问题。应该注意的是，优化都是相对的，相对于特定的区情，相对于特定的发展阶段。

1. 技术结构

技术结构是指国家、部门、地区或企业在一定时期内不同等级、不同类型的物质形态和知识形态技术的组合和比例。技术结构优化包括合理化和高级化两个方面。对于一般区域而言，不是技术结构越高级越好，因为高技术意味着高投资，小的区域、穷的区域购买不起；高技术也需要有高素质的人才开发、使用和维护。技术结构优化首先是合理化，就是效益最大化，只要能保证产品品种和质量，保证资源节约和环境保护，用什么技术并不重要。从这个角度看，目前全国各地，尤其是西部偏远落后地区盲目发展高新技术产业是值得思考的。但从区域管理，从维持区域经济长期可持续发展能力的角度看，适当提高技术层次是必要的，因此不能仅仅满足于当前的效益，而排斥新技术的引进、研制和开发。

在世界经济一体化的趋势下，区域之间的竞争异常激烈，增加自主创新能力是保持区域长期可持续发展的基础。

2. 所有制结构

计划经济强调公有制，特别是国有制。市场经济视私有财产是神圣不可侵犯的，强调非公有制。我国正在实行市场经济，因此，扩大非国有经济、非公有经济是重要的。事实证明，在当前生产力水平下，非公有经济，尤其是非国有经济更能实现持续、快速发展，但一些事关国计民生的基础产业和战略产业，适度的公有化或国有化也是必要的。

3. 消费-积累结构

从微观的角度看，特别是经济发展的早期阶段，适当地提高积累比例，有利于扩大投资，加速经济发展。罗斯托经济成长阶段论认为，积累率（也就是投资率）达到 10% 是实现经济起飞的必要条件。但从长远看，从宏观层面看，并不是积累率越高越好，因为过高的积累率必然导致有效消费能力的下降，进而出现生产过剩，市场萧条，经济萎缩。因此，在区域经济进入成熟阶段以前，应适当提高消费率，积累-消费比例保持在 1:9 甚至更高一点也无妨；而在此以后，应适当鼓励消费，积累-消费比率应降至 1:9 以下。现在我国的平均积累率在 30% 以上，显然太高，因为我国经济已起飞 30 多年了，生产过剩迹象已很严重。

三、区域发展观的演变

发展观是一定时期经济与社会发展的需求在思想观念层面的聚焦和反映，是一个国家或地区在发展进程中对发展什么及怎样发展的系统看法。确立什么样的发展观，是世界各国面临的共同课题，它也是伴随各国经济社会的演变进程而不断完善的。发展观的核心问题是：为什么发展？发展什么？怎样发展？等等。这里主要从哲学的角度，对区域科学发展的最本质特征和战略性对策进行讨论，特别关注较小区域的开发问题。

从社会经济宏观视角看，我国的发展观，当然也是区域发展观，大体经历了以实物生产为主、以财富（GDP）生产为主和以人为本三个不同的阶段，可分别称作实物崇拜的发展观、财富（GDP）崇拜的发展观和以人为本的发展观。

改革开放前，我国的国民经济管理采取的是物质产品平衡体系（system of material product balanc，MPS）。该体系是经济互助委员会（The Council for Mutual Economic Assistance，简称经互会）根据会员国的实践经验制定的、适用于计划经济国家的国民经济核算方法。制定 MPS 的基本依据是马克思主义的再生产理论，它根据劳动的性质将国民经济划分为物质生产领域（农业、工业、建筑业、运输业和商业）和非物质生产领域；非物质生产领域投入的社会劳动，不增加供社会支配使用的物质产品总量，所以不创造国民收入。

可以看出，该体系是典型的以实物生产为主的发展观，即简单、直接追求物质财富，如以粮为纲、以钢为纲等。我国从"一五"计划到"七五"计划，都把粮食产量、钢铁产量或工农业总产值、社会总产值等物质生产规模作为经济社会发展的最主要目标。

不仅当时的经济互助委员会国家如此，联合国发展研究所及哈根、里维罗斯基等所提出的区域规划目标也都非常重视人均钢产量、人均电视机拥有量等物质指标：在联合国发展研究所提出的 15 个国民经济发展规划指标中，人均钢产量、人均能源消耗量等实物性指标就达到 5 个；经济学家哈根提出的 9 个规划目标中，实物性目标有人均能源消耗量、人均电话机数、人均机动车拥有量等 5 个，超过一半；里维罗斯基提出的 13 个规划目标中，实物性指标竟达 8 个，超过六成。实物崇拜，即以实物产量为主的发展，是当时的经济发展观念。

改革开放后，我国引入联合国国民经济核算体系（the system of national accounts，SNA），经济发展观转向以国内生产总值即 GDP 为核心。国内生产总值常被公认为衡量国家经济状况的最佳指标，它不但可以反映一个国家的经济表现，更可以反映一国的国力与财富。正因为如此，人们越来越重视 GDP、越来越追求 GDP，逐渐形成了 GDP 崇拜，即片面追求 GDP 绝对值的增长，忽略了其他因素，如经济结构的平衡、环境成本、社会福利等。对 GDP 增长率的片面追求曾经是世界上一些新兴市场经济国家或者向市场经济体制转型国家的"共发症"，我国国内更是出现了盲目追求 GDP 的热潮，各地方政府热衷于基础设施和经济项目的大投入、大建设，甚至不惜牺牲生态环境、民生福祉为 GDP 让路。而统计数据造假或"注水"，用地方发展绑架中央调控，更是"GDP 崇拜"的直接恶果。

实际上，GDP 不是万能的。GDP 没有充分反映公共服务在经济发展中的重要作用，不能反映经济发展的质量差异，不能准确地反映财富的真正增长——财富的损失未计入其中，战争、自然灾害反而可以扩大 GDP，没有反映非市场性家务劳动，不能体现生活质量的提高和社会的进步。

党的"十六大"和国家"十一五"规划提出以人为本的科学发展观，党的"十七大"和"十八大"进一步强调生态文明和五位一体总体布局，使我国的区域发展观念自此进入新阶段——以人为本的发展阶段。以人为本，就是改变传统的以物质生产为中心的经济增长模式，强调发展是为了人（人的全面发展），发展的过程要依靠人（而不是过度地消耗自然资源和污染环境），发展的成果要惠及大多数人（而不是由少数利益集团瓜分），特别关注弱势群体。

四、循环经济与可持续发展理论

（一）可持续发展理论

可持续发展的概念最先是 1972 年在斯德哥尔摩举行的联合国人类环境研讨会上正式开始讨论的。1981 年，美国人布朗（Brown）出版《建设一个可持续发展的社会》，提出以控制人口增长、保护资源基础和开发再生能源来实现可持续发展。1987 年，世界环境与发展委员会发布《我们共同的未来》报告，将可持续发展定义为："既能满足当代人的需要，又不对后代人满足其需要的能力构成危害的发展"。作者是挪威首位女性首相布兰特（Brundtland），她提出的可持续发展的定义被广泛接受。1992 年 6 月，联合国在里约热内卢召开的环境与发展大会，通过了以可持续发展为核心的《里约环境与发展宣言》及《21世纪议程》等文件。随后，中国政府编制了《中国 21 世纪人口、环境与发展白皮书》，首次把可持续发展战略纳入我国经济和社会发展的长远规划。1997 年的中共"十五大"把可持续发展战略确定为我国"现代化建设中必须实施"的战略。2002 年中共"十六大"把"可持续发展能力不断增强"作为全面建设小康社会的目标之一。科学发展观则把"可持续发展作为科学发展的最基本要求。在目前的中国，可持续发展是以保护自然资源环境为基础，以激励经济发展为条件，以改善和提高人类生活质量为目标的发展理论和战略。它是一种新的发展观、道德观和文明观。

（1）突出发展的主题。发展与经济增长有根本区别，发展是集社会、科技、文化、环境等多项因素于一体的完整现象，是人类共同的和普遍的权利，发达国家和发展中国家都享有平等的不容剥夺的发展权利。

（2）发展的可持续性。人类的经济和社会的发展不能超越资源和环境的承载能力。

（3）人与人关系的公平性。当代人在发展与消费时应努力做到使后代人有同样的发展机会，同一代人中一部分人的发展不应当损害另一部分人的利益。

（4）人与自然的协调共生，人类必须建立新的道德观念和价值标准，学会尊重自然、师法自然、保护自然，与之和谐相处。中国共产党提出的科学发展观把社会的全面协调发展和可持续发展结合起来，以经济社会全面协调可持续发展为基本要求，指出要促进人与自然的和谐，实现经济发展和人口、资源、环境相协调，坚持走生产发展、生活富裕、生态良好的文明发展道路，保证一代接一代地永续发展。从忽略环境保护受到自然界惩罚，到最终选择可持续发展，是人类文明进化的一次历史性重大转折。

（二）循环经济理论

1. 循环经济的内涵

20 世纪 90 年代，在可持续发展思想的影响下，人们更加注重从源头进行污染治理，通过改变经济发展模式，提高经济增长效率，降低经济增长的资源、环境和生态成本。循环经济思想逐渐广为接受[①]。

有关循环经济的定义不少。但循环经济建立在 3R 原则之上，即减量化（reducing）、再利用（reusing）和再循环（recycling），这一点是绝无异议的。其中，减量化或减物质化原则针对的是输入端，旨在减少进入生产和消费流程的物质和能量流量；再利用或反复利用原则属于过程性方法，目的是延长产品和服务的时间强度，尽可能多次、多方式使用物品，避免物品过早成为垃圾；再循环、资源化或再生利用原则体现在输出端，要求通过把废弃物再次变为资源，以减少最终处理量。资源化有两种途径：一是原级资源化，即将消费者遗弃的废弃物资源化后形成与原来相同的新产品；二是次级资源化，即将废弃物生产成与原来不同类型的产品。循环经济的两大支撑是系统论与生态学，其核心在于要像生态系统中一样，建立经济系统中的循环组分，详见图 2-1。

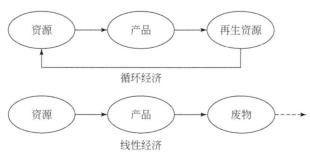

图 2-1　循环经济和线性经济模式的比较

---

① 黄贤金. 2006. 资源经济学读本. 南京：江苏人民出版社.

2. 循环经济的三个层次

从资源流动的组织层面看，循环经济可以从企业、生产基地等经济实体内部的小循环，产业集中区域内企业之间、产业之间的中循环，包括生产、生活领域的整个社会的大循环三个层面来展开。

（1）以企业内部的物质循环为基础，构筑企业、生产基地等经济实体内部的小循环。企业、生产基地等经济实体是经济发展的微观主体，是经济活动的最小细胞。依靠科技进步，充分发挥企业的能动性和创造性，以提高资源能源的利用效率、减少废物排放为主要目的，构建循环经济微观建设体系。

（2）以产业集中区内的物质循环为载体，构筑企业之间、产业之间、生产区域之间的中循环。以生态园区在一定地域范围内的推广和应用为主要形式，通过产业的合理组织，在产业的纵向、横向上建立企业间物质流、价值流的集成和资源的循环利用，重点在废物交换、资源综合利用，以实现园区内生产的污染物低排放甚至"零排放"，形成循环型产业集群，或是循环经济区，实现资源在不同企业之间和不同产业之间的充分利用，建立以二次资源的再利用和再循环为重要组成部分的循环经济产业体系（图 2-2）。

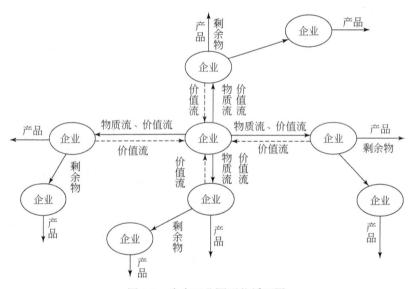

图 2-2　生态工业园网状循环图

资料来源：黄贤金. 2006. 资源经济学读本. 南京：江苏人民出版社

（3）以整个社会的物质循环为着眼点，构筑包括生产、生活领域的整个社会的大循环。统筹城乡发展、统筹生产生活，通过建立城镇、城乡之间、人类社会与自然环境之间循环经济圈，在整个社会内部建立生产与消费的物质能量大循环，包括生产、消费和回收利用，构筑符合循环经济的社会体系，建设资源节约型、环境友好的社会，实现经济效益、社会效益和生态效益的最大化（图 2-3）。

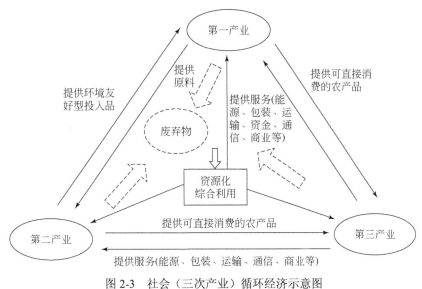

图 2-3　社会（三次产业）循环经济示意图

资料来源：黄贤金. 2006. 资源经济学读本. 南京：江苏人民出版社

五、科学发展观与统筹协调发展理论

（一）科学发展观

科学发展观是在党的十六届三中全会中提出来的，其内涵是"坚持以人为本，树立全面、协调、可持续的发展观，促进经济社会和人的全面发展"。

科学发展观的具体内容包括：

第一，坚持以人为本的发展。要始终把实现好、维护好、发展好最广大人民的根本利益作为一切工作的出发点和落脚点，尊重人民主体地位，发挥人民首创精神，保障人民各项权益，走共同富裕道路，促进人的全面发展。做到发展为了人民、发展依靠人民、发展成果由人民共享。

第二，坚持全面协调和可持续发展。全面推进经济建设、政治建设、文化建设、社会建设，促进现代化建设各个环节、各个方面相协调，促进生产关系与生产力、上层建筑与经济基础相协调。坚持生产发展、生活富裕、生态良好的文明发展道路，建设资源节约型、环境友好型社会，实现速度和结构质量效益相统一、经济发展与人口资源环境相协调，使人民在良好生态环境中生产生活，实现经济社会永续发展。

第三，坚持统筹兼顾。要正确认识和妥善处理区域发展中的重大关系，统筹城乡发展、区域发展、经济社会发展、人与自然和谐发展、国内发展和对外开放，统筹中央和地方关系，统筹个人利益和集体利益、局部利益和整体利益、当前利益和长远利益，充分调动各方面积极性。善于从国内外形势发展变化中把握发展机遇、应对风险挑战，营造良好发展环境。既要总揽全局、统筹规划，又要抓住牵动全局的主要工作、事关群众利益的突出问题，着力推进、重点突破。

科学发展观是在可持续发展理论基础上提出来的，也是对可持续发展理论的重大突破，带有鲜明的中国特色。

（二）五大发展理念

在国民经济进入较高发展阶段后，要实现经济社会生态的长期可持续发展，必须牢固树立和贯彻落实创新、协调、绿色、开放、共享的新发展理念。

创新是引领发展的第一动力。必须把创新摆在国家和区域发展全局的核心位置，不断推进理论创新、制度创新、科技创新、文化创新等各方面创新。

协调是持续健康发展的内在要求。必须牢牢把握中国特色社会主义事业总体布局，正确处理发展中的重大关系，重点促进城乡区域协调发展，促进经济社会协调发展，促进新型工业化、信息化、城镇化、农业现代化同步发展，在增强国家硬实力的同时注重提升国家软实力，不断增强发展整体性。

绿色是永续发展的必要条件和人民对美好生活追求的重要体现。必须坚持节约资源和保护环境的基本国策，坚持可持续发展，坚定走生产发展、生活富裕、生态良好的文明发展道路，加快建设资源节约型、环境友好型社会，形成人与自然和谐发展现代化建设新格局，推进美丽中国建设，为全球生态安全做出新贡献。

开放是国家繁荣发展的必由之路。必须顺应我国经济深度融入世界经济的趋势，奉行互利共赢的开放战略，坚持内外需协调、进出口平衡、引进来和走出去并重、引资和引技引智并举，发展更高层次的开放型经济，积极参与全球经济治理和公共产品供给，提高我国在全球经济治理中的制度性话语权，构建广泛的利益共同体。

共享是中国特色社会主义的本质要求。必须坚持发展为了人民、发展依靠人民、发展成果由人民共享，做出更有效的制度安排，使全体人民在共建共享发展中有更多获得感，增强发展动力，增进人民团结，朝着共同富裕方向稳步前进。

坚持创新发展、协调发展、绿色发展、开放发展、共享发展，是关系我国发展全局的一场深刻变革。创新、协调、绿色、开放、共享的新发展理念是具有内在联系的集合体，是"十三五"乃至更长时期我国发展思路、发展方向、发展着力点的集中体现，必须贯穿于"十三五"经济社会发展的各领域各环节①。

（三）统筹兼顾，推进主体功能区建设

依据创新、协调、绿色、开放、共享五大发展理念，制定科学的战略策略，可以从如下的几个方面做出努力，即统筹城乡协调发展、统筹区域协调发展、统筹经济社会协调发展、统筹人与自然和谐发展、统筹好国内发展与对外开放、统筹海陆共享发展等。

1. 统筹城乡协调发展

统筹城乡发展，是指要站在国民经济和社会发展的全局高度，把城市和农村的经济社会发展作为整体统一筹划，通盘考虑，把城市和农村存在的问题及其相互关系综合起来研究，统筹解决。既要发挥城市对农村的辐射作用，发挥工业对农业的带动作用，又要发挥农村对城市、农业对工业的促进作用，实现城乡良性互动；以改变城乡二元结构为目的，建立起社会主义市场经济体制下的平等、和谐、协调发展的工农关系和城乡关系，实现城乡经济社会一体化。

统筹城乡协调发展有着特殊的必然性和紧迫性，它是打破城乡二元结构，纠正城市偏

---

① 中华人民共和国国民经济和社会发展第十三个五年规划纲要.

向的必然选择；是全面建设小康社会和我国进入工业化中期的必然要求；是解决我国"三农"问题的根本途径；是扩大内需、启动农村市场及农业大省建设经济强省的必然需要。

城乡协调发展的最终目标是实现城乡一体化，它是生产力发展到一定水平时，城市和乡村成为一个相互依存、相互促进的统一体，充分发挥城市和乡村各自的优势和作用，城乡的劳动力、技术、资金、资源等可以进行自由交流和组合，实现城乡共同繁荣、共同富裕。

2. 统筹区域协调发展

统筹区域协调发展，就是中央政府从区域经济发展全局的高度，运用宏观调控手段，将不断扩大的区域差距重新回归到民众能够普遍接受的范围，从而逐步实现区域经济协调发展目标的动态努力过程。目标：缩小区域发展差距，促进区域协调发展；优化区域产业结构，优势互补，共同发展；合理的人口、经济、国土、城镇格局，引导生产要素合理流动。

1）统筹区域发展的基本内涵

统筹区域发展的目标是实现区域之间协调发展。实现区域协调发展，至少要解决三个方面的主要问题：一是要发挥各地区的比较优势，形成合理的区域分工；二是帮助、扶持贫困地区和欠发达地区发展，逐步缩小地区发展差距；三是形成全国统一市场，实现各种商品和要素在空间上的合理有序流动。

统筹区域发展的主体是中央政府及地方各级政府。中央政府统筹全国性的区域协调发展问题，地方政府统筹局部性区域协调发展问题。

统筹区域发展应根据不同的目标采用不同的区域划分。统筹区域发展至少可以采取 4 种区域划分方法：一是划分为西部地区、东北地区、中部地区和东部地区；二是划分为保护区、控制区和发展区；三是划分为东部和中西部地区；四是以省、自治区和直辖市为单元划分。

总之，统筹区域发展就是中央政府和地方各级政府，依托市场机制，运用能够掌握的各种资源，发挥各地区的比较优势，形成合理的区域分工，帮助和扶持弱势地区发展，缓解地区差距扩大的趋势，形成全国统一市场，促进商品和要素在空间上的合理有序流动和合理配置。

2）统筹区域发展的主要内容

统筹区域发展有两个核心内容：一是对各地区在全国现代化建设中的地位和作用要进行统筹考虑；二是对各地区人民生活要进行统筹考虑。

统筹考虑各地区的地位和作用。从"六五"时期至"十五"时期，我国是分沿海地区与内陆地区，或东部、中部与西部来阐述各地区在全国发展中的地位和作用的。

中共十六届三中全会提出统筹区域发展，是在实施西部大开发战略和振兴东北地区等老工业基地战略的新形势下对我国区域发展战略的新认识，因此将全国分成西部地区、东北地区、中部地区和东部地区等四大区块。进而深刻认识这四大区域各自的优势和劣势，正确认识这四大区域在全国现代化建设中的地位和作用，正确把握这四大区域在我国推进全面建设小康进程中的相互关系。

为了引导各地区的发展和正确评价各地区的发展业绩，除了统筹考虑西部地区、东北地区、中部地区、东部地区等四大区域的发展外，还需要从保护与发展、适度发展与重点发展的角度对全国进行区域划分，在此基础上来统筹考虑保护区、控制区、发展区之间的关系。

统筹考虑各地区人民生活。统筹区域发展是对地区协调发展的继承和深化。地区协调发展要求抑制东、西部发展差距扩大的趋势，将东、西部发展差距控制在一定的幅度之内。由此可见，地区协调发展关注地区差距是将着眼点放在发展差距方面，尤其是关注东、西部之间的发展差距。统筹区域发展同样要关注地区差距问题，这是对地区协调发展的"继承"。但是，统筹区域发展关注地区差距的角度要调整，要由过去注重地区间的发展差距调整为关注地区间居民生活差距，这才是真正体现"以人为本"的思想。因为，发展的最终目的就是提高广大人民群众的生活水平，也只有全国各地区居民生活水平都有了较大改善，并且各地区居民生活差距在人们可承受的范围之内，社会才能保持稳定。当然，考察各地区居民生活差距，可以东、中、西部为地域划分单元，也可以省、自治区、直辖市为地域划分单元，但从管理和调控的角度考虑，一般认为后者更合适一些。另外，还需对两类特殊类型区的居民生活给予特别的关注：一类是自然条件较为恶劣、经济社会发展水平低的贫困地区；另一类是经济结构老化、经济处于衰退状态的老工业基地。

3）统筹区域发展的途径：推进形成主体功能区

根据资源环境承载能力、现有开发密度和发展潜力，统筹考虑未来我国人口分布、经济布局、国土利用和城镇化格局，将国土空间划分为优化开发、重点开发、限制开发和禁止开发四类主体功能区，按照主体功能定位调整完善区域政策和绩效评价，规范空间开发秩序，形成合理的空间开发结构。

优化开发区域的发展方向。优化开发区域是指国土开发密度已经较高、资源环境承载能力开始减弱的区域。要改变依靠大量占用土地、大量消耗资源和大量排放污染实现经济较快增长的模式，把提高增长质量和效益放在首位，提升参与全球分工与竞争的层次，使其继续成为带动全国经济社会发展的龙头和我国参与经济全球化的主体区域。

重点开发区域的发展方向。重点开发区域是指资源环境承载能力较强、经济和人口集聚条件较好的区域。其要充实基础设施，改善投资创业环境，促进产业集群发展，壮大经济规模，加快工业化和城镇化，承接优化开发区域的产业转移，承接限制开发区域和禁止开发区域的人口转移，逐步成为支撑全国经济发展和人口集聚的重要载体。

限制开发区域的发展方向。限制开发区域是指资源环境承载能力较弱、大规模集聚经济和人口条件不够好，并关系全国或较大区域范围生态安全的区域。要坚持保护优先、适度开发、点状发展，因地制宜发展资源环境可承载的特色产业，加强生态修复和环境保护，引导超载人口逐步有序转移，使其逐步成为全国或区域性的重要生态功能区。

禁止开发区域的发展方向。禁止开发区域是指依法设立的各类自然保护区域。要依据法律法规规定和相关规划实行强制性保护，控制人为因素对自然生态的干扰，严禁不符合主体功能定位的开发活动。

3. 统筹经济社会协调发展

要在大力推进经济发展的同时，更加注重社会发展，加快科技、教育、文化、卫生、体育、社会保障、社会管理等社会事业发展，不断满足人民群众在精神文化、健康安全等方面的需求，提高人的素质和人力资源能力，实现经济发展与社会进步的有机统一。当前是社会发展滞后于经济发展，影响经济发展的相关因素中，社会因素已占到70%～80%，也就是人们常说的经济发展的非经济动力因素。

4. 统筹人与自然的和谐发展

在全面建设小康社会和整个现代化进程中，必须更加重视处理好经济建设、人口增长与资源利用、生态环境保护的关系，使经济发展与人口、资源、环境相协调。然而近些年，由于人们不重视人与自然之间的和谐相处，肆意掠夺和破坏生态环境及大自然，人与自然间的不和谐已经严重影响到我国经济社会发展。改革开放以来，我国经济增长速度相当快，综合国力大为增强。但同时，代价也让人触目惊心：初步估算，将我国所有污染对经济造成的损失汇总起来，每年污染造成的损失占 GDP 的 7%左右，刚好接近我国近些年经济增长速度。中国 1/3 的田地被酸雨侵害；被监测的 343 个城市中，3/4 的居民呼吸着不清洁的空气；全球污染最严重的 10 个城市，我国占一半。因此，我国必须统筹人与自然的和谐，走科学发展之路。

要坚持把建设资源节约型、环境友好型社会作为加快转变经济发展方式的重要着力点。深入贯彻节约资源和保护环境基本国策，节约能源，降低温室气体排放强度，发展循环经济，推广低碳技术，积极应对气候变化，促进经济社会发展与人口资源环境相协调，走可持续发展之路。

5. 统筹好国内发展与对外开放

随着我国经济发展和对外开放的不断扩大，中国经济的快速增长正在改变着世界经济版图。同时，我国经济发展对国外贸易的依赖越来越大，特别是一些重要的战略性资源对国际市场依存度很高，如我国每年所需原油的 40%、铁矿石的 30%、铜资源的 60%、氧化铝的 50%都要靠进口解决。我国加入世界贸易组织以后，经济发展既有更多机遇，也有新的压力和挑战。因此，必须统筹好国内发展与对外开放。

要深刻认识国内大局和国际大局、内政和外交的紧密联系，善于从国际形势和国际条件的发展变化中把握发展方向、用好发展机遇、创造发展条件、掌握发展全局，做到审时度势、因势利导、内外兼顾、趋利避害，为我国发展营造良好国际环境。

2015 年国家发展和改革委员会、外交部、商务部联合发布《推动共建丝绸之路经济带和 21 世纪海上丝绸之路的愿景与行动》。提出沿线国家共商共建共享的五大倡议，即尊重各国主权和领土完整、互不侵犯、互不干涉内政、和平共处、平等互利；坚持开放合作，"一带一路"相关的国家基于但不限于古代丝绸之路的范围，各国和国际、地区组织均可参与，让共建成果惠及更广泛的区域；坚持和谐包容，倡导文明宽容，尊重各国发展道路和模式的选择，加强不同文明之间的对话，求同存异、兼容并蓄、和平共处、共生共荣；坚持市场运作，遵循市场规律和国际通行规则，充分发挥市场在资源配置中的决定性作用和各类企业的主体作用，同时发挥好政府的作用；坚持互利共赢，兼顾各方利益和关切，寻求利益契合点和合作最大公约数，体现各方智慧和创意，各施所长，各尽所能，把各方优势和潜力充分发挥出来。

6. 统筹海陆共享发展

坚持海陆统筹，发展海洋经济，科学开发海洋资源，保护海洋生态环境，维护海洋权益，建设海洋强国。

1）壮大海洋经济

优化海洋产业结构，发展远洋渔业，推动海水淡化规模化应用，扶持海洋生物医药、海洋装备制造等产业发展，加快发展海洋服务业。发展海洋科学技术，重点在深水、绿色、安全的海洋高技术领域取得突破。推进智慧海洋工程建设。创新海域海岛资源市场化配置方式。深入推进山东、浙江、广东、福建、天津等全国海洋经济发展试点区建设，支持海南利用南海资源优势发展特色海洋经济，建设青岛蓝谷等海洋经济发展示范区。

2）加强海洋资源环境保护

深入实施以海洋生态系统为基础的综合管理，推进海洋主体功能区建设，优化近岸海域空间布局，科学控制开发强度。严格控制围填海规模，加强海岸带保护与修复，自然岸线保有率不低于 35%。严格控制捕捞强度，实施休渔制度。加强海洋资源勘探与开发，深入开展极地大洋科学考察。实施陆源污染物达标排海和排污总量控制制度，建立海洋资源环境承载力预警机制。建立海洋生态红线制度，实施"南红北柳"湿地修复工程和"生态岛礁"工程，加强海洋珍稀物种保护。加强海洋气候变化研究，提高海洋灾害监测、风险评估和防灾减灾能力，加强海上救灾战略预置，提升海上突发环境事故应急能力。实施海洋督察制度，开展常态化海洋督察。

3）维护海洋权益

有效维护领土主权和海洋权益。加强海上执法机构能力建设，深化涉海问题历史和法理研究，统筹运用各种手段维护和拓展国家海洋权益，妥善应对海上侵权行为，维护好我国管辖海域的海上航行自由和海洋通道安全。积极参与国际和地区海洋秩序的建立和维护，完善与周边国家涉海对话合作机制，推进海上务实合作。进一步完善涉海事务协调机制，加强海洋战略顶层设计，制定海洋基本法[①]。

7. 推进形成主体功能区

为了实现以上的 6 个统筹，我国提出和实施了主体功能区规划，要求各地区要根据资源环境承载能力和发展潜力，按照优化开发、重点开发、限制开发和禁止开发的不同要求，明确不同区域的功能定位，并制定相应的政策和评价指标，逐步形成各具特色的区域发展格局。

目前，我国主体功能区规划中提出了 4 类主体功能区（图 2-4），以下详细介绍。

优化开发区域是经济比较发达、人口比较密集、开发强度较高、资源环境问题更加突出，从而应该优化进行工业化城镇化开发的城市化地区。

重点开发区域是有一定经济基础、资源环境承载能力较强、发展潜力较大、集聚人口和经济的条件较好，从而应该重点进行工业化城镇化开发的城市化地区。优化开发和重点开发区域都属于城市化地区，开发内容总体上相同，开发强度和开发方式不同。

限制开发区域分为两类：一类是农产品主产区，即耕地较多、农业发展条件较好，尽管也适宜工业化城镇化开发，但从保障国家农产品安全及中华民族永续发展的需要出发，必须把增强农业综合生产能力作为发展的首要任务，从而应该限制进行大规模高强度工业化城镇化开发的地区；另一类是重点生态功能区，即生态系统脆弱或生态功能重要，资源环境承载能力较低，不具备大规模高强度工业化城镇化开发的条件，必须把增强生态产品生产能力作为首要任务，从而应该限制进行大规模高强度工业化城镇化开发的地区。

禁止开发区域是依法设立的各级各类自然文化资源保护区域，以及其他禁止进行工业化城镇化开发、需要特殊保护的重点生态功能区。国家层面禁止开发区域，包括国家级自然保护区、世界文化自然遗产、国家级风景名胜区、国家森林公园和国家地质公园。省级层面的禁止开发区域，包括省级及以下各级各类自然文化资源保护区域、重要水源地及其他省级人民政府根据需要确定的禁止开发区域。

---

① 中华人民共和国国民经济和社会发展第十三个五年规划纲要.

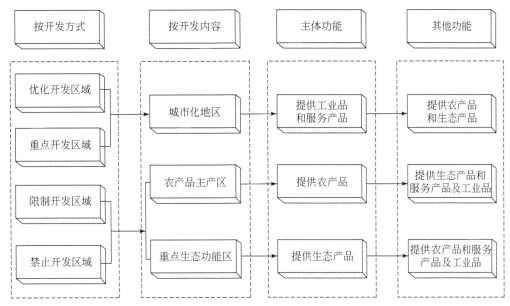

图 2-4　我国主体功能区分类及其功能定位

资料来源：国务院. 2010. 全国主体功能区规划

第二节　区域经济发展理论

一、区域系统的演化

区域系统演化的基本方向是非农化、城镇化，以及生产、生活方式的现代化。

区域系统演化的基本模式有两种，一种是渐变模式，一种是突变模式。两种模式中，渐变型模式是普遍的，突变型模式是特殊的。

渐变型模式指的是区域系统演化是逐步展开的，缺乏中断或跳跃。渐变主要指两个方面的渐变：一是指在时间过程上，渐变型模式表现为从自然演化阶段渐渐进入农业社会阶段，最终达到成熟阶段；二是指在空间过程上，渐变型模式表现为演化先从某一地段开始，渐渐顺次扩大到其他地域。

日本城市地理学家山鹿城次在研究日本大城市郊区城市化过程中很好地解释了这种模式。他把日本大城市郊区城市化过程分为三个阶段。

（1）从普通农业向近郊农业过渡，经营大田作物改为经营蔬菜、瓜果、花卉、草坪、庭院林木等农副产品和观赏植物。这个阶段可称为作物的商品化。

（2）务农家庭的职业构成发生变化，家中的青壮年渐渐转向市区求职，而且由季节短工不断向常年工转化。这个阶段称为劳动的商品化。

（3）兼业家庭的主要劳动力和决策人也转向城市。他们或卖掉土地进城工作；或者将土地出租给承包商；或者在土地上建起零售店、服务店等城市设施。总之，离开土地，不再务农，这个阶段可称为土地的商品化。

在时间过程上，这三个阶段是渐变的，在空间过程上也是渐次发生的，即城市附近的农村地域要在外延型城市化作用下变成城区，那么，城市的巨大能量首先迫使它变为郊区，再把郊区变成为市区。区域演变的渐变过程也是如此，即从乡村变成城镇、从农业变成非农产业。

渐变模式是区域系统的正常化过程，这种过程可以发生在区域中心，也可能出现在区域边缘。

突变型模式指的是区域系统演化在逐步进行的过程中，出现突然的中断或跳跃，一段时期后，又纳入了渐变的轨道。因此，突变模式只是渐变模式的特殊表现形式。

突变也是指的两个方面：一是在时间过程上，中断了原有的发展顺序，在短时期内由一个发展阶段进入另一个发展阶段，或者跳过某一发展阶段，然后沿着新开端指示的方向继续演化的现象；二是在空间上，中断了原有的推移顺序，跳过了一段空间后继续演化的现象。

深圳的情况是大家所熟知的，改革开放前，深圳基本上处于农业发展阶段，几乎没有什么工业，市场以地方性为主，区域内各节点（村镇）的相互作用微弱，没有形成节点体系。改革开放后，深圳设立经济特区，在政府政策的正确导向下，不过30年的时间，深圳就从一个农业区域迅速成长为一个现代化的都市，出现了经济的繁荣、社会的信息化、产业结构的高科技化。这一发展过程基本上跨过了工业化的初级阶段，一步跨入了工业化中后期阶段，甚至趋向于成熟阶段，2005年基本实现了现代化。深圳的发展模式，是区域系统演化突变模式在时间过程方面的最好例证。

区域系统演化突变模式在空间过程方面的例子是大城市周围卫星城市的发展。区域内的城市化是区域系统演化的重要组成部分，城市化的一般模式是从城市向郊区推进，这是城市化的外延扩散模式。另一种模式是通过交通道路建设，在大城市的远郊配置新的城镇（卫星城镇），以分散大城市的人流，减轻大城市的压力。这样，就在大城市远郊具有优势区位的地段建起了既适于生产，又适于生活，环境优美，设施齐全的现代化小城镇。这一过程，实现了区域系统演化空间上的中断和跳跃。

突变模式一般出现在区域中心场比较弱的区域边缘地区。因为区域的核心部分受区域中心场的作用十分强大，在原有区域中心场的制约下，不可能发生突然的变化。而在区域的边缘则不同，这里的区域中心场比较弱，只要外界给予一定的影响，就有可能中断原有的发展顺序，出现跳跃式的发展。例如，卫星城市的建设最初是从近郊开始的，但由于近郊受城市作用的制约太强，卫星城不能起到分散大城市人口的功效，所以早期的卫星城建设计划大多中途夭折。而远郊则不同，虽然仍在城市作用的控制下，但这里的场强比近郊要弱得多，所以远郊的卫星城建设成功者居多。

需要指出的是，突变型模式不是一种自然演化的模式，而是在人为因素干预下出现的模式。在人为干预因素中，以政府的政策导向最为重要。如果政府不在深圳建立特区，不给予许多优惠的特区政策，深圳地区的演化不可能发生这么突然性的转变。而且一般对较大区域的长期变化来说，以渐变模式为普遍模式，突变只在较小范围内或特殊情况下才能发生。

二、区域经济发展的趋势和方向

与整个世界演变相似，区域演变的总体趋势也是从自然经济到社会经济、从资源经济到技术经济、从物质经济到知识经济，即沿着"资源经济→劳动经济→资本经济→知识经济"方向演变。

　　无论从总量上讲，还是从质量上说，区域经济都是一定要发展的，这已为世界各国、各地区的实践所证实。发展的过程主要表现在产业的非农化（早期主要是工业化）、聚落的城镇化，以及生产、生活方式的现代化。

　　从主要生产要素变化的角度说，世界经济、大的国家和区域的经济都是沿着"资源经济→劳动经济→资本经济→知识经济"的过程发展的。在区域经济发展的早期阶段，生产的投入主要靠资源，特别是土地资源，相应的产业是农业，包括种植业、畜牧业、林业和渔业等；然后是劳动力，简单的、廉价的劳动力，相应的是轻纺工业、餐饮业等；后来发展起了大工业，机械设备、厂房等的投入成了经济发展的关键，对应的产业有机械工业、石油、化学工业和交通运输业等。目前，科学技术已经成为发达国家、发达地区经济发展的决定性力量。当然，这种趋势性变化也是不平衡的，有时快，有时慢，有时因自然灾害或政治动荡而暂时地有所下降，但最终会继续发展。

　　区域经济发展速度的变化规律是：区域发展初期，水平低，规模小，速度慢；伴随着工业化、城市化的推进，区域经济进入快速发展阶段，规模迅速扩大，水平迅速提高；经过一段高速发展时期，区域经济进入成熟阶段，水平已经很高，规模已经很大，再提高、再扩大都不容易，经济发展速度进入稳定、缓慢状态，恰如"S"形生长曲线（速度则为倒"V"形）（图 2-5）。英国、日本、韩国等，都经历过这样的过程。目前全世界发达国家的平均发展速度在 1%～3%，西欧、北欧等相当一些国家的 GDP 增长速度几乎为零；而我国发展速度在 7%～12%，这些事实都在验证着上述规律。

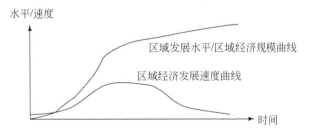

图 2-5　区域经济发展规模/水平、速度长期变化趋势示意图

　　区域经济发展的这种趋势性是由两方面因素决定的。首先是社会需求的拉力——人们的消费需求永无止境；其次是科学技术的推动——科学技术的进步也是无休无止的。

　　一个地区的科技进步及其推广应用是不平衡的，有时快，有时慢；有时深刻，有时平淡无奇。每一次深刻的科技革命，都或迟或早地推动着产业方向的重大变革，出现产业革命，这必然导致经济发展过程表现出明显的阶段性。从这个角度说，区域经济总量在大的"S"形曲线下，还会出现多个小的区段，或者说，若干个小的"S"形曲线组合成一个大的"S"形曲线；经济发展速度也是在一个大的倒"U"字形曲线下分解出若干个小的倒"U"字形区段。

　　根据以上分析可以得出结论，即区域发展的方向和趋势，就是城镇化不断提高的过程，非农产业不断扩大的过程，从物质经济到知识经济的过程。与此对应的是城镇化规律、工业化规律、知识经济发展规律等。

三、区域经济发展阶段性规律

　　关于区域经济增长阶段的理论，比较有代表性的如胡佛-费希尔的区域经济增长阶段理论、罗斯托的经济成长阶段理论，以及我国学者提出的区域经济增长阶段理论等。

（一）国外学者关于区域发展阶段的论述

1. 胡佛-费希尔的区域经济增长阶段理论

美国区域经济学家胡佛（Hoover）与费希尔（Fisher）1949 年发表了《区域经济增长研究》一文，指出任何区域的经济增长都存在"标准阶段次序"，经历大体相同的过程。具体有以下几个阶段。

第一，自给自足阶段。在这个阶段，经济活动以农业为主，区域之间缺少经济交流，区域经济呈现出较大的封闭性，各种经济活动在空间上呈散布状态。

第二，乡村工业崛起阶段。随着农业和贸易的发展，乡村工业开始兴起并在区域经济增长中起着积极的作用。由于乡村工业是以农产品、农业剩余劳动力和农村市场为基础发展起来的，所以主要集中在农业发展水平相对比较高的地方。

第三，农业生产结构转换阶段。在这个阶段，农业生产方式开始发生变化，逐步由粗放型向集约型和专业化方向转化，区域之间的贸易和经济往来也不断地扩大。

第四，工业化阶段。以矿业和制造业为先导，区域工业兴起并逐渐成为推动区域经济增长的主导力量。一般情况下，最先发展起来的是以农副产品为原料的食品加工、木材加工和纺织等行业，随后是以工业原料为主的冶炼、石油加工、机械制造、化学工业。

第五，服务业输出阶段。在这个阶段，服务业快速发展，服务的输出逐渐成为推动区域经济增长的重要动力。这时，拉动区域经济继续增长的因素主要是资本、技术，以及专业性服务的输出，如旅游业等[1]。

2. 迈克尔·波特关于区域竞争优势理论

迈克尔·波特（1990）以竞争优势来考察经济表现，并从竞争现象中分析经济的发展过程，从而提出国家经济发展的四个阶段。

第一阶段：生产要素导向阶段，主要依靠自然资源和廉价劳动力发展经济，对应的是农业社会和工业社会早期（轻工业）。

第二阶段：投资导向阶段，主要依靠厂房、设备发展的大工业、重化工业化时期。

第三阶段：创新导向阶段，对应的是工业化向成熟推进的时期，是技术集约化、高加工组合化状态。

第四阶段：富裕导向阶段，对应的是后工业社会，追求生活质量是最高目标，休闲成为最重要的生活方式，以钱生钱，资本运作决定社会发展[2]。

3. 罗斯托经济成长阶段论

罗斯托（1960）认为区域经济是一个普通的机体，在其成长和发展过程中可以分成不同的阶段。他试图从成长的一系列阶段中概括出"现代经济的历史范畴"，他认为一个完整的现代经济演化系列可以分为六个阶段：①传统社会阶段；②为起飞创造前提的阶段（准备起飞阶段）；③起飞阶段；④向成熟推进阶段；⑤高消费阶段；⑥追求生活质量阶段。

罗斯托理论的核心是"起飞"。"起飞"被解释为"社会发展史上的一个决定性的过渡时期"，这一时期，生产性经济的活跃程度达到了临界水平，并且产生了一些能引发社会和

[1] Hoover E M, Fisher J L. 1949. Research in Regional Economic Growth. NBER: 173-250.
[2] Porter M E. 1990. The Competitive Advantage of Nations. New York: Simon and Shuster.

经济大规模进步的结构上的变革，这种变革不仅表现在数量上，而且是质的变化。"起飞"被认为"要求下列全部三个相关的条件"：①生产性投资的提高，从占国民收入（国民生产总值）的 5%以下增加到 10%以上；②一个或更多的主要制造业部门的高速发展；③良好的软环境，即这样的一种政治结构、社会结构和体制结构的存在或很快出现，它能够开发现代部门扩展的冲力和在起飞中外来经济潜在的影响，并且能够赋予增长一种持续前进的特征[①]。

罗斯托认为，一个国家，一个较大的地区，其经济发展都要经历这六个成长阶段。

罗斯托划分经济发展阶段的基本根据是资本积累水平和主导产业的变动，认为起飞前提阶段，积累水平（亦即投资率）在 5%左右；起飞阶段提高到 10%以上；成熟阶段在10%～20%。随着发展阶段的不同，经济的主导部门也相应转换：传统社会的主导部门是农业；起飞前提（准备）阶段的主导部门是食品、饮料、烟草、水泥等工业部门；起飞阶段是耐用消费品的生产部门（如纺织）和铁路运输业；成熟阶段是重化学工业，如钢铁、化学、机械等；高额群众消费阶段是耐用消费品工业部门（如小汽车、家用电器、高档家具等）；追求生活质量阶段是服务业部门（教育、卫生、住宅建设、文化娱乐、环保等）。

罗斯托理论在一定程度上解释了西方发达国家经济发展的历程，日本、韩国、新加坡和中国香港、中国台湾第二次世界大战后的迅速发展（即东亚奇迹），都是罗斯托经济成长阶段论的体现，对于分析和总结我国区域发展阶段方面也有一定意义。但不能将其绝对化。例如，我国积累率自 1952 年以来，一直在 10%以上，大多年份在 20%以上，1984年以后，都在 30%以上，但不能说我国经济已处于成熟阶段，而仍处在起飞阶段。这是东方人、特别是中国人的消费观念——注重储蓄，防老防灾，为儿女（求学、结婚等）使然。但从罗斯托理论可以发现存在的问题——20 世纪 60～70 年代，我国的积累率那么高，主导产业部门也已形成（机械、冶金、化工等），但经济却未起飞，主要原因是第三个条件——政治、经济体制不具备，使较高的积累率和工业化所焕发出的巨大经济增长潜力没有得到有效发挥。

（二）我国学者关于区域发展阶段的论述

区域经济的成长是一个渐进的过程，这一渐进过程通常又表现出一定的阶段性特征。如同人的一生有少年、青年、中年和老年等成长阶段一样，区域经济发展也有待开发（不发育）、成长、成熟、衰退等发展阶段之分。特殊情况外，一般都是循序渐进的。在同一区域，不同发展阶段的经济增长会呈现出不同的特征，区域经济结构和社会文化观念也会有所变化，这种结构性变化和经济总量的增长一起，反映区域经济从一个发展阶段进入另一个更高的发展阶段。

1. 待开发（不发育）阶段

在经济发展的初始阶段，区域经济处于未开发或不发育状态，生产力水平低下，生产方式原始，生产手段落后，产业结构单一，第一产业占极高的比重，商品经济甚不发达，市场规模狭小，经济增长缓慢，长期停滞在自给自足甚至自给不能自足的自然经济中，自身资金积累能力低下，缺乏自我发展能力。我国远西部（指兰州—成都—昆明一线以西）

---

① Rostow W W. 1960. The Stages of Economic Growth: A Non-Communist Manifesto. Cambridge: Cambridge University Press.

的一些地区和 18 个贫困地区，目前基本上处于这一阶段。这类地区要想成功地走出不发育阶段，跨入现代工业化的"门槛"，就必须把外部资金、人才、技术输入和区内条件结合起来，形成自我发展能力，推动地区经济增长。

2. 成长阶段

当区域经济跨过工业化的起点，呈现出较强的增长势头时，标志着区域经济发展已由待开发阶段进入成长阶段。在这一阶段，区域经济呈现高速增长，经济总量规模迅速扩大，产业结构急剧变动，第二产业开始占主导地位，商品经济逐步发育，市场规模不断扩大，区域专业化分工迅速发展，优势产业开始形成或正在形成中；人口和产业活动迅速向一些城市地区集中，形成启动区域经济发展的增长极。伴随区域经济总量的增长和结构性变化，区域社会文化观念也相应地发生较大转变。

3. 成熟（发达）阶段

经过成长阶段较长时期的高速增长后，区域经济发展将逐步进入成熟（发达）阶段。在这一阶段，区域经济增长减慢，并逐渐趋于稳定，工业化已有较久的历史，达到了较高水平，第三产业也较发达，基础设施齐备，交通运输与信息已基本形成网络，生产部门相当齐全，协作配套条件优越，区内资金积累能力强，人口素质高。处于这一阶段的地区（如长三角、珠三角等）通常是国家经济重心区所在，区域经济发展状况与整个国民经济发展的关联度相当高。在发达、繁荣的掩盖下，许多矛盾随着岁月的积累，形成潜在的衰退因素。其中比较突出的有以下几方面。

（1）"空间不可转移"和"不易转移"要素的价格上涨，如地价、水费、工资上涨，排污费增加，生活费指数提高，出现用地紧张、水源匮乏、环境污染严重、运输阻塞、职工积极性下降等现象。

（2）许多一度曾是领先甚至独占的技术，随着它的逐步普及而丧失其"独占利益"。

（3）由于设备刚性，许多企业的"硬件"已经陈旧、老化，综合表现为越来越多的产业和产品的比较优势逐步丧失。

（4）由于技术（产品）老化、市场萎缩和资源枯竭，一些在成长阶段支撑区域经济高速增长的主导产业，其增长速度大为减慢，有的甚至出现衰退，沦为衰退产业。

4. 衰退阶段

由于运输位置的变更、产业布局指向的变化、资源的枯竭、技术和需求的变化等，一些地区在经过成熟阶段甚至成长阶段的发展之后，有可能转入衰退阶段。在这一阶段，区域经济首先出现相对衰退，失去原有的发展势头；紧接着出现绝对衰退，逐渐走向衰落。相对衰退地区的主要特点是传统的衰退产业所占的比重大，经济增长缓慢，经济地位不断下降，已开始出现结构性衰退的征兆。在相对衰退地区被沦为衰退地区之前，适时适宜地对其进行地区再工业化和产业结构改造，可以防止这些地区进一步衰退，维持其原有的良好发展势头，甚至促使其加速发展，进入新的成长阶段，开始新的一轮成长过程。

（三）从工业化的角度看区域经济发展阶段

工业化是任何一个较大国家、较大区域从传统社会进入现代社会的必然途径，从工业化进程的角度看，区域的长期发展阶段可以分成 4 个阶段，详见表 2-1。

表 2-1 区域经济发展阶段的一般特征

发展阶段	产业结构		空间结构	总量水平	
	三次产业比重	主导产业		消费结构	收入水平
传统经济阶段	I > II > III	农业	混沌无序均衡状态	饮食支出比重大	低
工业化初级阶段	II > I > III	纺织、食品、采矿	极核发展阶段	饮食支出比重减少，对工业品的需求增加	有所提高
全面工业化阶段	II > III > I	电力、化学、钢铁、汽车、机电	城市化速度加快，数量增多，空间分布不平衡，首位分布	转向耐用消费品和劳务服务并呈多样性和多变性特点	大幅提高
后工业化阶段	III > II > I	高新技术和第三产业	城市空间分布平衡化，城市规模呈序列分布	从耐用消费品和劳务服务转向文化娱乐享受	很高

资料来源：李娟文，王启仿. 2000. 区域经济发展阶段理论与我国区域经济发展阶段现状分析. 经济地理，(4)：6-9.

（四）不同阶段区域的发展要点

1. 处于待开发（不发育）阶段的地区

（1）资金投入的产业方面，要立足本地资源，技术层次要适合本地区劳动力素质，同时选择有发展潜力的产业。西昌、酒泉航天技术并没有带动本地区经济的大发展，一是军事管理，二是本地没有能力与之配套。这说明处于待开发地域不宜简单地追求产业结构的高级化。

（2）资金投入的空间方面，要集中培育区内增长极，以带动整个地区的发展，切忌平均分散使用力量。

（3）治穷先治愚，重视人口素质的提高和观念的转变，大力发挥教育功能，打破封闭状况，促进市场发展。在起步阶段，可向外输出劳务，减轻区内压力，发挥其积累初始资金的作用。

（4）善于招商引资，吸引人才技术，使自然资源和劳动力丰富的有利条件与外部输入要素相结合，转化为经济优势。

2. 处于成长阶段的地区

（1）进一步巩固和扩大优势产业部门，充分发挥规模经济优势，降低产品成本，不断开拓市场，扩大优势产品的国内外市场占有率。

（2）围绕优势产业，形成结构效益良好的关联产业系列。

（3）不断培植新产业，发展第三产业，特别是金融、贸易、信息、咨询、科技教育等，提高地区经济的结构弹性。

（4）沿若干开发轴线培植新的或次级增长极，以增加"区域储备"，促进区域经济向纵深发展。

3. 处在成熟阶段的地区

（1）在产业结构上，要果断淘汰比较优势已经丧失的产品和产业，着力发展新兴产业，并引进和运用新技术，改造传统产业，实现产业结构的优化组合，保证产业结构动态化。

（2）在市场结构上，要大力发展外向型经济，进行跨国经营，接受国际市场的挑战，促进区域经济走向世界。

（3）在空间结构上，以城市为中心，加快向外围地区的产业扩散，组成城乡一体化的大城市经济圈。以资本为纽带，实现资产重组，跨部门跨行业集团化经营，走立体化道路。

（4）在发展目标上，更重视社会目标和生态目标，即使是经济目标，也是更强调经济增长的质量和效益[①]。

第三节　规模经济与产业集群理论

区域发展不仅取决于自身相关要素的相对多寡，还与区域经济的组织形态和运行方式有关。规模经济和产业集群越来越成为区域发展的重要形式。

一、规模经济论

大规模的生产可以充分利用自然资源、交通运输及通信设施等良好环境，提高厂房、设备的利用率和劳动生产率，从而达到降低成本的目的。

20世纪70年代，格雷和戴维斯等对发达国家之间的产业内贸易进行了实证研究，从中发现，产业内贸易主要发生在要素禀赋相似的国家，产生的原因是规模经济和产品差异之间的相互作用[②]。这是因为，一方面，规模经济导致了各国产业内专业化的产生，从而使以产业内专业化为基础的产业内贸易得以迅速发展；另一方面，规模经济和产品差异之间有着密切的联系。正是规模经济的作用，使得生产同类产品的众多企业优胜劣汰，最后由一个或少数几个大型厂家垄断了某种产品的生产，这些企业逐渐成为出口商。表2-2给出了20世纪70年代英国一些类型工厂的合理规模，现在技术条件变化了，但其大体的思路还是很有意义的。

表 2-2　英国一些类型工厂的合理规模

工厂类别	合理规模	应占英国总生产能力的百分比/%	规模缩小一半时单位产品成本增加百分比/%
钢厂（高炉铁，顶吹钢）	年产 900 万 t	33	5~10
普通石油精炼厂	年炼原油 1000 万 t	10	5
汽车厂（多种形式）	年产 100 万辆	50	6
汽车厂（一种形式）	年产 50 万辆	25	6
硫酸化工厂	年产 1000 万 t	30	1
乙烯化工厂	年产 30 万 t	25	9
合成纤维厂（生产聚合物）	年产 8 万 t	33	5
水泥厂（波特兰水泥）	年产 200 万 t	10	9
啤酒厂	年产 100 万 t	3	9
面包厂	每小时加工 30 袋面粉	1	15

资料来源：吴殿廷. 2016. 区域分析与规划教程. 2 版. 北京：北京师范大学出版社.

---

① 何炼成. 1999. 中国发展经济学. 西安：陕西人民出版社.
② Gray H P. 1973. Two-way international trade in manufactures: a theoretical underpinning. Review of World Economics, 109(1): 19-39.

二、产业集群论

1990年迈克尔·波特（Michael E.Porter）在其《国家竞争优势》一书首先提出用产业集群（industrial cluster）一词对集群现象进行分析。区域的竞争力对企业的竞争力有很大的影响，波特通过对10个工业化国家的考察发现，产业集群是工业化过程中的普遍现象，在所有发达的经济体中，都可以明显看到各种产业集群，如图2-6所示。

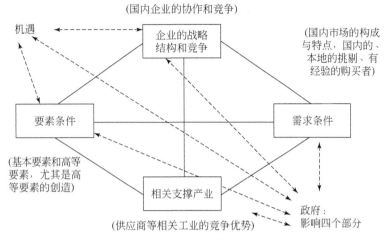

图 2-6　波特的产业集群竞争优势（简称"钻石模型"）

资料来源：吴殿廷. 2016. 区域分析与规划教程. 2版. 北京：北京师范大学出版社.

产业集群是指在特定区域中，具有竞争与合作关系，且在地理上集中，有交互关联性的企业、专业化供应商、服务供应商、金融机构、相关产业的厂商及其他相关机构等组成的群体。不同产业集群的纵深程度和复杂性相异，代表着介于市场和等级制之间的一种新的空间经济组织形式。

许多产业集群还包括由于延伸而涉及的销售渠道、顾客、辅助产品制造商、专业化基础设施供应商等，政府及其他提供专业化培训、信息、研究开发、标准制定等的机构，以及同业公会和其他相关的民间团体。因此，产业集群超越了一般产业范围，形成特定地理范围内多个产业相互融合、众多类型机构相互联结的共生体，构成这一区域特色的竞争优势。产业集群发展状况已经成为考察一个经济体，或其中某个区域和地区发展水平的重要指标。

从产业结构和产品结构的角度看，产业集群实际上是某种产品的加工深度和产业链的延伸，是产业结构的调整和优化升级。从产业组织的角度看，产业群实际上是在一定区域内某个企业或大公司、大企业集团的纵向一体化的发展。

产业集群的核心是在一定空间范围内产业的高集中度，更好地发挥了资源共享效应，大大提高了产业的整体竞争能力，也有利于集群内企业间的有效合作，进而增强了企业的创新能力和促进了企业增长。现代组织理论认为，产业集群是创新因素的集群和竞争能力的放大。从世界市场的竞争来看，那些具有国际竞争力的产品，其产业内的企业往往是群居在一起而不是分散的。

产业集群可以从不同角度进行分类，例如，按形成机制可分为市场主导型产业集群和政府主导型产业集群；按要素配置可分为劳动密集型产业集群、资源密集型产业集群、技术密集型产业集群；按产业类型可分为传统产业集群和高新技术产业集群；按资金来源可分为外资主导型产业集群和内资主导型产业集群；按企业类型可分为几个大企业主导型产业集群、中小企业主导型产业集群和单个龙头企业带动型产业集群；按创新程度可分为模仿型产业集群和创新型产业集群。

　　产业集群无论对经济增长,企业、政府和其他机构的角色定位,还是对构建企业与政府、企业与其他机构的关系方面,都提供了一种新的思考方法。产业集群从整体出发挖掘特定区域的竞争优势。产业集群突破了企业和单一产业的边界,着眼于一个特定区域中,具有竞争和合作关系的企业、相关机构、政府、民间组织等的互动。这样使他们能够从一个区域整体来系统思考经济、社会的协调发展,来考察可能构成特定区域竞争优势的产业集群,考虑邻近地区间的竞争与合作,而不是局限于考虑一些个别产业和狭小地理空间的利益。

第四节　产业分工与布局理论

　　任何一个地区的发展,都要考虑与其他区域的竞争与合作,这就涉及产业分工与布局问题。

一、影响产业分工与布局的因素

　　生产布局也称产业布局,是指产业在一国或一地区范围内的空间分布和组合的经济现象。在静态上,是指形成产业的各部门、各要素、各链环在空间上的分布态势和地域上的组合。在动态上,产业布局则表现为各种资源、各生产要素甚至各产业和各企业为选择最佳区位而形成的在空间地域上的流动、转移或重新组合的配置与再配置过程[①]。

　　布局包括三个层面,即地区布局、地点布局和厂址布局,越向下微观操作性越强,越向上政策协调意义越大。影响产业布局的因素如表2-3所示,其中"+"越多,影响强度越大。

表2-3　产业布局不同层面的影响因素

区位因素		地区布局	地点布局	厂址布局
自然因素	矿物原料与燃料动力	++	+	–
	水资源	+	++	+
	土地资源	–	+	++
	地形、地质	–	–	++
经济因素	现有经济基础	++	+	
	基础设施	+	++	++
	聚焦作用	+	++	
	居民、劳动力的质量	++	–	–
社会政治因素	均衡布局	+	+	
	民族政策	+	–	–
	环境保护与生态	++	+	+
	运输与运费	++	+	+
	经济地理位置	++	+	–

　　注:"+"越多表示越重要;"–"表示作用不明显.

　　资料来源:百度文库"第二章　区域产业布局理论"PPT课件.https://wenku.baidu.com/view/d51042fa04a1b0717ed5dd05.html.

————————————
① 产业布局理论.http://baike.baidu.com/view/3635083.htm#4[2010-12-11].

当然，不同行业，各条件因素的作用也不相同。大体规律如表2-4所示。

表2-4　不同行业的影响因素

	产业部门	自然条件和自然资源	位置、交通、信息条件	人口与劳动力条件	社会经济因素
第一产业	农业（种植业和畜牧业）	＋＋＋＋	＋＋	＋＋＋	＋
	郊区农业	＋	＋＋＋＋	＋＋	＋＋＋
第二产业	采掘工业	＋＋＋＋	＋＋	＋＋＋	＋
	原材料工业	＋＋＋	＋＋＋＋	＋＋	＋
	一般加工制造业	＋＋	＋＋＋＋	＋＋＋	
	高新技术产业	＋	＋＋	＋＋＋＋	＋＋
	建筑业	＋	＋＋＋＋	＋＋	＋＋＋
第三产业	第一层次：流通部门	＋	＋＋＋＋	＋＋	＋＋＋
	第二层次：为生产和生活服务部门	＋	＋＋	＋＋＋	＋＋＋＋
	第三层次：为提高科学文化水平和居民素质服务的部门	＋	＋＋	＋＋＋	＋＋＋＋
	第四层次：为社会公共需要服务的部门	＋	＋＋＋	＋＋	＋＋＋＋

资料来源：陈才. 2001. 区域经济地理学. 北京：科学出版社.

二、马克思主义的劳动地域分工理论

马克思主义劳动地域分工理论集中体现在几位经典作家的论著中，其基本观点可以概括为以下几方面。

（一）地域分工是部门分工在地域上的体现与落实

经济活动必须在一定的地域空间上才能进行，因此，部门分工必然要在地域上有所表现。这势必导致一个国家或地区为另一个国家或地区劳动，该劳动成果由一个地区转移到另一个地区，使生产地和消费地分离。

劳动社会分工是由劳动部门分工和劳动地域分工两大部分组成的。劳动部门分工是劳动社会分工的基础，而劳动地域分工则是劳动社会分工（主要指劳动部门分工）在地域上的表现和落实。

劳动部门分工即人类经济活动按部门所进行的分工。马克思在《资本论》中把部门分工分为三个层次：把国民经济分为工业、农业、交通运输三大部门的分工称作一般分工；在三大部门基础上又细分为众多部门的分工称作特殊分工；把工厂内部的分工称作个别分工。随着生产力的进一步发展，部门分工还将进一步深化下去。

劳动地域分工是劳动社会分工的空间表现形式。产业的部门分工不是抽象的经济形式，而是与具体的地域相结合的，生产的部门分工必然在不同的空间尺度中表现出来。在人类的社会物质生产过程中，并不是所有地区都生产相同的产品，如果那样，当然也就谈不上分工了，而是依据各个地区不同的条件因素，遵循比较利益的原则，把各个产业部门和企业落实在各自有利的地域上，从而实现地域之间的分工。因此，巴朗斯基提出劳动地域分工（地理分工）是社会（劳动）分工的空间形式，它表现为一个国家或地区为另一个国家或地区劳动，该劳动成果由一个地区转移到另一个地区，使生产和消费不在一个地区。

劳动地域分工与劳动部门分工之间的关系是：劳动部门分工是劳动地域分工的基础，没有劳动部门分工，也就不会有劳动地域分工；有了部门分工，就必然要把各个部门落实在具体地域上。随着生产力的不断发展，部门分工将越分越细，而地域分工也将不断深化，从而又进一步推动生产力不断向前发展。

（二）地域分工的根本动力是经济利益

形成地域分工有三种情况，都与经济利益有关。

（1）由于自然条件和经济技术限制，某一国或地区不能生产某产品，如煤炭、石油等，只在特定地域赋存，其他地域无法生产，只能靠区外调入。

（2）由于生产成本很高，不如由区外调入某种产品更有利。这包括两种情况：一是本地成本＞外地成本＋运费（＋关税＋…）或本地价格＞到岸价格，如我国的飞机制造业，应该说，造飞机的技术是有的，但目前我国造一架飞机比买一架飞机的费用高得多，所以需进口飞机；二是本地生产此种产品不如进行其他生产更能赚钱，如日本、韩国均能造船，但若其把劳力、资金用于造船，不如用于生产电子、汽车等更赚钱，所以他们逐渐放弃了造船业。

（3）规模经济的作用——对条件相同的地区而言，分工协作，既可保证需求，又可得到规模经济的利益。例如，目前我国的汽车组装业，可以说，除西藏外，各省都有技术条件开展此项工业，但没有必要都去组装汽车。

（三）地域分工的发展

生产要求分工，分工反过来推动生产的发展，因而地域分工必然随着生产的发展而不断深化，表现为越来越复杂，越来越广泛，国际劳动地域分工理论的基本框架详见表2-5。

表2-5　国际劳动地域分工理论的基本框架

产品技术发展阶段	主要因素 资源需求	国家类型	生产过程 技术特点
创新阶段	科技知识 研发能力	技术先进国家	技术密集型 人力资本密集型
成熟阶段	资本机器设备 劳动技能	工业化水平较高、 技术较发达的国家	资本密集型
标准化阶段	低技能、低成本劳动力 外部获得工业技术技巧	技术欠发达的发展中国家	劳动密集型

资料来源：[日]舛田佳弘. 2003. 中日经济合作博弈研究. 成都：四川大学硕士学位论文.

三、产业布局的特点

各个产业由于自身的技术经济要求不同，在布局上呈现出不同特征；各地区根据自身条件，扬长避短，发挥优势，形成不同的产业结构。从三次产业的层面上看，会表现出如下的大体规律：

第一产业布局，适合于采取大集中小均衡的方式进行布局，例如，小麦带、玉米带、棉花带等，都是集中分布在地球上的某些特定地区，但在这些地区内部，则是分散、均衡的。

第二产业中，采掘业只能在某些特定地区（资源富集地区）进行布局；建筑业主要集中布局在城市，特别是大都市和工程建设地区；加工业重点布局，是原材料产地、劳动力供给条件、市场需求和交通基础共同作用的结果，多采取集中、成组布局（集群发展），但简单加工业，特别是食品加工、服装加工业的早期阶段，也是和人口分布特点相适应的，比较分散。

第三产业布局比较复杂，简单服务业取决于市场需求，比较分散，高级服务业如金融服务业、科技信息咨询业等，多集中布局。高新技术产业的布局又有新的特点，靠近著名大学和科研机构，同时要求自然条件较好，社会服务业发达。

四、产业布局的原则

（一）统筹兼顾、全国一盘棋原则

产业布局应该以一个国家的地域为界限，因为它是国家干预本国经济的一种方式，而这种方式涉及领土问题，因此必须以国家的领土主权为基础，一个国家是不可能在别国的领土上自主地进行自己的产业布局的。产业布局的目标是使产业分布合理化，实现国家整体综合利益的最优，而不是局部地区利益的最优。因此一个国家的产业布局必须统筹兼顾，全面考虑。一方面，国家必须根据各地区的不同条件，通过分析和比较，确定各地区的专业化方向，明确各地区在全国经济的角色和地位；另一方面，国家根据经济发展状况，在不同时期确定若干重点发展的地区。在此全国规划的基础上，各地区再根据本地区的特点，安排好本地区的产业布局，而不能不顾国家整体利益，一味地发展自己的优势产业。

（二）因地制宜、分工协作原则

社会化大生产要求劳动必须在广阔地域上进行分工和协作。各地区要根据自己的特点形成专门化的产业部门，形成规模优势。当然，各地区在重点布局专门化生产部门的基础上，还要围绕专门化生产部门布局一些相关的辅助性产业部门和生活配套服务部门，以形成合理的地区产业结构，打造产业集群，只有这样才能保证专门化生产部门的良好运行。随着部门分工的深化，地区生产专门化的提高，地区之间的协作自然也越发重要，因此在进行产业布局的时候必须考虑地区间的协作条件。我国"三线"建设时就把一些企业布局在交通不便的山区，致使企业间协作困难，也影响了国家整体的经济效率。

由于不同地域的自然、经济和社会条件的不同，不同地域在确定地区专门化生产部门时，应该从地区区情出发，根据地区的具体条件，充分发挥地区优势，发展地区优势产业。例如，在拥有技术和人才优势的地区，应优先发展技术含量高、附加值大的产业；在矿产资源比较丰富的地方，应优先发展采掘和矿产加工业；在地势平坦、气候适宜、土地肥沃的地区应加强水利建设，优先发展农业和农产品加工业等。

（三）效率优先、协调发展原则

产业的空间发展过程总是先在某一地域聚集，然后向其他地域扩散。在发展的低级阶段，经济一般表现出集中发展的极核发展形态；在发展的高级阶段，经济一般表现出缩小地区间经济发展差距的全面发展形态。一个国家在进行产业布局时应该以产业空间发展的自然规律为基础。因此，当一个国家的经济水平处于低级阶段时，其产业布局应该考虑优先发展某些具有自然、经济和社会条件优势的地区；而当国家的经济发展到高级阶段时，其布局应考虑重点发展经济落后的地区，缩小地区间的经济差距。任何时候效率和协调都是产业布局所必须考虑的问题，它们是一个问题的两个方面，其目的都是保证一个国家整体持续稳定的发展，只不过在不同时期确定重点的依据不同而已。在优先发展某些优势地区时，必须把地区间经济发展的差距保持在一定的合理范围之内，不要使贫困差距过大而引发过多的社会经济问题。但是产业空间发展不平衡是绝对的规律，因此在重点发展落后地区时，也要保持发达地区的继续稳定发展，使其产业结构向更高的层次升级，而不要追求地区间发展的绝对平衡。

（四）有序推进、可持续发展原则

人类生存和发展所依赖的环境的承载能力是有限的，自然资源也是有限的，其中许多资源都是不可再生的。人类的生活和生产不可避免地要从自然攫取资源，不可避免地向自然界排放废物，从而对自然生态环境造成损害。虽然自然环境有一定的自我恢复能力，但其所受的损害必须控制在一定限度内，否则就无法自我恢复。另外，人工对自然生态进行恢复所耗费的成本将是巨大的，可能远远大于人类生产所获得的收益。所以在进行产业布局时必须注意节约资源和保护环境，防止资源的过度开发和对环境的过度破坏。要注意资源的充分利用和再殖，注意发展相关的环保产业等。许多发达国家在发展过程中就经历过先破坏后治理的过程，现在人类对生态环境问题已经有了深刻的认识，不用再走弯路。我国进行的西部大开发过程中就比较注重环境保护问题，采取了退耕还林还草、宜林荒山荒地造林种草等措施。

（五）政治稳定、国防安全原则

以上都是从经济角度出发考虑的产业布局原则。而从国家大局出发，首先所要考虑的是政治和国防安全因素。产业布局中政治和国防安全原则是高于经济原则的最高原则。例如，我国边疆少数民族地区虽然自然和经济社会条件都比较差，不适合许多产业的发展，但为了民族团结和国家稳定，以及边境的国防安全，国家每年依然对这些地区进行大量的援助，并给予许多优惠政策以支持这些地区的发展。

五、产业布局的主要模式

产业布局是在一定的地域内展开的，地域的具体条件是决定布局的依据。同一时期不同地域和同一地域不同发展阶段的具体情况各不相同，必须采取相应的产业布局模式。根据产业空间发展不同阶段的不同特点，产业布局的理论模式可以分为增长极（growth pole）布局模式、点轴布局模式、网络布局模式、地域生产综合体（territorial productive complex）开发模式及梯度推移与产业转换模式等。其中前三种开发模式从产业分布结构角度出发，处理在时间上依次继起的区域经济发展不同阶段的产业布局问题，它们之间有着密切的内在联系，一起组成一个完整系统的布局过程。

（一）增长极布局模式

增长极理论是法国经济学家佩鲁于 1950 年提出的，其思想是：一国经济增长过程中，不同产业的增长速度不同，其中增长较快的是主导产业和创新企业，这些产业和企业一般都是在某些特定区域或城市集聚，优先发展，然后对其周围地区进行扩散，形成强大的辐射作用，带动周边地区的发展。这种集聚了主导产业和创新企业的区域和城市就被称为"增长极"[①]。增长极往往都是依托产业集群发展起来的，所以，选择和培育创新能力强的产业，集中布局相关产业，打造产业集群，是培育增长极的有效途径。

（二）点轴布局模式

点轴布局理论是我国著名地理学家陆大道院士提出来的，是增长极布局模式的延伸。从产业发展的空间过程来看，产业，特别是工业，总是首先集中在少数条件较好的城市发展，呈点状分布。这种产业（工业）点，就是区域增长极，也就是点轴开发模式中的点。随着经济的发展，产业（工业）点逐渐增多，点和点之间，由于生产要素流动的需要，建立起各种流动管道，将点和点相互连接起来，因此各种管道，包括各种交通道路，动力供应线、水源供应线等就发展起来，这就是轴。这种轴线，虽然其主要是为产业（工业）点服务的，但是轴线一经形成，其两侧地区的生产和生活条件就会得到改善，从而吸引周边地区的人口、产业向轴线两侧集聚，并产生出新的产业（工业）点。点轴贯通，就形成了点轴系统。点轴开发理论是在经济发展过程中采取空间线性推进方式，它是增长极理论聚点突破与梯度转移理论线性推进的完美结合。

（三）网络（或块状）布局模式

网络布局是点轴布局模式的延伸。一个现代化的经济区域，其空间结构必须同时具备三大要素：一是"节点"，即各级各类城镇；二是"域面"，即节点的吸引范围；三是"网络"，即商品、资金、技术、信息、劳动力等各种生产要素的流动网。网络式开发，就是强化并延伸已有的点轴系统。通过增强和深化本区域的网络系统，提高区域内各节点间、各域面间，特别是节点与域面之间生产要素交流的广度和密度，使"点""线""面"组成一个有机的整体，从而使整个区域得到有效的开发，使本区域经济向一体化方向发展。同时通过网络的向外延伸，加强与区域外其他区域经济网络的联系，并将本区域的经济技术优势向四周区域扩散，从而在更大的空间范围内调动更多的生产要素进行优化组合。这是一种比较完备的区域开发模式，它标志着区域经济开始走向成熟阶段，详见表 2-6。

表 2-6　增长极模式、点轴式模式和网络式模式的对比

开发模式	内涵	优点	缺点	适合阶段
增长极	优先开发某个或某几个城市、交通枢纽或资源富集地	节省投资	带动作用小	开发的早期阶段
点轴式	优先开发交通沿线、海岸带和沿河地区，构筑产业带、城市带	带动作用不小	需要的投资不少	开发的中期阶段
网络式	以交通网络为基础，全面开发	带动作用大	需要大量投资	开发的高级阶段

---

① Perroux F. 1950. Economic space: theory and applications. The Quarterly Journal of Economics，64(1): 89-104.

（四）地域生产综合体开发模式

地域生产综合体是指在一定地域范围内，影响和形成经济发展的各个因素（矿产资源、水资源、土地资源、自然条件与经济条件等）及各个部门（工业、农业、交通运输业、商业、服务业、文化教育和科学研究等）之间相互联系、相互制约的生产地域总体（或称地域系统）。地域生产综合体开发模式是苏联广泛采用的一种产业布局模式。从 20 世纪 50 年代中期到苏联解体以前，苏联在西伯利亚地区通过对水利、煤炭、油漆、铁矿、木材等资源的开发，建立了 10 多个大型的工业地域生产综合体。受苏联的影响，我国也曾经广泛采用过这种布局模式。我国国土规划纲要中提出的 19 个重点开发区中有很大一部分就属于这种开发模式。

地域生产综合体开发模式的理论基础是苏联学者科洛索夫斯基的生产循环理论。该理论认为：生产都是在某种原料和燃料动力资源相互结合的基础上发展起来的；每个循环都包括过程的全部综合，即从原料的采选到获得某种成品的全过程；某个产品之所以能在某个地域生产，是因为拥有原料和燃料动力来源并能够对它们进行合理利用。也就是说，该理论认为生产是按照生产工艺的"链"所组成的稳定的、反复进行的生产体系进行的。科洛索夫斯基将地域生产综合体定义为"在一个工业点或一个完整的地区内，根据地区的自然条件、运输和经济地理位置，恰当地安置各个企业，从而获得特定的经济效果的这样一种各企业间的经济结合体"。

生产地域综合体理论与产业集群理论相似，但只适用于大型重化工业基地建设。

（五）梯度推移与产业转移模式

该布局模式的理论基础是梯度推移理论。梯度推移理论源于弗农（1966）提出的工业生产的产品生命周期理论[①]。产品生命周期理论认为，工业各部门及各种工业产品，都处于生命周期的不同发展阶段，即经历创新、发展、成熟、衰退等 4 个阶段。不同地域，经济技术的发展是不平衡的，不同地区客观上存在经济技术发展水平的差异，即经济技术梯度，而产业的空间发展规律是从高梯度地区向低梯度地区推移。第二次世界大战后加速发展的国际产业转移就是从发达的欧美国家向新型工业国或地区再向发展中国家进行梯度转移的。

1956 年，日本经济学家赤松要博士根据产品生命周期理论，提出产业发展的"雁型模式"。其主旨是发展中国家利用引进先进国家的技术和产品发展本国的产业，因此在贸易圈中势必存在不同发展层次产业结构的国家，这同时也是产业梯度转移的一个动力。20 世纪中后期的东亚恰好具备了这个条件。日本是属于"配套完整的制造工厂型的发达国家"，属第一层次，它有先进技术，工业发达，资金雄厚，居东亚经济发展的雁首地位；NIEs（Newly Industrial Economics，亚洲四小龙）是新兴工业化国家和地区，属第二层次，有比较先进的技术，重点发展资本密集型企业，是东亚经济发展与合作的雁身；ASEAN（Association of Southeast Asian Nations，东南亚国家联盟）各国是从农业起步向发展出口型工业方向迈进的一些国家，属第三层次，有资源、劳动力，重点发展劳动密集型工业，在东亚经济发展中充当雁尾的角色。中国在东亚地区属于后期的社会主义市场经济国家，但在日本对外直

---

① Vernon R. 1966. International investment and international trade in the product cycle. The Quarterly Journal of Economics，80(2)：190-207.

接投资接受国中异军突起，不仅拥有丰富的生产要素和辽阔的市场，且迅速成为日本对东亚乃至世界投资中的主要接受国，而且与东亚经济相接轨，成为东亚地区仅次于东盟的新的经济增长区，属第四层次。因此，日本对东亚的直接投资结构也根据不同的发展层次采取了不同阶段的产业结构，呈现出阶梯型结构。目前日本的领头羊地位大大减弱，中国的珠三角、长三角和京津冀都市区已经崛起，这些地区在东亚经济中的地位大大提高。

根据梯度推移理论，在进行产业开发时，要从各区域的现实梯度布局出发，优先发展高梯度地区，让有条件的高梯度地区优先发展新技术、新产品和新产业，然后从高梯度地区向中梯度和低梯度地区推移，从而逐步实现经济发展的相对均衡。我国在改革开放初期就曾按照经济技术发展水平把全国划分为高梯度的东部沿海地带、中梯度的中部地带和低梯度的西部地带，以此作为产业空间发展的依据。目前东部沿海地区的传统产业转移（向中西部甚至海外转移）和升级，就是遵循这个规律。

梯度推移模式适合于大范围内的产业布局协调。而对于较大地区来说，其内部也是不平衡的，如西部地区，总体上处在低梯度地区，但西安、重庆和成都的高新技术产业发展的也不错。

第五节　区域竞合及经济一体化理论

一、区域合作理论

区域合作是与区域分工相伴而生的。因为在区域分工的深化过程中，各区域经济发展的专业化倾向日益突出，伴随着区域之间竞争的加剧也出现了区域之间相互依赖程度的加深。出于各自发展利益的需要，区域之间在分工的基础上就必然要开始寻求合作。

区域合作有两种形式：一是区域之间存在产品、技术、服务等方面的关联而形成互补关系和相互依赖，因而需要通过相互合作才能满足各自的多方面需求，使经济发展获得一定的稳定性；二是迫于市场竞争的压力，相关区域通过合作，实现优势互补或扩大同种优势，形成竞争力的合力，追求各自经济发展得更加稳定、规模更大。

区域合作是现代区域经济发展的普遍现象，它的经济意义在于，区域之间通过优势互补、优势共享或优势叠加，把分散的经济活动有机地组织起来，把潜在的经济活力激发出来，形成一种合作生产力。通过合作获得的经济综合优势所产生的经济效益是分散条件下所难以取得的。合作为分工提供了保障，使区域经济专业化能够存在和发展。通过合作可以冲破要素区际流动的种种障碍，促进要素向最优区位流动，加强区际联系，形成区内和区际复杂的经济网络，提高区域经济整体性和协调能力。

一般，区域合作需要遵循以下几个原则。

（1）平等互利。由于各个区域都有自己相对独立的经济权益，合作实际上是为了更好地追求和维护自己的经济权益，所以区域合作就必须是自愿、平等的。更重要的是，合作必须给参与的各方都带来比单独发展更多的经济效益。否则，合作就缺乏凝聚力，不可能长期维持。

（2）优势互补，相互协调。区域合作要尽量发挥各个区域的经济优势，相互取长补短，或优势互补，扩大经济优势的影响力。这样，才能形成区域经济发展的合力，创造出单个区域所无法获得的经济效益。

（3）区域之间在空间上尽量邻近。从经济联系的角度看，空间上相邻的区域一般都存在各种各样的传统经济联系，这是促成合作的重要基础。同时，区域之间在空间上相邻便于要素流动，有利于开展合作。此外，空间上相邻的区域往往具有相同或相似的社会文化背景，这对于开展合作是很有利的。需要指出的是，这个原则不是必要的。因为，随着现代经济的发展，空间关系对区域合作的影响不是决定性的。

二、区域竞争理论

区域是一个利益主体，恰如外交名言"没有永久的敌人，只有永久的利益"，在区域经济发展过程中，相互竞争是主流，合作是为了最终竞争性胜利的需要。区域竞争的产生主要来自两个方面：一个是本区域经济发展的需要；另一个是地方政府官员追求政绩的需求。区域竞争力表现为一个地区所具有的资源优化配置的能力，也就是资源吸引力和市场争夺力。因此，区域竞争取决于要素如何有效地使用。

在计划经济体制下，由于资源统一分配，区域间不存在利益驱动，因而也不存在区域竞争。改革开放以来，中国逐渐从过去的计划经济体制向分散化的市场体制转轨，这一过程往往伴随着资源配置的市场扩张和区域间的竞争加剧，同时对资源的争夺也日趋激烈。

区域竞争主要体现在两个方面：一是纵向竞争。纵向竞争突出表现为财政转移支付、财权的分割。这类竞争体现为区域与上级政府的博弈。因此，区域竞争力更多取决于同上级政府的讨价还价的能力和话语权，以及自身拥有的信息优势。一般来说，强势的区域可以获得更多资源配置权，享受到更多的优惠和特许权；相反，弱势的区域则相对有限。这样，经济实力雄厚、发展条件较好的区域，由于拥有更大的话语权和砝码，可以享受到更多的优惠和特权，而贫穷落后的区域反而享受不到相应的优惠和特权。显然，这种竞争如果任其发展，区域间的差距会越拉越大，最终不利于一国经济的整体推进和均衡发展。

二是横向竞争。在一个资源有限的经济社会里，当资源配置的市场化成为主导趋势时，区域间的利益驱动也随之强化。资源配置涉及两个方面：①资源在产业间的配置。由于资源在产业间的配置更多涉及一国经济的长远规划和宏观布局，因此，关于资源如何在产业间分布，区域竞争更注重纵向竞争，而淡化横向竞争。②资源区域配置。资源的分配总是存在此消彼长的关系，区域间通过横向竞争以得到在该领域尽可能多的资源配置权。

区域横向竞争主要以三种方式展开：

协调型。借助区际分工，强调区域间的互补和协同共生，构建合作团队实施资源联合开发利用，如某某区域联盟、某某市长联席会议等。

创新型。以制度创新、技术创新为核心，着力打造自身区域的软硬环境，通过苦练内功吸引更多的资源，如各级各类的开发区、示范区、先行区……

失度型。一般发生在比较弱势、自身竞争力缺乏的区域。这类区域往往只能借助行政手段和区域边界实施自我救助，以贸易壁垒、区际封锁强化区域资源控制。

应该说，对于一个区域来讲，两大类竞争的具体应用绝非是单方面、孤立的，而往往是相互交织、齐头并进、综合实施的。

三、区域竞合理论及其应用

（一）区域竞争有利于整体经济的发展

改革开放以来，经济转轨和财税分权，激发了地方发展经济的动力和活力，强化了地方政府对经济利益的内在驱动，打造出了中国的区域竞争机制，并由此推动了区域间的相互学习、竞相追赶，同时促进了政府行政效率的提高，从而形成了中国区域间经济发展百舸争流的局面。可以说，没有这种区域竞争的机制，就没有中国今天的经济。对于区域竞争中存在的问题不能因噎废食，只能在改革中完善。改革初始阶段，区域竞争的理性化程度低，可能专注于纵向竞争，容易出现失度竞争、规则失范。但随着区域整体水平的提高，区域竞争会不断走向理性化：从单赢到双赢、多赢，从区域竞争到区域竞合。因此，绝不可轻率或盲目用行政手段对地方利益机制进行过度干预或强行归并。

（二）政府对市场的替代要有度，地方政府的作用不能无限放大

区域经济发展的早期，地方政府出于对规避风险的考虑，往往能做到彻底放权，普遍实施自下而上的自主改革，放手微观主体自发渐进、自主选择。在经济短缺时代，这种方式非常有效，能形成"赶早效应"，可以做到尽快调动各种资源，快速促进产品供给能力的提升。一个很好的例证就是珠三角的崛起。但是经济格局变化中的区域经济发展落差，对于欠发达的区域形成了双重压力：一方面是发达区域的示范效应；另一方面是欠发达区域的地方政府内在政绩要求和追赶愿望。所以后来的区域经济发展大多出现了政府对市场的强势替代，如招商引资、产业调整等。应该说，在初期的欠发达区域的追赶浪潮中，地方政府发挥了市场不可替代的作用，而且在今后的地方工业化和构筑区域竞争优势的过程中，政府作用的空间仍然较大。政府的作用要从两个层次考虑：一是区域经济的发展既要依靠政府的作用，更要发挥市场在资源配置中的基础作用。政府要顺应市场，政府的作用在于"助推"，而不能唯政府意志，更不能成为政府干预经济的借口。政府参与越多，市场效率就越小。政府参与区域间的竞争主要体现在如何强化区域分工和迅速创立区域的集聚优势上，不能无限扩张。否则改革中的"国家规划"很容易被"地方规划"牵着鼻子走。二是政府运作的成本和绩效问题。政府借助行政手段发展经济往往只根据政绩需要而不顾经济规律和比较优势，容易出现行为短期化，而且一般来说政府运作的成本较大，效率较差。

（三）维护区域间的市场开放、信息开放和制度竞争

中国区域开放的梯度性决定了区域竞争力的梯度性。开放越早，意味着越早参与国际竞争，越早融入竞争机制和风险机制，市场化程度就越高，经济的活力就越强。地方保护和地方封锁，只会"拔苗助长"，它会导致资源配置在整体上的效率损失，市场规模难以扩大，专业化和分工无力深度拓展，经济低效率运行。主流经济学理论反复阐述的一个原理就是：只有在一个完全的市场结构中，才能实现帕累托最优。此时生产者实现利润最大化，消费者实现效用最大化，全社会达到福利最大化，整个经济将处于有效率的运行状态。而且对外开放政策（尤其是选择性开放政策）并不一定导致不发达国家的发展收缩和落后，当然由于自然和历史原因，区域竞争的初始条件和资源禀赋往往差距较大，考虑区域间竞争起跑线的同一性和机会均等，中央政府可以向弱势的落后区域进行补偿，提供一些必要的财政转移支付、区域政策和产业政策配套支持，以换取地方政府放弃地方保护主义行为。

（四）顺应经济发展趋势，加速区域经济一体化的步伐和进程

随着中国经济发展总体水平的提高，经济区域逐步突破了行政区域。从某种意义上讲，

原有行政区划已经成为区域经济发展的"桎梏"。如何突破现有行政体制去尽快适应区域经济的发展已经成为影响未来中国经济发展的亟须解决的重大课题。针对目前区域间存在的产业结构雷同、市场分割严重、基础设施辐射不足的现象，为进一步促进区域间的协调发展和资源的良性互动，实现规划同步、产业统筹、市场同体、交通同线、电力同网、信息共享、旅游联线，有学者提出改革现有行政区划，但是打破现有行政区划的社会成本太大，而且后果难料。从现有格局来看，区域发展都是市场力量突破行政区划，进而成为主导区域分工的典范。因此，行政区划的改革不能匆促上阵，否则会引起经济生活的混乱。根据目前中国的实际，可以在现有的行政体制框架下，分两步推进区域经济一体化：第一步是在一个省内经济关联度较大的几个相邻区域的体制一体化；第二步是一个大区中产业关联度较大而且产业具有典型集聚效应的省际间的经济一体化[①]。我国目前正在推进的城市群建设及京津冀协同发展，则是在更高层面、更大范围和更广领域的一体化工程，由此掀起了我国区域合作发展的新高潮。

四、区域经济一体化理论

"区域经济一体化"中的"区域"是指一个能够进行多边经济合作的地理范围，这一范围往往大于一个主权国家的地理范围。根据经济地理的观点，世界可以分为许多地带，并由各个具有不同经济特色的地区组成。但这些经济地区同国家地区并非总是同一区域。为了调和两种地区之间的关系，主张同一地区与其他地区不同的特殊条件，消除国境造成的经济交往中的障碍，就出现了区域经济一体化的设想。经济的一体化是一体化组织的基础，一体化组织则是在契约上和组织上把一体化的成就固定下来。

区域经济一体化的正面影响是：区域经济的形成，使各国互惠互利。国家内部的区域经济一体化，将促进地区经济均衡发展，防止地区之间的贫富差异越来越大。

区域经济一体化的负面影响是：

（1）区域外的国家和地区面临更高的壁垒和更严重的保护主义，更难以进入该市场，或原有的市场份额被转移到区域内其他生产效率并非全世界最高或成本并非最低的国家了，这就是贸易转移。

（2）发展中国家的贸易处于更加不利的地位。一方面是相对竞争力更弱了；另一方面一些想进入一体化区域市场的公司为绕开壁垒而将原来投资发展中国家生产再出口贸易的方式变为直接在区域内投资生产。

（3）不利于多边一体化的建设。在世界贸易组织（WTO）中多边主义的原则也不适用于欧盟国家之间的贸易政策，就是说它们之间的相互优惠是其他成员国无法同样享受的。

（4）各成员的经济政策自由度受到约束，因为要协调一致，总会牺牲某些成员的部分利益。英国脱欧，法国闹脱欧，原因就在于此。

第六节　系统规划论

规划是个人或组织对未来整体性、长期性、基本性问题的考量和部署，是设计未来整套行动方案的过程。规划的对象是一个系统，规划的过程也是一个系统（过程系统），规划

---

① 赵从芳. 2009. 我国区域经济中地方政府竞合关系研究. 秦皇岛：燕山大学硕士学位论文.

的目标包括经济目标、社会目标或生态目标等，它们之间也构成一个系统（目标系统）……因此，要从系统科学的角度考察区域发展规划的理论基础。

一、规划的主体与客体

（一）规划的主体

规划的主体，即规划的利益相关者。包括规划对象的管理决策者、规划编制人员、规划实施人员或单位、规划对象范围内的居民（拥有者）等。

一般来说，规划实施主体和当地居民，应该参与规划的编制，只有这样，才能使规划成果体现规划主体的愿望，才能保证规划的基础扎实，实施顺利。反对简单地从外面请来规划编制人员，这些规划人员只在实地转上两圈，收集些资料，然后就回去闭门造车。虽然说远来的和尚好念经，恰如"跳出地球看地球才能发现地球是圆的"一样，但不了解实际情况，不做深入细致的调查研究，不与规划实施主体或当地居民进行深入交流，是不可能编制出一个科学、合理、可行的规划来的。为此，建议要成立规划办公室和研究机构、领导小组及工作技术人员班子。由于区域发展规划的综合性，其覆盖的知识面广，涉及学科、部门多，纵横关系多，条条块块矛盾多，所以规划班子应由一个多层次、多学科、多方面的人才组成。既要有权威的强有力的决策领导机构，又要有一批专家和从事实际工作的技术力量。

首先是领导小组，包括主管部门领导和决策人员，是规划班子的最高层次机构，负责决策、协调和指挥。如果规划区域是在一个行政区域内，规划领导机构必须有行政区的主要负责人参加。如果规划区域由两个或两个以上的行政区组成，则规划领导机构必须有它们共同的上级行政区的主要负责人参加。

其次是实际参与规划方案设计的工作班子，工作班子应该有负责综合规划方案编制的规划人员和负责各项专项规划的专业人员，主要负责调查研究、分析综合、成果整理等工作。此外还有顾问委员会，主要由老干部、相关专家组成，包括计划委员会、经济贸易委员会、科学技术委员会、科研室、农业委员会等机关人员，以利于信息沟通和各部间的协调。

此外，传统上，规划一般由规划专家完成，如城市规划者、管理人员或其他政府部门人员。当地居民常常觉得规划人员通过设置复杂的参与方法限制了当地居民的参与。但是，近年来，某区域规划人员同当地居民共同开发了网上参与平台，如 WideNoise、Block by block 和 Neighborland 等，大大提高了市民参与城市规划的兴趣和能力，让当地居民真正地成为规划的参与者[1]。同时，有学者认为在规划过程中应该多倾听青年人的声音，利用他们在规划决策过程中的独特经验，塑造未来世界[2]。

（二）规划的客体

规划客体即规划对象。不同的规划对象，构成了规划的一个类型体系。

区域规划对象包括空间载体（如区域、城市、乡村等）、物质载体（如基础设施、资

---

[1] Ertiö T P, Bhagwatwar A. 2017. Citizens as planners: harnessing information and values from the bottom-up. International Journal of Information Management, 37(3): 111-113.

[2] Osborne C, Baldwin C, Thomsen D, et al. 2017. The unheard voices of youth in urban planning: using social capital as a theoretical lens in Sunshine Coast, Australia. Children's Geographies, 15(3): 349-361.

源、环境、行业、企业等）、非物质载体（如人口、文化、体质、机制、法规等）。规划对象不同，规划的内容、目标和重点不同，实施规划的途径和措施也不同。深入研究规划客体本身的特点及其运动变化规律，明确规划客体的时空界限，是编制区域规划的首要前提。规划客体的空间界限一般比较清晰，时间界限不一而足，但大多分为近期和中远期几个阶段，其中 3~5 年的为短期规划，5~10 年的为中期规划，10 年以上的为长期规划。当然，对于一个乡镇村屯这样的小样本而言，5 年也可以称作是中长期规划。

二、规划的内涵及其变化

（一）规划的内涵界定

在古代汉语中，与现代通常语境中所称的"规划" 相对应的词语表达为"规画"，意指谋划、筹划。其中的"规"原意指校正圆形的用具，也有规划、打算之意[1]。虽然"规画"在现代汉语中仍然存在，但在通常的表达中已十分罕见，并且演化为指较全面或者长远的计划。在英语中，对应于规划或者计划的词汇主要有 plan、programmed、project、blueprint、layout 等，其中最常用的当属 plan，意指 "提前安排某种措施等"（arrange a procedure etc. beforehand）[2]。

规划具有三个主要特征：①必须与未来有关；②必须与行动有关；③必须有某个机构（主体）负责促进这种未来行动[3]。

（二）规划领域的变化

规划领域的演变，大体上可分以下几个时期。

第一个时期：规划的概念主要用于军事。"运筹帷幄，决胜千里"的话，就来自军事。《孙子兵法》中关于规划的理论，历史上著名军事家关于规划的理论，都是应该认真研究的。

第二个时期：规划的概念主要用于经济。十月革命后，在苏联，计划经济的问题提到了议事日程；在欧美，也建立了计量经济学。虽然在他们的心目中，规划的概念不完全一样，但总的来说，规划概念的内涵与外延均较第一阶段丰富。

第三个时期：20 世纪 40 年代，运筹学（operation research）在欧美兴起。自那以后，"规划"二字常与数学联系在一起，线性规划、非线性规划、动态规划统称为数学规划。人们关于规划的思想找到了精确的表述方式——数学。此时，规划对象广泛庞杂，但万变不离其宗，都把规划的对象看作是一个系统。

系统指的是有组织的集体，不是一些不相联系或有联系而无组织的个体，它的每一个元素是一个活动（在生产系统中，就是生产活动）。系统是有结构的，这指的是它由若干活动组成，每个活动在这个结构中有一定的地位，并且有一定的相互关系。还有两个概念是必须认真弄清楚的，那就是：条件和目标。"条件"指的是：对该系统的发展起约束和促进作用的诸因素。"目标"有总目标与局部目标之分；说规划要考虑全局和长远，都寓于对目标的理解上。

---

① 《诗·小雅·沔水序》郑玄笺："规者，正圆之器也。"《淮南子·说山训》："事或不可前规，物或不可虑卒。"参见《辞海》（1999 年版缩印本），上海辞书出版社 2000 年 1 月第 1 版：1743。

② The Concise Oxford Dictionary of Current English. 8th ed. 1990. Oxford: Clarendon Press.

③ 李凌波. 2014. 行政规划研究——原理探究与实证分析. 北京：北京大学博士学位论文.

此时规划的内容是：①对在该系统中占重要地位和次要地位的诸活动的理解（既要掌握有关诸活动的信息，又要掌握它们诸关系的信息）；②对持续起作用的外加条件和可能调动、调整的外加条件的了解；③关注的是投入后的效果及其与总目标和局部目标的关系。

（三）发展经济学视角下的规划论

区域规划更多情况下是指区域发展规划，而区域发展则属于发展经济学范畴，发展经济学是区域发展规划最重要的理论基础。

1. 规划是建立在人对自然和社会不断认识基础之上的决策支持

欧洲文艺复兴以后，自然科学和唯物主义哲学迅速发展，人们发现世界是可以被认识的，在主动把握自然和社会发展规律的基础上就有了规划的雏形。最早的具有现代意义的规划起源于英国，发展于苏联，在法国实施得最好。英国工业革命时期，工业化带动大量农民涌入城市，形成了大量卫生条件恶劣的"贫民窟"，这直接影响城市安全和工业发展，为此英国出台了一部融入城市规划理念的《公共卫生法》。十月革命后，苏联借鉴运筹学方法将规划发展到了极致，他们通过制定军事、产业和社会发展规划，迅速从落后的农业国变成了工业国，组建了华沙条约组织和经济互助委员会，形成了一度与北约对抗的社会主义阵营。第二次世界大战后法国总统戴高乐为复兴法国和欧洲，制定了核工业发展规划、航空航天工业发展规划，现在法国核电占其能源结构的80%，石油涨价、市场波动对它的影响非常有限；空中客车公司也是由法国推动建立的，在国际市场上占据半壁江山；阿丽亚娜火箭也在国际航天领域占有重要位置。此外，戴高乐还积极推动欧洲共同体在经济、政治和货币一体化方面的规划。经过半个世纪的努力，法国恢复了一流国家的自信和在关键领域的重要地位。

2. 规划是系统的谋划，具有全局性的拉动作用

在过去的计划经济中，绝大部分社会性工作是操作层面的财政集中方式。这一方式具有集中力量办大事的能力。在市场竞争环境下，有人认为不再需要规划，自由竞争就可以了，这是非常错误的，会导致盲目性。盲目自由竞争虽然最后可能会找到解决办法，但代价是巨大的，需要上百年甚至几百年时间。因此，市场经济更需要规划。做好规划是人们进行各项工作的一个必要前提和先决条件，也是一个关键环节，没有科学的规划，后期就会出现盲目建设、重复建设等问题。

3. 规划不同于一般计划和策划

在英文中，规划和计划是同一个词（planning），没有太大差别。但在中文里却有明显的差别。规划代表了一种指导性、方向性的目标，是相对于事物的整体特征而言的，是指比较全面长远的发展计划，带有空间含义；而计划则侧重短期，是规划中的具体环节或由规划在操作中演变的具体项目，建立在运筹学的基础之上，是运筹学的发展、运用和延伸。我国从1953年开始，共编制过十个五年计划，极大地促进了国民经济发展和人民生活水平提高。从2006年"十一五"开始，我国把计划变为规划，这一个字的改变体现了从计划经济到市场经济这种理念上的转变和政府职能的转变。从前的计划侧重于层层分解下达的指令性指标，主要靠行政手段来实现；而规划侧重于解决宏观性、战略性、长远性问题，提出指导性的思路和对策，主要靠经济手段来实现。

规划也不同于策划。规划主要着眼于宏观领域，有时间跨度长、选择空间小、变量少、操作技术成熟的特点，例如，国土布局、水资源、矿产资源、基础设施等物质条件都相对固定、不可替代，在这个基础上编制的规划就可以管十几年，甚至几十年、上百年。策划主要是根据短期内的多变量多情景制定预案，特点是时间跨度小、变量多。规划与策划没有明显的界限，通常是同时出现、互相渗透和转化，实现大的规划往往需要一系列的策划。从人类发展的历史与积累的知识经验看，人们完全能够通过明确长远发展的目标、路径和实现战略，制订百年规划[①]。

三、发展性规划与管治性规划

从规划目标来看，规划不外乎两种类型：一是发展为主的规划，如国民经济和社会发展规划等；二是控制为主的规划，如环境保护规划、生态治理规划。前者没有下限，后者没有上限，只有底线。目前我国这两种规划都有，但以发展性规划为主，与我国所处的历史阶段相符。发达国家以管治性规划为主，我国将来也会出现管治性规划为主的局面。

（一）发展性规划

发展性规划指以发展为主题，按照目标导向的思路追求利益极大化的规划。下面以国民经济和社会发展规划为例，说明发展性规划的有关知识。

中华人民共和国成立后，我国一直对经济社会发展进行这种中长期的安排或谋划，具体表现形式就是各个时期的五年计划。"十一五"规划将实行了50多年的"计划"改为"规划"。尽管在有些国家的语言中，"计划"与"规划"是同一个词，但在中国，这一改变有着不同的、特殊的意义，标志着我国从计划经济时代的"计划"转向了市场经济时代的"规划"。

1. 国民经济和社会发展规划的概念

规划是为达到某种目标，对规划对象未来发展变化状况的设想、谋划、部署或具体安排。政府编制的规划是政府对一定范围内的经济、社会、文化、政治各领域在时空上的设想、谋划、部署或具体安排。任何机构或组织都可以编制自己的规划，这里主要是指政府组织编制的规划。做好规划、把握规划概念，要注意以下几点。

（1）规划要有明确的规划对象。国民经济和社会发展规划的对象是经济和社会，主体功能区规划的对象是国土空间，城市规划的对象是城市等。国家国民经济和社会发展的规划对象是全国的经济社会系统，地方国民经济和社会发展规划的对象是本地辖区的经济社会系统。强调这一点的原因是，我国许多规划的对象不明确，至少是规划的界限不清、范围不明。有些部门编制的专项规划就混淆了规划对象与部门工作的界限，把本部门根据职责要开展的工作放到规划中。有些规划则超越规划对象，跨入其他规划的范围，导致规划之间相互交叉、无法执行。

（2）不是什么领域都适宜编制规划。具有经济杠杆性质的政策工具就不宜编制规划。财政、投资、利率、货币、外资等是其他实体领域发展的手段或工具，必须依附于其他实体领域才有意义。财政收支、政府投资等，不能仅仅因为做了几年的时间安排就算是规划，如果脱离了需要投入或支持的具体领域独立编制，就只能是一种预算安排，不属于规划。若明确了需要支持的具体领域，则是一种规划，但就与国民经济和社会发展规划的内容重

<hr />

① 国家开发银行规划院. 2013. 区域发展规划的理论与实践. 北京：中国财政经济出版社.

复了。金融领域，如果仅仅提出几年之间要发多少货币、债券、股票等是没有意义的，关键是要明确哪些领域，但若明确了，也就与国民经济和社会发展规划无异了。如果金融领域作为一个实体领域，规划金融机构和市场及布局、规模等是可以作为规划的，这就是金融领域的专项规划了。

（3）规划不仅仅是安排时间的。过去认为，规划只是在一定时期即规划期内做些什么、怎样做和做到何种程度等。其实，规划也可以而且应该明确在何处做，即在什么空间或哪些区域做什么。也就是说，规划既是安排时间的，也是安排空间的。而且，有些规划也可以不规定一定时期必须达到什么程度，不对时间进行安排。例如，国土空间规划、交通布局规划，甚至城市规划等，可以不对时间提出明确的目标，即可以不提出到哪年开发到什么程度，不提出哪条高速公路要到哪年建成，不提出一个城市到某年必须发展到多大规模等。如果国土空间规划明确了哪些空间单元应该开发，哪些不应该开发，交通布局只是明确了在哪里、要建设几条高速公路，城市规划只是明确了城市内部的各类功能区等，这种只安排空间、不安排时间的也是规划。毫无疑问，区域规划更是以空间布局为主的规划。

（4）规划不仅仅是指导性的。在计划经济下，计划是指令性的。进入社会主义市场经济后，我国存在着走向另一个极端的倾向，认为规划仅是指导性、预测性的，导致规划编制时轰轰烈烈，实施中无声无息。事实上，在市场经济条件下，有些规划也是必须执行或实施的，关键要看是哪些领域、哪些方面的规划，要看规划中哪些内容是必须执行的。例如，总体规划中的节能减排和保护耕地等指标，主体功能区规划中的开发原则和不同区域的主体功能定位，城市规划关于各类功能区的安排、自然保护区的规划等，都是必须执行、具有约束力的。因为这些领域和方面关系着公共利益、关系着国家的可持续发展。

（5）规划不仅仅是为促进增长的。规划大多数是促进增长的，属于鼓励、动员、激励性的，但也有些规划是约束增长的。经济方面的规划，有些规划或者有些规划的部分内容就是约束增长的。约束增长，实质是为了更全面、协调、可持续的发展。美国《地方政府规划实践》提出，规划既要培育和促进增长，也要管理增长；规划要驾驭平衡，使经济增长、基础设施、资源环境、公共服务、人口相互均衡分布；过快过度的经济增长会给资源环境、公共服务、基础设施带来压力，并可能导致生活质量的下降。

2. 发展性规划的功能

实行市场经济不是不要规划，也不是不加区别地把所有政府编制的规划都定位为战略性、宏观性、政策性的规划，也不应该是所有的规划指标都是指导性、预测性的。不同的经济体制，规划的功能不同；不同对象的规划，也有不同的功能。在社会主义市场经济体制下，总体上说，规划具有促进国家战略目标的实现、弥补市场失灵、有效配置公共资源、促进全面发展、协调发展和可持续发展的功能。具体来说，有以下三种基本功能。

（1）规划是社会共同的行动纲领。任何规划都在一定范围、一定程度上凝聚了社会共识。《宪法》及其他任何一部法律都是凝聚社会共识的平台，将社会共识凝聚成国家利益并通过法律这种形式表达出来。在这一点上，规划与法律具有共同性，只不过表达方式是规划，而不是法律。凝聚了社会共识，才会成为行动的纲领，即大家认同应该这样做。

（2）规划是政府履行职责的依据。现代经济都是混合经济，纯粹的市场经济只是理论的抽象。政府干预经济活动，首先应该依法干预，其次要依规行事。因为任何一部法律都不可能细化到政府应该如何干预经济，政府应该批准这个项目还是应该批准那个项目，给这个领域的资金多一点、给另一个领域资金少一点的程度。为此，需要相对法律更加灵活的规划这种形式来规范政府的行为，使政府在履行经济调节、市场监管、社会管理和公共服务职责时，除了法律的依据外，也有规划作为依据。

（3）规划是约束社会行为的"第二准则"。市场经济条件下资源由市场配置，公民、法人企业有充分的自主权、决策权。但公民、法人的有些行为会损害社会公共利益，如有污染的项目建在居民点附近，就会对居民的生活和健康带来危害；建设大商场，尽管不违法，但如果建在不恰当的地点，可能致使一定区域的公共交通拥挤，导致公共交通效率低下。通过编制规划，可以告诉市场主体，哪些事情在什么地点可以干，哪些事情在什么地点不能干。所以，在这个意义上，规划是对法律制度的补充，是公民、法人也必须遵循的行为准则。

3. 发展性规划体系

我国规划体系按层级分为国家级规划、省级规划、市县级规划。按类型分为国民经济和社会发展总体规划、专项规划、专题规划。

（1）总体规划，即国民经济和社会发展总体规划，是以国民经济和社会发展各领域为对象编制的规划，是根据中央或上级部署编制的统领规划期内经济社会发展的宏伟蓝图和行动纲领。

（2）专项规划，是指国务院有关部门、设区的市级以上地方人民政府及其有关部门，对其组织编制的工业、农业、畜牧业、林业、能源、水利、交通、城市建设、旅游的有关专项规划，简称为专项规划。专项规划一般都由实体性的管理协调部门负责编制和实施。

（3）专题规划，是就某一具体问题所做的专门规划，如京津冀雾霾整治专题规划、太湖蓝藻治理规划等。

专项规划和专题规划的区别是相对的，如京津冀大气治理规划也可称专项规划。只是前者相对于"部门"或"行业"的管理；后者相对于"专门问题"的治理或建设。前者的规划内容更宽泛一些，与日常工作相衔接；后者的规划内容更集中一些，与特殊情况、特殊对象相联系。

（二）管治性规划

1. "管治"与"空间管治"

"管治"的概念最初起源于环境问题，随后被逐渐引入处理国际、国家、城市、社区等各个层次的各种需要进行多种力量协调平衡的问题之中。"管治"有别于传统意义上的政府"统治"，是指通过多种集团的对话、协调、合作以达到最大限度动员资源的统治方式，以补充市场交换和政府自上而下调控的不足，最终达到"双赢"的综合社会治理方式，其人文色彩与和谐成分较为突出。

空间管治是将经济、社会、生态等可持续发展，资本、土地、劳动力、技术、信息、知识等生产要素综合包容在内的整体地域管治概念，以跨行政、行业界限的空间资源环境保护与协调发展为主要对象，对跨行政界限空间资源进行统一保护与权益分配，协调中央、地方、非政府组织等多方利益，促进各种生产要素的综合融通，以利于跨区域的重要工程和决策的实施。其本质在于建立地域空间管理的框架，提高政府的运行效益，有效地发挥非政府组织参与区域管理的作用，以提高空间规划的社会性、科学性和可操作性。

2. 管治性规划

与区域发展规划等强调发展、赶超、跨越、利益极大化等不同，国土规划、主体功能区规划、土地利用规划、生态保护规划等，主要目的不是去发展什么和怎样发展，而是不允许做什么或不允许做到什么程度等，此类规划属于管治性规划。实际上，国外的规划，包括区域规划、城市规划等，多注意"限制""禁止"内容，更像是管治性规划，欧盟更是把空间规划做成空间管治规划；我国正处在"发展"时期，发展是硬道理，区域规划、城市规划等多强调发展和建设，"发展性规划"色彩较浓。

我国目前正在实施的主体功能区规划，是最典型、很先进的空间管治性规划。全国主体功能区规划是根据不同区域的资源环境承载能力、现有开发密度和发展潜力，统筹谋划未来人口分布、经济布局、国土利用和城镇化格局，将国土空间划分为优化开发、重点开发、限制开发和禁止开发四类，确定主体功能定位，明确开发方向，控制开发强度，规范开发秩序，完善开发政策，逐步形成人口、经济、资源环境相协调的空间开发格局。全国主体功能区规划是战略性、基础性、约束性的规划，是国民经济和社会发展总体规划、人口规划、区域规划、城市规划、土地利用规划、环境保护规划、生态建设规划、流域综合规划、水资源综合规划、海洋功能区划、海域使用规划、粮食生产规划、交通规划、防灾减灾规划等在空间开发和布局的基本依据。

主体功能区划中的三类空间战略布局体现了区域空间管治的合理性与协调性。我国主体功能区规划将整个国土空间划分为三类主要空间：城市空间、生态空间和农业空间，并分别从空间上规划了其战略布局的重点。城市化战略布局、生态安全战略布局及农业生产安全战略布局互为依托、互为补充，将跨行政区域的空间资源进行整合，以促进经济空间与生态空间的有机结合，最终实现国土空间资源的有序有度开发、协调发展。

主体功能区规划按照科学发展观要求，以人为本，也顺应自然，尊重自然；既要满足人口经济的空间需求，也要为生态环境良性循环留有空间，通过优化开发区域与重点开发区域的集约开发满足人们的经济需求；通过确定禁止开发区域和限制开发区域，构建以重要生态功能区、自然保护区域和生态走廊为骨架的生态网络及以主要粮食主产区、重要农业生产带为骨架的农业生产格局，合理布局生态空间，保障全国生态与粮食安全。这一思路凸显了主体功能区规划中人与自然相互统一的和谐精神①。

3. 管治性规划的内容

针对不同对象，管治的目的不同，规划的内容不同。空间管治作为一种有效而适宜的资源配置调节方式，日益成为区域规划尤其是城镇体系规划的重要内容。通过划定区域内不同建设发展特性的类型区，制定其分区开发标准和控制引导措施，可协调社会、经济与环境可持续发展。分为政策性分区和建设性分区。政策性分区指根据区域经济、社会、生态环境与产业、交通发展的要求，结合行政区划进行次区域政策分区，不同政策分区实施不同的管治对策，实施不同的控制和引导要求。建设性分区为禁止建设区、限制建设区、适宜建设区和已建区。

四、战略性规划与操作性规划

（一）战略性规划

在社会经济领域内，战略研究一般可以理解为"在较长的时间（如五年、十年、二十年、五十年等）内，根据对影响经济社会发展的各种因素和条件的预测，从关系经济社会

---

① 秦岭. 2010. 区域经济学理论与主体功能区规划. 江汉论坛, (4): 10-13.

发展全局的各方面出发，考虑和制定经济社会发展所要达到的目标、所要着力的重点、所要经过的阶段及实现上述要求所要采取的力量布置和重大的政策措施"。所以，战略研究具有全局性、长期性和综合性的特点。不论任何人在为战略研究多少具体数字，分析多少案例和资料，其所要得出的都只是一个抽象掉个性的、具有一般性的、对全局具有指导意义的结论——所要达到的目标，为战略研究制定的是一定条件下和一定范围内的最高层次上的决策。因此，战略对经济社会发展具有方向性、长远性、总体性的指导作用。

如果研究的对象系统范围十分巨大（如中国东部经济地带），或者研究的对象系统边界不甚清楚（如中国沿海较发达的地区），或者所研究的系统非常复杂，难以用确定的指标体系加以描述，或难以用有效的手段加以控制，对这样的系统进行开发，只停留在战略研究基础上显然不够，深入开展规划和计划又难以做到或意义不大。在这种情况下，要制定出一个重大的、带全局性的或决定全局性的资源开发战略是必要的，但只停留在战略上，又不能很好地指导开发，因为战略只给出了开发的指导思想、抽象的开发目标和措施等，对具体的开发机构来说，仍然未得到实质性的指导和指令。所以，应该在战略研究上深入一步，将战略目标、战略措施等尽量地加以落实，尽量地具体化、定量化和定位化，这就是战略规划。也就是说，战略规划不是制定战略和进行规划两个过程总和，而是由战略研究到规划决策过程的一个中间环节，是一个承上启下的纽带，对于那些难以规划或规划意义不大的系统来说，战略规划则仅仅是战略研究的一个延续。这样，战略、战略规划、规划和计划，各有侧重，互相衔接，构成了社会经济领域完整的决策过程系统。

城市总体规划、旅游规划中的概念性规划和总体规划，多属于战略性规划。严格来说，全国的五年规划、省一级的五年规划，更像是一种战略性的规划。

（二）操作性规划

从工作深度、指导性与操作性之间的关系，规划在纵向上，应该按照这样的思路进行：先编制高级层面的发展战略，在此基础上按照"发展战略→概念性规划→总体规划→详细规划→建筑设计"的思路，将不同层面的发展有机结合起来，进行不同深度规划的编制。

城市规划中的详细规划，包括控制性详细规划和修建性详细规划，都属于操作性规划。区域发展中的专项规划、专题规划等，也属于操作性规划。

操作性规划也可以分成发展性规划和控制性规划。其中发展性规划中，要保证操作性，往往策划一些落地项目，然后就这些项目的建设指标、可行性及融资方式等做出安排。管治性规划，就是各种"控制性详细规划"。城市规划中的控制性详细规划的目的是根据总体规划要求，对建设用地性质、使用强度和空间环境进行管治。内容包括四个方面：土地使用性质及其兼容性等用地功能控制要求；容积率、建筑高度、建筑密度、绿地率等用地指标；基础设施、公共服务设施、公共安全设施的用地规模、范围及具体控制要求，地下管线控制要求；基础设施用地的控制界线（黄线）、各类绿地范围的控制线（绿线）、历史文化街区和历史建筑的保护范围界线（紫线）、地表水体保护和控制的地域界线（蓝线）等"四线"及控制要求。

旅游规划中的控制性详细规划，目的是以总体规划为依据详细规定区内建设用地的各项控制指标和其他规划管理要求，为区内一切开发建设活动提供指导。主要内容包括：详细划定所规划范围内各类不同性质用地的界线，规定各类用地内适建、不适建或者有条件地允许建设的建筑类型；分地块规定建筑高度、建筑密度、容积率、绿地率等控制指标，并根据各类用地的性质增加其他必要的控制指标；规定交通出入口方位、停车泊位、建筑后退红线、建筑间距等要求；提出对各地块的建筑体量、尺度、色彩、风格等要求；确定各级道路的红线位置、控制点坐标和标高[①]。

（三）从战略性规划到操作性规划是规划决策的过程规律

按照系统科学的思维习惯，决策总是从虚到实、从软到硬、从宏观整体到微观具体的谋划、选择过程。规划既是决策的一个环节，本身也可以划分成不同的阶段。初始阶段，以宏观战略性规划为主；完善阶段，以微观操作为主。各种规划中的总体规划、概念性规划等，属于战略性规划；分区规划，介于战略性规划和操作性规划之间；详细规划，包括控制性详细规划、修建性详细规划，则属于操作性规划。

高层次区域的国民经济和社会发展规划，一般来说是属于战略性规划的，而与国民经济和社会发展规划配套的项目规划，则是操作性规划。基础设施建设规划、港口建设规划、城市某地块开发规划等，应该做到操作层面。

当然，战略性规划与操作性规划的区别是相对的，"战略性""操作性"本身也是相对的。规划应该看重的是战略上的可操作性，这一点尤为重要，这是反映规划咨询的价值所在。一个规划的可操作性不在于出了多少图纸，给出了详细的工作计划，规划还是关注战略的设计是否得当，是否指明了清晰的路径，沿着战略的设计能否达到预期目标。在很多细微的设计方面，客户远比规划师更有办法。

复习思考题

1. 简要回答：增长极；产业集群；点轴式布局；循环经济的 3R 原则；区域规划。
2. 简要论述：
（1）区域发展观的演变。
（2）罗斯托经济成长阶段论的主要内容。
（3）马克思主义地域分工原理的基本内容。
（4）你对区域竞合关系的认识。
3. 分析论述
（1）处于不同阶段地区的发展要点。
（2）发展性规划和管治性规划之间的区别。

进一步阅读

崔功豪，魏清泉，刘科伟. 2006. 区域分析与规划. 2 版. 北京：高等教育出版社.
国家开发银行规划院. 2013. 区域发展规划的理论与实践. 北京：中国财政经济出版社.
李小建. 1999. 经济地理学. 北京：高等教育出版社.
吴殿廷. 2015. 区域经济学. 3 版. 北京：科学出版社.
张敦富. 2013. 区域经济学导论. 北京：中国轻工业出版社.

---

① 《旅游规划通则》（GB/T 18971—2003）.

第三章　区域规划的内容和重点

本章需要掌握的主要知识点是：

了解区域规划的内容和重点。

正确把握区域发展方向。

恰当确定区域发展目标。

妥善部署区域发展重点。

第一节　区域规划的主要内容

一、不同层面区域规划要点

区域规划包括内容比较广泛，如明确区域规划的内涵、任务和类型，区域规划编制程序，与其他规划的关联，区域发展方向、区域发展定位，确定区域发展的目标，并进一步细化为可落实和操作的发展指标，选择区域发展的重点，组织合理的区域产业结构，进行总体布局等。不同层面的区域，发展规划的内容体系也不尽相同——层次越高，宏观性越强，总体规划覆盖的内容就越丰富，指导性越强，操作性越弱；不同发展阶段的区域，规划的侧重点也不同。

《联合国空间规划指南》将区域分为国家、区域和地方三个层次，不同的层次上，规划的方法和内容有所不同；各层规划是连续的，而且越是低一层次，规划的内容越详细，参与的公众越多。

（一）国家级规划

国家级规划是一种战略规划，主要考虑国家目标和土地资源的分配问题，一般不考虑实际的不同土地用途的分配，只建立区域层次上土地开发和利用项目的优先次序（类似于我国的主体功能区规划）。其主要内容包括：土地利用政策，用于平衡不同部门之间的土地利用需求竞争；国家发展计划和预算，发展项目的选择和空间分配；与土地利用相关的部门进行协调；土地产权、土地开垦和水权等法律问题。

（二）区域层次规划

区域层次是指介于国家和地方之间的层次，主要是关于项目发展的规划。主要内容包括：落实发展项目，如新的居住地、植林地和灌溉项目；分析改善基础设施的需求；提出改善各种土地利用的管理纲要。

（三）地方级规划

地方级范围包括一个村或几个村落，或一个小流域。要充分考虑当地公民的建议，满足他们的需要。在区域级规划已经确定了与地方相关的土地利用变化方面，地方级规划主要解决在一个特定地区内做什么、在哪里、何时做和谁来做等问题，如排水、灌溉和土壤保护措施的实施，基础设施的布局，特别是作物适宜性土地的选择等。

二、确定区域规划内容应该注意的问题

不同的区域、不同的规划管理者，在确定区域规划内容方面，差别很大。在确定区域规划内容和重点时，应该注意如下几点。

（一）区域规划是有限目标的规划

区域是一个处于时空变化中的复杂综合体，区域规划只能是对有限目标的规划。区域规划必须抓住其真正能发挥作用的内容，针对每个规划的特定区域特定时段、特定背景的要求，进行针对性的"重点问题"规划，以求提高区域规划的效率与效果，力戒面面俱到、空泛无物，否则，不仅耗费大量的规划精力与财力，还会削弱区域规划的权威性、科学性。

（二）区域规划内容应具有一定的层次性

到目前为止，我国还没有形成一个由浅入深、由粗到细、由整体到局部，相互衔接且环环相扣的区域规划体系，不同空间尺度的区域规划内容和深度差别不大。综观西班牙、意大利、比利时、德国、奥地利等一些西方国家，都先后建立了区域和地方层面的空间规划体系，并注重加强纵向和横向的协调。一般来说，越基层的规划，其规划内容越具体详细，操作性也就越强。因此，区域规划内容应具有一定的层次性。

（三）区域规划可规范基本内容，但具体内容要因时、因地而定

为确保区域规划的科学性，使不同等级的区域规划相互衔接，规范区域规划的基本内容十分必要。一般来说，区域规划的基本内容应包括以下八个方面：区域的总体定位与发展目标、产业分工与空间布局、城镇体系建设、基础设施建设布局、资源的开发利用与保护、环境保护与生态建设、空间管治、区域政策。由于各地经济发展水平、自然和区位条件不同，区域规划的具体内容或者重点内容要因时、因地而有所不同。

（四）区域规划内容要适应政府职能的转变要求

事实上，区域规划的内容体系与宏观调控手段之间存在着内在的联系。政府可调控的资源是连接它们的纽带和桥梁，而政府可调控资源随着政府职能的转变而有所改变。因此，区域规划的内容也要适应这种转变。

三、我国当前区域规划的重点内容

（一）明确不同层次区域规划的内容重点

国家级区域规划，应由中央政府编制。主要负责全国性的交通基础设施、跨流域调水及中央财政安排的重大建设项目等。

地方政府负责编制本管辖区内的区域规划。其内容主要是本辖区的交通基础设施、城镇体系建设和布局、资源开发与利用、环境保护等。中央政府不再参与编制地方规划，但

可通过必要的法律、经济和行政手段约束地方政府行为，规定地方政府规划在什么领域、什么情况下，不能与中央政府相冲突，并在此基础上，赋予地方政府特别是基层政府更大的规划权限。

各级地方政府区域规划的编制内容大致相同，只是越基层的规划越具体详细，约束性和指令性越强，特别是市县的区域规划要对各种用地布局和建设提出更具体的规定和要求；上一层次的区域规划要对基层规划的内容提出指导性、纲领性的意见。

（二）根据政府可调控资源的管理与调控方式，调整区域规划内容

（1）在产业发展和布局方面，弱化对产业行业的静态具体目标规划，突出对提升区域竞争力的动态路径谋划和多方案的比较评估，并重点提出地区产业结构调整和布局的指导性设想，建议多使用"不允许"和"鼓励"的方式制定产业政策。对竞争性领域的产业内容应充分发挥市场机制的作用，政府着力点应主要放在为各类市场主体营造良好的发展环境上。

（2）在基础设施的发展和布局方面，重点要从体现生产力的总体布局设想出发，通过建设基础设施和采取经济手段加以诱导，提出基础设施建设的具体方案及分区建设途径。

（3）在环境保护方面，要拓宽领域，在传统的被动的环境保护规划基础上，拓展和扩充为积极的生态保护规划，强调按照自然生态环境要求对区域空间的管治和协调。

（4）在资源开发利用方面，应由侧重于资源供需的分析和开发方向及措施分析，向强化资源管理内容转变。

（5）适应政府职能转变，应更加重视非物质发展规划的内容。一方面，强化人民生活质量的内容，可适当增加就业、老龄化、房地产、科技文化教育、社会福利、娱乐休闲等事项；另一方面，重视对文化和历史的保护与利用，在开发建设中要注重提高包括文化、地方性及历史传统的挖掘和保护。

（三）以空间资源配置为重点，强化空间的指导和约束功能

区域规划是一种以空间资源分配为主要调控对象的地域空间规划，"空间准入"规则及"空间管治"，是区域规划调控区域发展的"砝码"，在市场经济条件中，空间管治如同法规、税收等一样，是政府行之有效的调节经济、社会、环境可持续发展的重要手段，可通过"空间准入"规则（空间供给的多少、分区发展的限制等）对经济社会发展进行必要的调控。因此，区域规划必须明确空间指导与约束功能，以空间资源配置为重点，更加注重按照开发力度和强度进行空间划分和引导，提出相应的规划策略，而不是停留在按照空间利用的具体功能进行空间配置上，从而为规划方案对空间利用的弹性应对和对空间开发的刚性控制，提供可操作的引导。

（四）更加重视政策表述，强化区域政策设计

在区域规划改革中，有必要强化区域政策设计，确立以政策表述为主的区域规划内容，特别是要强化空间政策表达。例如，可书面声明本地区空间开发和土地使用的详细政策。只有规划实施措施得力而周详，才能实现区域规划和政府行为的衔接[①]。

① 欧阳慧. 2010. 我国区域规划内容的改革建议. http://www.cei.gov.cn/loadpage.aspx?page=ShowDoc&CategoryAlias=zonghe/ggmflm_zh&BlockAlias=zjzjsd&FileName=/doc/zjzjsd/200803182596.xml[2010-12-29].

第二节　区域发展方向与功能定位

区域发展方向和功能定位，是指在社会经济发展的坐标系中综合地确定区域坐标的过程，区域定位对于区域发展具有重大的影响作用。

一、区域功能定位的特性和内容

区域定位具有鲜明的战略性、综合性、地域性和动态性。战略性要求定位工作做到高屋建瓴、高瞻远瞩，站到未来发展层次把握区域和相关区域的方向和走向，洞悉社会经济发展的总体演进趋势。综合性要求定位工作全面、系统地分析与区域发展有关的各种条件和影响因素，并能够从总体上抓住关键问题和主导因素。地域性要求定位工作突出区域及其所在区域的特色，把区域放在大背景中去分析，把能够代表区域自身的内在的东西发掘出来，强化区域自身的个性发展特征。动态性要求定位工作遵循区域发展的历史演进规律和总体趋向，注重区域发展的阶段性变化，赋予其定位的时限性和时效性。

区域定位由定性、定向、定形和定量四个方面或称环节组成。定性是指确定区域的性质，即在详尽分析区域在大背景社会经济发展中的各种职能作用的基础上，筛选出对区域发展具有重大意义的主导性和支配性的区域职能。定向是确定区域的发展方向，包括区域的发展方针、目标走向、战略模式等，这一工作是以区域分析、区域对比分析和发展战略研究为基础的。定形是指区域形象的确定，这里不仅是指区域的代表性的景观特色，更重要的是指区域的内在的、相对稳定的、个性化的东西。为此，必须处理好历史文脉的继承和发展创新的关系，处理好自然生态潜质和人文社会发展的关系，做到区域形象与区域灵魂、活力的有机融合。定量是指从数量的角度给区域发展以某种形式的标定，它既包括区域人口规模、用地规模的确定，也包括区域经济地位、综合竞争力、发展水平的科学预测和数量分析。

二、区域定位的依据

定位无法脱离客观外界而孤立存在。定位要顺应历史和时代发展的要求，要置身于全球分工体系中，要辨明区域的竞争地位，要兼顾地区发展的大环境，要扬弃世界其他地区发展的经验教训。

这就是说，定位是在分析历史现状的基础上得到的；定位是在明晰外部环境的基础上得到的；定位是在归纳内部条件的基础上得到的；定位是在解读竞争格局的基础上得到的；定位是在借鉴他处经验的基础上得到的（图3-1）。外部环境、内部条件、竞争格局等时刻贯穿在历史现状的线索上；外部环境和内部条件的优劣决定了区域在竞争格局中所处的位置，决定了区域在竞争格局中的成败；而竞争格局的瞬息变化又同时牵引着外部环境和内部条件的改变。他处经验则需要和历史现状、外部环

图3-1　区域定位的五大依据

资料来源：李佐军，杨晓东. 2012. 定位决定

成败. 北京：中共中央党校出版社

境、内部条件、竞争格局有相似性、参考性，否则，他处经验就失去借鉴意义。

　　定位必须以历史和现状为依据，是因为历史和现状揭示了未来发展的规律，珍藏了丰富的智慧结晶，是定位区域最客观、最真实的凭证依据。定位必须以外部环境为依据，是因为外部环境构成了区域的机遇和挑战，是区域吐故纳新的动力。定位必须以内部条件为依据，是因为内部条件是区域发展的基础。定位必须以竞争格局为依据，因为区域无时无刻不在竞争博弈中波动发展。定位必须以他处经验为依据，因为"他山之石，可以攻玉"[①]。

三、区域定位的综合

　　区域定位是一个主观与客观一体化的过程。一般来说，区域定位工作着眼于区域未来的地位、类型、形象，必然受制于区域的自然条件、资源条件、产业基础、社会文化现状、腹地区域特征等因素，需要遵循区域发展的客观规律。但是，区域定位又是一个规范性很强的工作，它是对区域发展的预测和设计，所以不可避免地受到理论思想、研究方法、兴趣偏好和其他主观因素的影响。因此，定位过程必须把主观与客观有机结合起来，过分拘泥于当前的条件和基础不可取，不顾条件盲目拔高也不可取。区域形象设计的主观良好愿望、对区域性质的综合判断预测，若能建立在区域发展条件、基础、机遇及相关区域的深入分析基础之上，区域定位也就基本做到了科学、合理、可靠。

　　总之，区域定位是一项复杂的社会经济系统工程，既要有理论依托，又要立足现实，还应有综合战略目光。这项工作，应当在整体分析各种区域定位的影响因素的基础上，按照区域定位的组成要素，运用规范的学术语言，进行高度概括和浓缩凝炼，最终做出合理、严谨、准确的表述。只有这样，才能真正发挥对区域发展的重大指导作用。

四、案例：太原市定位的表述和阐释

（一）太原市定位的基本原则

　　太原市域的发展，取决于太原市区的功能发挥。考虑城市定位工作的特性，以及研究对象自身的特点，太原城市定位工作应当遵循的基本原则是：保持发展弹性、留有余地的原则；突出地域特色、注重个性发展的原则；立足当前、把握未来趋向的原则；依托竞争优势、调整区域分工的原则；强调综合发展、提高职能层次的原则；抓住要点、高度凝练的原则。

（二）太原市定位的总体表述

　　表述之一：把太原建成经济发达、环境优美、科教文化繁荣的多功能、综合性、现代化城市。从表述看，发展目标较为明确，规划味道较重，地域特色、产业特色、城市特色不鲜明，区域地位较为模糊，城市的职能层次也不够清晰。

　　表述之二：具有三晋文化特色、现代化气息的重型制造业中心和综合经济中枢。这一表述中，产业定位相对明确，但空间区位的分析稍显不足，城市-区域关系也存在一定的局限性。

　　表述之三：山西省省会，全省政治、经济、文化、交通、科教、信息中心，以高新技术产业为先导、能源重化工工业为主导的现代化、特大型城市。这种表述符合传统思维习惯，与城市性质较为接近，但缺乏文化气息、都市气息，过分强调城市的生产功能，忽视

---

① 李佐军，杨晓东．2012．定位决定成败．北京：中共中央党校出版社．

了城市的其他功能。

表述之四：山西省域中心城市，以生产、服务、管理、创新、集散为主导功能，以产业多元化、结构高度化、开发高效化、增长集约化、环境清洁化为方向，以环渤海地区、中西部地区为发展空间，实施双向拓展，建成可持续发展的现代化、综合性都市。这一表述抓住了城市的主导功能，明确了城市的发展方向和开拓空间，但是对太原的城市特色反映不够，产业定位也失之笼统，文字也略显冗长。

表述之五：山西省省会，三晋历史文化古（名）城，联合国确定的清洁生产试点城市，以可持续发展为指导，以中西部为主要辐散空间，保持重化工产业特色，向着现代化、综合性、清洁化、国际化迈进的大都市。这一表述逻辑层次清楚，兼顾了空间定位、产业定位、城市特色等重大问题，但是对于城市的创新、服务功能强调不够。此外，用文字直接表述清洁生产试点城市，似乎不如简略地论述城市发展的产业策略和生态策略更具科学性和合理性。

以上关于太原城市定位的表述各具特色、各有千秋，但都存在一定的问题和缺憾。以此为基础，以城市定位的基本理论为指导，参考其他城市定位研究的科学成果和有益经验，通过综合分析城市定位的影响因素和相关条件，依照城市定位的基本原则，可以将 21 世纪初太原的城市定位确定为：山西省省会，立足山西、面向中西部的生产与服务复合中心，全国重要的清洁能源-重加工产业基地和技术创新基地，具有三晋文化特色的综合性、现代化、生态型都市。

（三）太原城市定位的阐释

城市定位是一段相当凝炼的语言表述，其科学内涵是十分丰富的。为了更好地指导城市发展的实际，有必要对其内在含义进行专门解释，明确界定其概念的外延，以免发生误导。

（1）空间定位：以大晋中经济区为基本腹地，服务和辐射山西省，面向中西部地带、黄土高原地区、煤炭能源基地，着眼于全国工业化和城市化发展。未来城市的区域地位是：山西省域中心城市、能源基地和黄土高原的生产与服务中心，中西部重要的技术、产业、服务多重辐射源之一，全国性专业化生产基地。

（2）职能定位：省域范围内，最为重要的工业、科技、教育、行政、旅游服务、信息、交通职能中心。其中，基础工业、行政、交通、信息职能为未来发展依托基点，科技职能、经济管理职能、高层次服务职能、高加工度工业生产职能为发展要点。要重点打好省会这张王牌，充分利用好政治中心、科教中心的有利条件，对经济职能进行改造、发展、提升、转型，实现职能层次的抬升和跃迁，逐步形成具有地域特色和都市特色的现代化、综合性城市职能体系。

（3）产业定位：专业化的高科技产业与技术、清洁能源生产与技术、都市产业、机械制造产业基地和技术创新基地。其中，机械制造，包括机电仪一体化产品、重型加工工业及装备工业、清洁燃烧器设备、环保与资源综合利用设备；清洁能源产业，包括工业型煤产业化开发、煤炭洁净燃烧技术与生产、低耗水、轻污染的高载能产品生产与技术开发；高新技术产业，主要包括生物制药产业、新材料产业、电子信息产业；都市产业和省会产业，主要包括文化产业、信息服务产业、房地产产业、旅游产业、教育产业、都市工业及会展业、高档印刷业、中介服务业等。此外，以不锈钢制品和特种钢为支柱的冶金工业、以技术开发为支撑的环保产业在发展中也应予以重视。

城市形象：生态城市、重加工制造基地、现代化都市、技术创新基地、三晋历史文化中心，与自然相互融合、与生态协调发展的现代人居环境。

城市特色：以重化工产业、清洁生产、技术创新和开发、三晋文化、大都市为主导特征，以汾河滨河城市、晋祠、凌霄双塔、王氏宗亲故里，迎泽大街、五一广场为城市象征和标志。

都市文化：黄河文化、黄土高原文化、佛教文化、三晋文化、现代都市文化的良好融合，具有历史文化底蕴、现代文化气息的大文化构架体系。

第三节　区域发展目标的确定

一、确定区域发展目标的依据

区域规划的宗旨是落实和体现以人为本的科学发展观。区域发展目标是对整个区域社会、经济、生态环境等各方面持续、稳定、高效、协调发展要求的总体表述。对于一个具体区域，制定什么样的区域发展目标，需要有全面综合的思想基础，既考虑区域经济发展，又重视社会进步和生态环境效益的提高。同时考虑目标的类型，如计划目标要求基本准确，要具体、可落实、可考核；而规划目标要求较宏观，侧重于整体方向的把握。结合区域发展的理论和实践要求，制定区域发展目标的基本依据如下。

（一）客观评价区域发展条件

任何区域都有其不同于其他区域的发展条件，区域发展目标的制定必须突出区域本身所存在的区域特性。区域发展条件评价必须从宏观、中观、微观多层次进行，重点放在地区发展优、劣势分析及某一阶段内区域可能用于发展的人力、物力和财力的正确估量上，以便量入而出，为制定符合实际且合理可行的区域发展目标提供基础。这里尤其强调区域发展条件评价的客观性，不但要正确评价其有利条件，更要充分估计其不利因素。

（二）准确分析区域发展现势与趋势

区域经济、社会发展水平及环境质量状况反映其在地区或全国发展中的地位和作用，是制定区域发展目标的起点所在，进而影响区域发展目标的终点与实现模式。因此，有必要对区域发展现势进行评价，以明确区域发展的地位、作用与目标起点。在此基础上，根据区域发展的内外环境因素对其趋势做出预测，确定区域发展方向及可能达到的水平，并通过对未来区域发展中资源供求平衡的计算，权衡其利弊得失，确立资源约束下区域发展的基本目标框架。

（三）重点解决区域发展的重大社会、经济、环境等问题

区域发展各层次的目标是相互关联的，尤其是区域发展的关键目标，它对区域发展总目标的实现起重要作用，或作为其他目标实现的前提。它所代表的一般是区域发展中迫切需要解决的重大社会、经济、环境问题，如贫困、劳动力与就业、城市化与社会经济转型、生态环境治理保护、基础设施建设、政策体制等问题。这些问题的有效解决是实现区域发展规划的关键所在。

（四）坚持可持续发展的方向

满足人类社会的基本需求，创造持久富裕、舒适、优美、和谐的人类生存环境是现阶段区域发展的基本要求，而满足这个要求的基本前提是选择可持续的区域发展方向。要求处理好人与人、人与自然的关系；要求处理好代内和代际之间公平地分配有限资源，使其既满足当代人的需求，又不损害子孙后代的利益，既符合本区域的利益，又不损害其他区域的利益；在技术可能与经济合理的前提下，节约并有效地利用资源，保护地球的生态环境，使人类的经济和社会发展限定于区域资源和环境承载能力范围之内，使地球保持永久的生命力。由于地球的整体性和相互依存性，可持续发展还要求地球上不同的人群或区域相互协作。

（五）以区域发展理论为指导

区域发展理论是区域发展实践的概括与总结抽象，其来源于实践必将成为指导实践的有力工具。相关的区域发展理论主要有：均衡与非均衡发展理论、经济起飞理论、区域联合与分工理论、区域发展阶段理论、环境效益论、社区发展论及可持续发展理论等。以上理论总结了过去许多国家和地区发展的经验教训，具有典型性和代表性，对现在和未来的区域发展及其目标的制定具有重要的指导意义[①]。

（六）落实和体现以人为本

现代区域发展不再单纯追求经济增长，而更多地注重促进人的发展。20 世纪 90 年代以来，联合国在"关于人的发展报告"中多次指出：在发展过程中，对人的关心应当占据中心地位；发展的目的是增加人的各种选择的可能性，而不只是增加收入；人的发展过程既包括扩大人的能力，也包括确保充分实现这些能力的可能性等[②]。1992 年成立的联合国文化发展委员会也认为，脱离人和文化背景的发展是一种没有灵魂的发展。发展不仅包括得到商品和服务，而且包括过上充实的、满意的、有价值的和值得珍惜的生活。因此，以人为本的全面、协调、可持续发展是当今区域发展的潮流和终极目标，反映了世界文明进步的方向。正因为如此，"和谐社会"建设、"幸福指数"理念越来越受到重视。

二、确定区域发展目标的一般程序

确定区域发展目标的程序即确定区域发展目标的先后顺序或步骤。一般来说有以下几个步骤。

（一）明确初始目标

确定区域开发目标，首先需要了解各方面对区域发展的最终要求，即区域在未来时期需要达到的目标。通常包括：目标的种类，期望值或达到的程度。具体做法是：一般由总体设计人员通过走访、召开专家会议、采用德尔菲等方法，广泛搜集各方意见，全面研究有关背景材料，提出自己对开发区目标的看法，即确定一个目标的初始方案。这个方案虽然较粗略，但它反映了各方面对区域开发目标的看法与要求，是最终确定目标体系的基础，是不可或缺的。

---

① 刘玉亭，刘科伟. 2002. 论区域发展目标. 经济地理，22（4）：394-398.
② 海燕. 2001. 联合国人类发展报告（1999）. 国外社会科学，（1）：118-119.

（二）搞好目标预测

该阶段的任务是对初始目标实现的可能性程度予以科学预测。可按以下步骤进行。

（1）确定预测内容与任务，包括预测的期限、范围及其要求。

（2）搜集预测资料，包括初始目标确定所依据的基础资料。

（3）选择预测方法。方法的选择应以资料的掌握情况、预测精度要求、预测费用承担能力及预测技术手段的可能性为依据，并坚持定性分析与定量分析相结合的原则。对于同一目标的预测，最好能采用不同的预测方法，提出不同的预测方案。即使是同一预测方法，也要采取不同的假设条件，提出不同的预测结果，以便择优选择。

（4）评审预测结果。主要是分析误差，修正结果。预测中难免出现误差，但如果误差太大，就会失去预测的意义。对于预测结果要认真审查，找出误差所在，并计算误差程度，分析误差成因，采取适当措施予以纠正。

（三）进行目标优化

采用各种预测方法确定的各指标数值尚不能作为规划目标。因为该指标值只是各预测对象自然演化状态下的数值，且没有考虑各指标值间的相互关联与制约，因此，要进行优化研究，把各指标值作为统一整体，在各种约束条件下，寻求各指标发展的最优值。除采用综合平衡等传统方法外，多采用投入产出优化模型，即在投入产出平衡约束下，利用线性规划解决各指标的优化发展问题。这里重点说明两点：一是约束条件的选择问题。除考虑投入产出平衡这一组基本约束之外，还应考虑区域资源总量、国民经济计划与市场需求、技术进步要求、生态平衡约束等方面。二是目标函数和决策选择问题。目标函数一般选择总产出最大，如各部门产值最大、最终产品产值之和最大、净产值最大等，也可选择总成本最小等。决策变量选择时应突出区域优势部门和主导部门及为二者服务的部门，也应重视基础产业部门和基础设施部门。在优化目标的基础上，可改变各种约束条件，模拟未来各种环境因素变化对目标的影响，从而得出不同的目标优化方案。在此基础上利用各种目标决策方法，确定本区域开发目标的实施方案。

（四）建立目标体系

建立目标体系即将优化后的目标指标，依据其内在联系，编制成目标实施方案。一般需满足下述要求。

（1）完整性，即目标体系要能反映区域开发所要达到的全部要求。

（2）有机联系性。目标体系不是几个目标的拼凑或机械组合，而是相互联系、彼此制约的统一整体。

（3）综合效益最佳。目标体系不能仅表明区域开发的某个（几）方面的效益最佳，而应表明在经济、社会、生态等各方面都能取得比较满意的结果。做好此项工作的关键在于协调好目标的需求值与预测值之间的关系，使之保持合理的比例。

另需指出的是，通过以上步骤所确定的目标体系并不意味着区域开发目标研究工作的最终完成。因为随着区域开发总体规划工作的全面展开，还可能使总体规划目标遇到许多新的情况，如通过重点部门的选择、产业结构的组织与调整等，都可能发现原定的目标体系中不完善、不理想等问题。此时，必须修正目标体系。修正可从第一步开始，也可从中间某个步骤开始，这要视具体情况而定。

三、确定区域发展目标应注意的几个问题

（一）目标的确定既要考虑其先进性，又要考虑其适用性

先进性是确定目标时，必须充分考虑现代经济、社会发展的要求，体现科学技术进步在未来区域开发中的巨大作用，但绝不能在传统经济观念和现有技术水平上就事论事。实用性是确定的目标必须符合当时当地的发展实际。

（二）指标应当积极而留有余地

积极就是指标不能过低。指标过低，轻而易举就能达到，不利于调动各方面的积极性，从而影响区域发展。留有余地就是指标不能过高。指标太高，经过努力也达不到，也不利于调动各方面的积极性。区域的实际未来和规划未来往往存在一定的出入，只有在确定目标指标时适当留有余地，才能应付未来变化。

（三）要处理好不同阶段目标之间的关系

区域开发考虑的时限较长，其总体目标需要分阶段完成。在确定阶段目标时，要注意不同阶段目标的区别和衔接。例如，邓小平为我国设立的"三步走"战略目标：到20世纪90年代进入温饱阶段；2000年达到小康；2050年进入中等发达国家，这三大阶段目标的衔接，即从温饱到小康，再从小康到中等发达，衔接得就很好。

（四）要注意不同目标之间的协调

确定区域开发目标，应在综合效益最大化的原则下，协调好各目标的关系，要特别注意，本区域的开发，其总体目标是以追求收入均衡为主，还是以效率最高、国民生产总值最大为主；是以发展经济为主，还是以保护环境为主。区域发展的综合性决定了区域发展目标的多样性，其中主要的目标一般包括经济增长、公平分配、基本需求的满足、生态环境的改善等。这些目标既相互促进，又存在差异，差异产生矛盾，这种矛盾即为目标冲突。区域发展中，各种发展目标的实现，都需要一定的投入作保障，在发展的一定阶段内，区域开发总投入量是既定的，或者说是有限的，各目标的实现有赖于分配到的投入量的多少，分配的过程就是一个矛盾的过程，这种矛盾是目标冲突产生的本质原因。

（五）要防止区域开发目标产生消极作用

尽管规划者主观上都希望目标能起到积极作用，但若考虑不周，目标对区域发展也可能起消极作用。如前几年，在执行全国国民经济计划时，某些区域的领导头脑发热，片面追求加工业，忽视了能源、交通运输业的发展，结果导致整个国民经济后劲不足，应引以为戒。

四、新常态下区域规划目标体系设计

（一）总体思路与框架设计

区域规划是促进区域科学发展的有效手段，而区域规划的核心是规划理念，关键是规划目标的确定和规划重点的部署。指标体系设计既是对规划理念的具体落实，也是规划目

标的实际载体，区域规划指标体系建设意义重大。但是，到目前为止，国内外还没有公认的区域规划指标体系，当前影响较大的是如下的四大体系。

一是英格尔斯的现代化目标体系（inkeles index system of modernization），该体系从人均收入、社会结构、文化教育和医疗等方面，提出了 11 个评价指标。由于英格尔斯标准简明、可测、数据容易取得，度量比较直接，因此受到许多人的青睐，并且迅速地被加以引用，尤其在我国目前向现代化迈进的时期，更被许多人奉为评估现代化的实用工具。现在看，该指标体系存在不足之处：缺少生态、环保方面的指标，这在当前大力强调绿色发展和生态文明建设的大背景下是很不合适的；没有反映信息化和科技进步等方面的指标，也与创新发展和新型工业化等要求相悖；个别指标有交叉，如婴儿死亡率和人口自然增长率是相关的，所以，中国学者使用时只用其中的 10 个指标（即舍弃了婴儿死亡率指标）。实际上，如农业增加值占 GDP 比重、服务业增加值占 GDP 比重、非农业从业人员占全部从业人员比重，三项都是反映产业结构的，也没有必要都要。

二是国家统计局提出的全面小康监测指标体系。该体系从经济发展、社会和谐、生活质量、民生法制、文化教育和资源环境六个方面提出了 23 个考核指标。涵盖的面很广，但有些方面不好操作，如公民自身民主满意度、社会安全指数等。

三是国家"十一五"规划从经济增长、经济结构、人口资源环境和公共服务及人民生活等四个方面，提出了 23 个规划指标。该体系从国家层面上看是合理的，但目前在区域层面，总人口（常住人口）、累积转移劳动力等指标可以不要，因为我国的就业平衡是在全国范围内维持的。此外，农业灌溉用水有效利用系数似乎太难把握、很难监测，国家"十二五"规划沿用了这个指标，值得商榷。

四是国家"十二五"规划，该规划从经济发展、科技教育、资源环境和人民生活四个方面提出了 28 个规划指标。该体系与"十一五"规划体系差不多。

应该注意的是：我国经济社会发展已经进入新常态。新常态下区域规划要有新的理念，建立新的指标体系。其中的新理念就是中共中央关于"十三五"规划建议提出的"创新、协调、绿色、开放、共享"五大理念。因此，新的区域规划指标体系就必须瞄准这五大理念进行构建。

考虑"协调发展"与"共享发展"的交叉融合性，可将二者概括为"和谐发展"。此外，区域经济社会一般发展情况也应该纳入。这样说来，新常态下区域规划指标体系就应该是五大板块，即创新发展板块、绿色发展板块、和谐发展板块、开放发展板块和经济社会发展一般诉求板块。

（二）创新发展规划指标

创新发展强调把发展基点放在创新上，形成促进创新的体制架构，塑造更多依靠创新驱动、更多发挥先发优势的引领型发展。在区域规划指标体系建设中的创新，更多指具有操作性的科技创新。描述科技创新发展的指标，包括创新投入和创新产出两个方面。其中，创新投入包括研发经费、科技人员、人均受教育年限等；创新产出包括高新技术产业增加值、发明专利等（表 3-1）。国家"十一五"规划中曾把研发经费、人均受教育年限等纳入，而没有创新产出方面的指标；"十二五"规划中则把九年义务教育普及率、高中阶段毛入学率、研发经费和万人发明专利等作为创新发展的规划指标。最后一个指标即发明专利，属于创新产出成果。英格尔斯的现代化指标中，有大学生入学率等指标，该指标与人均受教育年限等的价值相仿。全面小康社会建设中，除了研发经费外，还包括了文化产业增加值占 GDP 比例、文化娱乐消费占家庭生活消费比例等。其实，这几个指标不如用高新技术产业增加值占 GDP 比例、战略性新兴产业增加值占 GDP 比例好。当然，高新技术产业和战略性新兴产业需要根据特殊界定来核算，好在国家对此已经有明确规定，其中高新技术产业自不必说，战略性新兴产业也有专门界定。

表 3-1　创新发展指标体系设计可选指标

领域	指标	性质
创新投入	人均受教育年限*#@	预
	教育投资占财政投资比例	约
	R&D 投入占 GDP 比例*#	约
创新产出	科技人员占从业人员比例	预
	万人发明专利数#	预
	高新技术产业增加值占 GDP 比例	预

*为"十一五"规划中有的，#为"十二五"规划中有的，@为英格尔斯的现代化指标；&为全面小康建设指标；指标性质中的"预"即"预测性指标"；"约"即"约束性指标"；下同。

（三）绿色发展指标体系建议

绿色发展强调坚持绿色富国、绿色惠民，为人民提供更多优质生态产品，推动形成绿色发展方式和生活方式，协同推进人民富裕、国家富强、中国美丽。因此，必须努力建立资源节约、环境友好社会，普及生态文明，发展循环经济。绿色发展也要求调整产业结构、增加环保投入等。因此，绿色发展规划指标可以从这些方面入手。

在区域层面，在新常态下，如下的指标可考虑作为绿色发展规划指标，详见表 3-2。

表 3-2　绿色发展指标体系设计可选指标

领域	指标	性质
高效利用资源	非农产业增加值比例*#@	约
	单位建设用地面积创造的 GDP	预
	城镇人均建设用地	约
	乡村人均建设用地	约
	万元 GDP 能耗下降*#	约
	万元 GDP（或工业增加值）水耗下降*#	约
	农业灌溉有效利用系数*#	约
减少环境破坏	万元 GDP 二氧化碳排放量下降*#	约
	万元 GDP 化学耗氧量降低*#	约
	工业废水排放达标率	约
	工业固体废弃物综合利用率*	约
	生活垃圾无害化处理率	约

续表

领域	指标	性质
提高环境质量	城市大气环境达标天数	预
	流域断面平均水质	约
	受保护国土占国土面积比例	约
	森林覆盖率*#	约
	城镇人均绿地面积	约
增大环保投入	环保投入占财政支出比例	约
	环保产业占 GDP 的比例	预
	公共交通占城镇居民出行比例	预
	城市建成区轨道交通密度	预

　　国家"十一五"规划中，曾把单位 GDP 能耗降低、单位工业用水量降低、农业灌溉利用有效系数、工业固体废弃物综合利用率、主要污染物（二氧化硫、化学需氧量）和耕地保有量及森林覆盖率等作为规划目标；"十二五"规划中，涉及的指标包括耕地保有量、单位工业增加值用水降低、农业灌溉有效利用系数、非化石能源利用占一次能源比例、单位 GDP 能耗降低、单位 GDP 碳排放降低、主要化学污染物（化学需氧量、二氧化硫、氨氮、氮氧化物）减少、森林增长（森林覆盖率、林木蓄积量）等。其中，化学污染物分得太细，增加了监测的难度；木材蓄积量也不是很合适，因为这个指标的操作性较差（主观性较强），不同人员、不同方法测得的结果也不大可比。此外，农业灌溉用水有效利用系数的操作性也值得商榷。全面小康建设指标中，有单位 GDP 能耗、耕地保有面积指数和环境质量指数等三大指标，其中后两个指标需要特殊计算，显得直观操作性不够强。

（四）和谐发展指标体系建议

　　协调发展要求增强发展协调性，坚持区域协同、城乡一体、物质文明与精神文明并重、经济建设同国防建设融合，在协调发展中拓宽发展空间，在加强薄弱领域中增强发展后劲；共享发展则是按照人人参与、人人尽力、人人享有的要求，坚守底线、突出重点、完善制度、引导预期，注重机会公平，保障基本民生，实现全体人民共同迈入全面小康社会。为此，必须统筹区域协调发展，统筹城乡协调发展，特别关注弱势群体和基本公共服务均等化。因此，可以从城乡之间、区域之间和不同群体之间的角度考察"协调发展"；从基本生活保障、失业保障及社会保险覆盖情况设计"共享发展"评价和规划指标。

　　国家"十一五"规划中，曾把城镇基本养老保险覆盖人数、新型农业合作医疗覆盖率、城镇登记失业率等纳入；"十二五"规划则使用了城镇登记失业率、城镇参加养老保险人数、城乡三项基本养老参保率、城镇保障性安居工程建设等作为规划指标，对农村未设专门指标。这两个规划都没有直接将城乡收入差距、地区收入差距和群体收入差距考虑进来，也没有考虑弱势群体的生存要求。为此，提出了如表 3-3 所示的"和谐（协调、共享）"规划目标体系。

表3-3　和谐（协调、共享）发展指标体系设计可选指标

领域	指标	性质
协调	乡城收入比（农民人均纯收入/城镇居民人均可支配收入）&	预
	不同收入群体之间收入分配的基尼系数	预
	省市区（下级区域）人均财政收入基尼系数	预
共享	城镇调查失业率*#	约
	城镇基本养老保险覆盖率*#	预
	新型农村合作医疗覆盖率*#	约
	最低生活保障水平与（城镇/农民）人均收入之比	约

（五）开放发展指标体系建议

"开放发展"即努力开创对外开放新局面，丰富对外开放内涵，提高对外开放水平，协同推进战略互信、经贸合作、人文交流，努力形成深度融合的互利合作格局。

开放发展取决于两个方面：一是对外的竞争力和包容性；二是内部的一体化进程。国家"十一五"规划和"十二五"规划都没有与此对应的规划指标，主要原因是作为国家一级的宏观规划，没有必要把很难控制的相关指标如外商投资额、进出口贸易额等作为规划目标。现在，我国的对外影响力很大，尤其是"金砖国家合作"和"一带一路"倡议，得到众多国家的响应，应该、而且必须把国内的规划与世界政治经济发展形势联系起来，特别是在区域层面。为此，构建了如下的区域层面开放发展的指标体系，详见表3-4。应该说，这样的指标体系比较适合于省域层面，特别是城镇化高级阶段的区域发展规划。

表3-4　开放发展指标体系设计可选指标

项目	指标	性质	说明
内外一体化	等级公路路网密度	约	内部交通便捷程度及对外开放的条件
	城镇人均道路面积	约	城市内部交通便捷程度及对外开放条件
	人均社会商品零售额	预	对内对外商业影响力，也是经济活跃的标志
	人均货物周转量	预	内外物流活跃程度
	人均旅客周转量	预	人流活跃程度
对外影响力与包容性	国内旅游吸引力（即国内游客/常住人口）	预	地区形象与吸引力
	国际旅游吸引力（即入境游客/常住人口）	预	地区国际影响力
	人均金融机构年末存款余额	预	财富累积和金融吸引力情况
	人均金融机构年末贷款余额	预	经济活跃态势和金融辐射力情况
	人均外商投资额 FDI	预	对外经济吸引力，也是发展潜力的反映
	人均对外投资额	预	包括对境外和区外投资两个方面，反映区域资源配置能力

续表

项目	指标	性质	说明
对外影响力与包容性	人均进出口贸易额	预	对外贸易能力，也可以分进口、出口两个方面，还可以细分机电产品出口、高新技术产品出口及服务业出口等
	外贸依存度	预	进出口贸易额与 GDP 比例，尤其是出口贸易额占比
	进出口贸易额增速	预	
	常住人口与户籍人口比例	预	反映包容性与就业活力。世界性大都市如北京、上海等，还可以把境外常住人口与本地户籍人口之比作为开放发展的规划指标

注：本表中的所有指标均为正指标。

（六）经济社会发展基础性指标

除了上述不同理念下的规划指标外，区域规划还应该体现出本地区未来一定时间内经济、社会发展的基本诉求，包括 GDP、财政收入、人均收入、固定资产投资、城镇化率等。

现代化指标和全面小康指标包含了 GDP 或人均 GDP 等指标，但对于我国目前正处在经济起飞、工业化、城镇化快速发展阶段的区域来说，仅用那几个指标远远不够。国家"十一五"规划中，有 GDP、人均 GDP、总人口、城镇居民可支配收入、农村居民人均纯收入、五年新增就业岗位、五年转移农村劳动力人数等。其实，后两个指标，即新增就业岗位和转移农村劳动力人数在地方层面可以不作为规划指标，因为我国的就业是在全国范围内平衡的。此外，总人口是 GDP 和人均 GDP 的函数，这 3 个指标任取其二作为规划指标即可。"十二五"规划中则调整为 GDP、城镇化率、总人口、城镇居民人均可支配收入、农村居民人均纯收入（国家"十三五"规划中将城镇人均可支配收入与农村居民人均纯收入合并为"居民可支配收入"）和人均预期寿命、城镇新增就业人口等指标。这些指标都应该纳入。

结合我国的统计制度，并考虑前面几方面有的已经涉及或涵盖了部分经济、社会发展的一般性指标，这里提出如下的经济社会发展基础性指标建议。详见表 3-5。

表 3-5　经济社会发展可选的基础性指标

领域	指标	性质
经济和社会总体	GDP 或 GDP 增长率*#	预
	人均 GDP*#@	预
	人均财政收入	预
	城镇人居可支配收入*#	预
	农村居民人均纯收入*#	预
	城镇化率*#@	预
生活质量	城镇居民恩格尔系数	预
	农村居民恩格尔系数	预
	人均预期寿命#	预
	万人拥有医疗机构床位数@	约
发展能力	全员劳动生产率（GDP/社会劳动者人数）	预
	人均固定资产投资额	预

（七）小结和讨论

以上从创新、和谐（协调、共享）、绿色、开放发展等角度，提出了新常态下区域规划的指标体系建议。总结上述，可得如下几点结论或讨论。

第一，上述指标体系瞄准中共中央关于"十三五"规划建议，基本可以体现出"创新、协调、绿色、开放、共享"发展的要求。因此，今后相当长的一段时间内，特别是各地区正在制定的"十三五"规划，应该按照这个框架搭建适合于本地的规划指标体系，而且这些指标都有统计数据（个别的需要专项调查）支撑，具有较强的操作性。

第二，与以往的规划指标相比，上述指标体系不仅涵盖了国家"十一五""十二五"规划和英格尔斯的现代化指标中的大部分指标，而且更能体现出我国新常态下区域规划的战略要求，增加或细化了创新和共享方面的指标，并拓展了区域规划的新要求，即增加了开放发展板块的指标体系。因此，其创新性也是明显的。

第三，需要说明的是，上述指标体系更多的是从理论和理念出发提出的，对于具体的区域规划而言，没有必要把这些指标都纳入。事实上，上述的指标也太多，加起来50多个，不便于操作。为此，建议在具体区域的规划实践中，根据各区域的具体情况做出取舍。例如，在交通枢纽地区，就应该将人流、物流周转量作为规划目标，而其他地区没有必要用这样的指标作为规划目标。同样，对于旅游产业发达、旅游资源丰富的地区，就应该把吸引游客的相对数量和人均创造的旅游收入等作为本区域的规划目标，其他区域则没有必要这样做。

第四，指标体系建设还应该包括各指标的性质，即国家"十一五""十二五"规划中的"预期性"或"约束性"。其中，预期性目标是期望达到的目标，主要依靠市场主体的自主行为实现；约束性目标是政府的责任，要通过合理配置公共资源和有效运用行政力量确保实现。从理论上说，上述指标体系中，绿色发展、共享发展中的大部分指标，应该是约束性的；开放发展的大部分指标应该是预期性的；而和谐发展、创新发展中的指标，有的应该是约束性的，有的应该是预期性的[①]。

第四节　区域发展重点领域的确定

区域发展的重点实质上是为了实现区域发展目标所寻找的突破口。区域发展的重点包括部门重点和地区重点。区域发展重点的选择对区域发展来说有着重大的理论和现实意义。首先，选择发展重点是区域发展总体规划的核心之一，对于推进区域向更高水平发展具有重要意义。这是因为，区域发展无论在部门或是地区方面都表现为一个非均衡的过程，各部门和各地区在不同发展阶段均有不同的地位和作用。其次，区域发展还是一项庞大的系统工程，只有抓住重点，即抓住影响系统运行的关键部门、关键地区，才能有效地推进整个区域的开发，取得事半功倍的效果。最后，地区资源，包括自然资源、财力、物力、人力和技术等具有特定的组合结构和一定量的限制，客观上也要求把有限的资源集中到效益较好的部门和地区，靠重点部门、重点地区的发展带动全区域的振兴与发展。

---

① 吴殿廷，胡灿，吴迪．2016．新常态下区域规划指标体系建设研究．区域经济评论，（4）：115-120．

一、区域重点发展部门选择的一般考虑

在一定时期内，区域开发的重点应该选择哪些部门和怎样选择，没有固定的模式，只能根据当时当地的具体情况来具体分析。但从前述产业开发模式可以看出，区域发展过程中的重点，一般包括战略产业（先导产业、主导产业和支柱产业）和瓶颈产业。

先导产业是区域发展的重点，尤其是政府投资的重点。因为它是区域未来的希望。若不把它作为重点，区域明天就没有主导产业、后天就没有支柱产业，区域的可持续发展就难以为继。

主导产业是区域发展的重点。因为它发展速度快，对区域经济增长的贡献大；技术水平高，代表了区域未来的发展方向；辐射带动作用强，是区域经济增长的火车头。但是，主导产业不一定是政府扶持的重点，因为它的技术日趋成熟，产品市场占有额正在扩大，完全可以依靠社会的力量来发展。这就是说，主导产业是社会投资的重点而不一定作为政府扶持的重点。政府可以给予一定的优惠政策，让它（们）有很好的发展环境；引导社会投资，使其能够及时地获得足够的投入；鼓励、扶持、协调基础产业、相关产业的发展，以保证主导产业所蕴涵的巨大增长带动潜力得到充分发挥。

支柱产业是区域发展的重点。因为它规模大，容纳的就业人数多，支撑着区域经济的繁荣。但是，支柱产业也不一定是政府扶持的重点，因为它的规模已经足够大了，再扶持也没有多少扩张的余地（否则它就不是支柱产业而是主导产业了），因为它已经进入自我积累、自我发展的状态，外界也不大有可能进入和投资。政府可以为其创造宽松的环境，让支柱产业本身实现自我积累、自我发展；提供必要的技术帮助，使其能够及时进行技术改造和产业升级，延长支柱产业寿命，维持区域经济的繁荣。

以瓶颈产业为重点，旨在体现和实现产业之间的平衡和协调发展，通过拉长短线，克服瓶颈，使长线产业的闲置能力充分发挥。

在产业结构的战略安排上，既要有重点，又要倾斜适度，利用区域发展规律，适时调节，协调发展。

二、先导产业、主导产业和支柱产业的识别

（一）不同产业的初步判断

先导产业、主导产业、支柱产业等是产业所处的不同状态。先导产业强调的是潜在的、未来的作用，是对较长时期内经济发展不至于出现方向性偏离而起带头作用的产业；支柱产业强调现状规模，现状已经很大、增长速度不比 GDP 快的产业是支柱产业；而主导产业强调的是对经济增长的作用，增长作用甚微的产业不可能成为主导产业。

以上级区域或全国为背景，以本区域 GDP 增长速度 V_0、全区平均劳动生产率 P_0 为比较对象，考察先导产业、主导产业、支柱产业和夕阳产业特征，可得表 3-6。

表 3-6　不同产业的简单识别

产业类型	区位商	占本区 GDP 的比例	生产率	速度	加速度	技术水平
先导产业	—	$<100/N$	$<P_0$	$>V_0$	>0	很高
主导产业	一般应>1	$<100/N \rightarrow >100/N$	$<P_0 \rightarrow >P_0$	$>V_0$	$>0 \rightarrow 0 \rightarrow <0$	高

续表

产业类型	区位商	占本区 GDP 的比例	生产率	速度	加速度	技术水平
支柱产业	>1	>100/N	$>P_0$	$V_0 \to <V_0$	≤0	一般/成熟
夕阳产业	>1→1→<1	>100/N→<100/N	$>P_0 \to <P_0$	$<V_0 \to <0$	<0	不高/落后

注："—"是不确定；"N"是产业部门数。

应该注意的是，表 3-6 中的速度、生产率等，不能简单地以一年数据为准，因为短时间的变化可能是由偶然因素引起的。考虑产业生命周期长度——技术形成需要 10 年，产业胚胎形成（潜导产业）需要 10 年，产业的成长（主导产业）还需要 10 年——最好以 3～5 年的平均状况为准。

（二）先导产业和主导产业的科学识别

支柱产业和夕阳产业很好识别。支柱产业规模很大，速度稳定；夕阳产业规模在萎缩、速度减慢，甚至出现负增长。但对于先导产业或主导产业来说，只靠上述简单指标难以准确识别。

首先，先导产业与新兴产业难以区分，因为一种新兴产业能否在本地区得到持久发展，并最终成为主导当地经济的关键部门，不是一个简单的规模、速度、效益问题，除了必要的政策和资金扶持外，还要看是否与当地的资源、环境和产业结构融合。因此先导产业的识别，要坚持定性与定量结合，要进行专门的调查研究和科学的预测。

其次，先导产业与主导产业之间的区别是相对的，由先导产业转变成主导产业有时也是不稳定的，单纯用上述指标没有把握。

（三）主导产业的科学选择

由主导产业转变成支柱产业，也不能用简单的数量指标准确把握。考虑主导产业对地区经济发展的特殊作用，识别和确定主导产业应力争准确、全面、合理。

结合主导产业的主要特征，识别主导产业可以从如下几个方面进行：规模较大，这可以用该产业的区位商来描述；发展速度较快，可以用该产业的发展速度与整个地区的 GDP 发展速度作比较；技术水平较高，可以从全员劳动生产率、科技进步贡献率等方面考察；经济效益较好，可以从资产利税率、资金利税率等方面考察；产业关联、带动作用较大，可以借助于投入产出表计算波及效果（前向联系、后向联系等）；考虑单项指标的局限性，最好采用综合评价的方法，如层次分析法、主成分分析法等进行综合判定（表 3-7）。

表 3-7　区域主导产业选择方法分类

分类	特征	代表模型	简单描述
单基准法	根据单个选择基准研究主导产业，思路简单，操作方便	区位熵法	方便地分析现有产业形成的区域比较优势
		投入产出法	以物质流的形式分析各部门之间投入产出的依存关系
		SSM	动态综合反映区域产业的现状基础和发展趋势
		DEA	根据产业的输入输出数据评价产业运行效率，科学客观，操作性强

续表

分类	特征	代表模型	简单描述
多基准法	多元统计法权重赋予法"贫"信息分析法	基于多个评价指标，全面又有侧重地反映主导产业特征	钻石理论基准法　同时考虑区域的比较优势和竞争优势
			主成分分析法　集中了原变量大部分信息，通过综合得分客观科学地评价分析对象
			因子分析法　对原变量重组，旋转后的公因子解释性更强
			聚类分析法　根据变量域间相似性逐步归群成类
			层次分析法　建立层次模型、构造判断矩阵，确定指标值大的为区域主导产业
			加权求总法　充分体现了主导产业的多属性、多功能、多层次等复杂特点
			模糊分析法　依靠多层次多角度处理复杂事物
			灰色关联分析法　使指标间的"灰"关系清晰化，找出主要影响因素
			BP 神经网络法　有自适应能力，能客观处理复杂指标间的非线性关系

资料来源：秦耀辰，张丽君. 2009. 区域主导产业选择方法研究进展. 地理科学进展，28 (1): 132-138.

此外，政府、企业、社会、个人等区域发展利益主体在重点建设中的利益、出发点和目的等也是影响区域发展重点部门的因素[①]。

三、瓶颈产业的识别

瓶颈产业是指在产业结构体系中未得到应有发展而已严重制约其他产业和国民经济发展的产业。瓶颈产业的存在，会使产业结构体系的综合产出能力受到较大的制约。如果基础产业未得到先行的、充分的发展，那么它就可能成为瓶颈产业。因此，优化产业结构，提高产业的综合产出能力，就应该克服产业的瓶颈限制，优先发展瓶颈产业。

瓶颈产业大多是基础产业或原材料工业。瓶颈产业的识别可以借助于投入产出表来进行。

第一步，利用投入产出表，计算各产业的中间投入率和中间需求率。中间投入率表示各产业在各自的生产活动中，为生产单位产值的产出而需从其他产业购进的中间产品所占的比重，中间投入率越小，说明该产业在生产过程中无需从其他产业购入中间投入，属于"上游产业"，具有基础产业特点；中间需求率，是指各产业的产出中有多少是作为中间产品为其他产业所需求。两者的计算公式为

中间投入率=某产业的中间投入 / 总投入；中间需求率=某产业的中间需求 / 总需求

根据计算结果，将全部产业分为四类：

第一类为中间投入型基础产业，其中间需求率大而中间投入率小；

第二类为中间投入型产业，中间需求率与中间投入率都大；

第三类为最终需求型产业，中间需求率小而中间投入率大；

第四类为最终需求型基础产业，其中间需求率和中间投入率都小。

第二步，找出存在供需差的基础产业。计算公式为

$$R_i = (S_i - D_i) / S_i$$

其中，R_i 为第 i 产业供需差率；D_i 为第 i 产业需求量；S_i 为第 i 产业供给量。

---

① 李小建. 1999. 经济地理学. 北京: 高等教育出版社.

第三步，根据感应度系数大小，找出供需不平衡且对其他产业影响较大的。产业感应度系数是反映国民经济各部门均增加 1 个单位最终使用时，需要该部门为其他部门的生产提供的产出量。

感应度系数大的部门对经济发展所起的制约作用相对也较大，尤其在经济增长较快的时期，这些部门将首先受到社会需求压力，进而制约社会经济的发展。

第四步，考察有供需缺口且感应度系数大的产业能否通过地区流入及进口达到平衡。可以通过地区间流入达到平衡的不能称为瓶颈产业[①]。

四、重点部门选择的进一步讨论

在重点部门选择上，落后地区建立了生态农业经济，而发达地区则建立了一批支柱产业、一批大型企业集团、一批名牌产品。从工业社会产业构成情况分析，农、林、牧、渔业为主体的第一产业是补贴产业，发达地区工业发展了就有足够的力量来补贴农业、改造农业，使第一产业变为具备第二产业性质的新农业，并能带动具有第三产业性质的农、工、商一体化产业。通过比较，其思路是：第一，政府要找准在重点产业选择中的位置，发挥在选择重点部门中政府"看得见的手"的作用，不可被动补充；第二，加强和改善以市场为基础的宏观调控，使市场作用和政府调控有机结合起来；第三，加快投资体制改革，从增量上防止无效投资和低效投资的再度发生，加大结构的调整力度，解决存量不足、增量分散的问题，防止新的增量在另一个层次上复制旧的存量结构，减少稀缺资源浪费。

重点部门选择的对策是：

第一，综合分析产业演进现状，制定适合供求变化的重点产业政策。关于重点产业，政府应考虑五个因素：是否符合需求结构变化；是否符合产业高级化趋势；是否符合国际产业结构演变的一般规律；是否有利于发挥区域经济优势；是否符合产业发展阶段。同时，制定产业政策应突出区域强项和优势，为重点产业选择创造良好环境。产业政策即根据经济发展的客观规律，由政府规定的干预产业部门内部资源配置过程的经济政策的总和。在产业内部和不同产业之间往往存在比例失衡和资源配置不合理的情况，需要用统一的适合供求关系变化的产业政策和产业组织政策来协调与发展，促进资源配置合理化。上述因素与适合供求关系的产业政策相结合，能够推动重点产业按经济发展规律迅速转移，从而推动经济增长。

第二，综合分析产业关联程度，确定重点部门。产业关联分析是重点部门选择的客观依据，产业关联是通过各产业间的投入与产出相互依赖而表现出来的。一般来说，中间投入型基础产业前向连锁效应指数大，中间投入率高，附加值低；反之，则具有相反的结果。如果考虑各产业间的间接关系，如扩大金属制品生产会刺激冶金工业、扩大食品加工业会刺激农业生产等，依此类推，可以把重点部门的影响刻画出来。根据产业前、后向连锁效应指数，鉴别它的高级化程度及分析产品的附加值高低，从而制定重点产业选择战略。

第三，综合分析区际间贸易，选择重点部门。区际间贸易取决于区际间的产业基础，它实际上是产业关联的表现形式，产品区位商大于 1 时表明在区域内产品供大于求；区位商小于 1 时表示区域内该产品还需进口以满足需求。结合产业关联前、后向

---

① 张爱龙. 2001. 江苏省经济发展中的瓶颈产业. 华东经济管理，（4）：7-8.

的连锁效应所表明的附加值高低，选择重点部门可以取得尽可能大的比较利益。同时，选择重点部门更应注意基础产业与制造产业、加工产业的结合效应，防止基础产业与制造业、加工产业、高技术产业的断裂，较大的连锁效应通过区际间贸易留予自身以增加积累。

第四，综合运用象限结构分析模型，明确重点部门基本方向。重点产业结构变化既是内部结构调节的问题，又是和其他因素作用的结果，象限结构分析简化了相关的分析程序，揭示了重点产业选择速度与效益的关系。从象限分析可以看出，重点产业选择应首选Ⅰ象限兴旺产业，其次选择Ⅱ象限发展中的产业，再次保持巩固Ⅳ象限成熟产业，促进Ⅲ象限衰退产业的有序收缩、有效转移。如果说，落后地区工业化战略选择是象限产业，那么它应具备能够带动其他产业部门增长，对国民经济起主要的支柱或骨干作用。对于发展中的产业和成熟产业，在做出战略选择时应以效益标准为原则，适当考虑总量平衡，从而实现系统论上的 1＋1>2 的效益。

第五，综合分析重点部门与其他经济结构的关联，正确选择重点部门。选择重点部门必须系统考察重点部门结构与就业结构、职业结构、投资结构、进口结构、空间结构等各种经济结构变动的相关性。只有从宏观角度俯视各种选择的平衡及其变动，才能正确选择重点部门[①]。

第五节　重点区位或地域的确定

一、重点区域选择的基本依据

重点地域选择的一般依据，即前述的区域开发空间模式；选择的切入点即效率与公平之间的协调。因此，要遵循如下几个原则。

（一）有利于增强综合实力，提高竞争力

重点地域的选择，必须坚持有利于增强区域的综合实力和提高竞争力的原则，既要符合区情，又要与经济科技飞速变化的国际经济发展大趋势相吻合，选择一些发展基础和现有条件较好、具备一定实力、投入产出率高、经济科技实力能够尽快与国外发达水平相匹敌的地区作为战略重点地区，集中国家有限的资金和生产要素及早、更快发展起来，使之成为亚太乃至 21 世纪世界经济重心区的重要组成部分。

（二）有利于适应市场经济发展要求，发挥地区比较优势，建立各具特色的区域经济

按照因地制宜、发挥优势、分工合作的原则，发展各具特色的地区经济，避免不合理的结构趋同，以取得最好的比较效益，是区域经济协调发展的重要内容。重点地域的选择，必须有助于尽快建立充分体现地区比较优势、合理分工、协调发展的区域经济新格局的要求。要以国家的产业政策和区域政策为指导，按照经济联系和市场经济发展的要求，突破行政区划界限，依靠市场机制吸引区内外生产要素的流入，引导企业积极参与，通过确立战略重点区域来促进全国区域经济协调发展。

---

① 张毅. 2001. 重点产业的转移与选择及对策. 求实，（12）：18-19.

（三）有利于促进宏观经济总体布局合理化和最优化，提高资源的空间配置效率

　　合理布局生产力，推进宏观经济总体布局的优化是保证经济发展战略目标顺利实现的重要条件。重点地域的选择，应该充分考虑国家生产力总体布局要求和未来取向。也就是要在我国已形成的沿海、沿江、沿边和沿新亚欧大陆桥等经济总体布局主轴线上，选择若干能够促进宏观经济总体布局优化的区域，加快其发展。

（四）有利于带动大区域乃至全国的经济发展，促进区域经济协调发展

　　由于各地区经济发展条件与开发潜力差异较大，在建设资金有限的条件下，为了获得良好的资源空间配置效益，将经济发展条件较优越的地区作为重点地域优先开发，能够带动其周围地区的发展，进而促进整个区域的发展。

（五）有利于加快经济欠发达地区的发展，实现共同富裕

　　在优先考虑缩小我国同世界发达国家差距的前提下，必须努力缩小国内地区间的发展差距。也就是要在保证发展快的发达地区实现再发展的同时，进一步加快后进的欠发达地区的发展；在保证发达地区继续提高经济发展水平的同时，促进落后地区的经济繁荣，实现共同富裕。按照邓小平同志的战略设想，2000年以后，国家应把地区经济发展战略的着重点放在加快缩小地区差距，促进地区经济协调发展上来。因而，战略重点地区的选择，必须注重加快欠发达地区的发展，缩小地区发展差距，实现共同富裕。

（六）有利于长期可持续发展

　　我国是发展中的大国，人口基数大、人均资源少、科技比较落后，既面临着发展社会生产力、增强综合国力和提高人民生活水平的任务，又面临着知识经济带来的科技创新、产业结构重大调整的压力，以及资源、环境在经济快速发展、人口增长中承受的压力等。因此，战略重点地区的选择，必须坚持有利于尽快提高科技水平和实现经济社会可持续发展的原则。

二、效率优先目标下重点地域应具备的基本条件

（一）区位优势突出，交通便利，经济腹地广阔

　　拥有明显的对外开放和发展的区位优势，交通运输便利、经济腹地广阔，是一个地区得以迅速发展并很快成长为具有全国意义或者大区域意义重点地域的基本条件。市场经济条件下，重点地域应该是能够让生产要素配置成本最低、区位决策能够获得最大经济效益、交通网络发达、可以广泛开展经济活动和经济贸易联系的地区。

（二）经济实力雄厚，科技力量强大

　　经济实力雄厚反映了该地区大多已形成了一定的产业基础，城市化水平高，城镇密集，在未来的发展中可以在此基础上加强薄弱环节的建设，以较少的投入、较短的时间，取得较好的社会经济效益。综合科技实力强的地区，人才优势明显，劳动力素质高，能够提供经济发展所需的各类高级人才和专业技术人才，可以为发展高新技术产业创造良好条件。

同时，这些地区也大多具有较强的开发设计能力、综合配套能力、生产经营管理能力、适应市场需求的应变能力，能够较快地调整产业结构，创造高精新优产品，扩大市场占有份额。

（三）自然资源条件好，发展潜力巨大

丰富多样的自然资源，是传统产业也是新兴产业发展的重要因素，是地区经济发展的优势之一。例如，中西部地区能够利用丰富的农业资源、能矿资源、旅游资源，建设不同种类的农牧业基地，具有地区特色的轻纺工业基地，能源、原材料重化工业基地，以及旅游景区等。

（四）开放度高，投资环境优越

我国东部沿海对外开放地区在体制创新、产业升级、扩大开放等方面已走在全国前列，对区域和全国经济发展的带动作用将进一步加强，参与国际经济合作与竞争的实力明显增强，上海、北京、广州等中心城市将逐步向国际化大都市迈进。中西部地区可以充分利用长江黄金水道的有利条件和三峡建设的契机，进一步扩大长江流域对外开放，还可以利用亚欧大陆桥和京九铁路的开通运营，加大沿线地区开发开放的力度；东北地区和西南地区分别可以抓住东北亚和澜沧江-湄公河次区域合作的机遇，进一步融入国际市场[1]。

三、公平优先目标下的重点地域选择

这样的地区包括资源枯竭型城市、老工业基地、老少边穷地区等类型。其中，前两者属于问题区域，老少边穷地区属于欠发达地区。

资源枯竭型城市是指矿产资源开发进入后期、晚期或末期阶段，其累计采出储量已达到可采储量70%以上的城市。资源枯竭型城市转型问题是世界各国经济和社会发展中都经历过或正在经历的突出问题，如德国鲁尔矿区和法国洛林矿区。中国的资源枯竭型城市名单由国家发展和改革委员会、国土资源部、财政部等单位评定，由国务院进行发布。2008年、2009年、2012年，中国分三批确定了69个资源枯竭型城市（县、区）。

老工业基地的调整和振兴是一个世界难题。我国东北等老工业基地市场化程度低，经济发展活力不足；所有制结构较为单一，国有经济比重偏高；产业结构调整缓慢，企业设备和技术老化；企业办社会等历史包袱沉重，社会保障和就业压力大；资源型城市主导产业衰退，接续产业亟待发展，已经产生严重的社会问题。为此，国家从2003年提出了东北等老工业基地振兴计划。

老少边穷地区是位于经济发展落后的中西部山区和丘陵地区，如东部的沂蒙山区，闽西南、闽东北地区；中部的努鲁儿虎山区、太行山区、吕梁山区、秦岭大巴山区、武陵山区、大别山区、井冈山区和赣南地区；西部定西干旱山区、西海固地区等。我国在老少边穷地区的界定中，以县（市）作为基本的区域单元。这些区域由于自然环境、历史基础和现实条件的限制，经济社会发展缓慢，成为实现全面建成小康社会的最大挑战。加快这些地区的发展，是全国人民共同的责任和义务。

问题区域和欠发达地区作为开发重点，主要通过政府扶持、财政转移支付和对口支援等特殊手段达到发展目的。

① 杨洁. 2000. 跨世纪我国经济发展战略重点区域的选择. 中国软科学，（1）：14-18.

复习思考题

1. 分析说明区域发展规划中如何确定区域发展方向。
2. 简述你对区域发展指标体系的理解和认识。
3. 简述区域规划中如何确定重点开发部门。
4. 简述区域规划中如何确定主导产业。
5. 简述区域规划中如何确定重点开发地域。
6. 分析说明确定区域发展目标时应注意哪些问题。

进一步阅读

崔功豪，魏清泉，刘科伟，等．2006．区域分析与规划．2版．北京：高等教育出版社．

杜黎明．2007．主体功能区区划与建设——区域协调发展的新视野．重庆：重庆大学出版社．

方创琳．2000．区域发展规划论．北京：科学出版社．

方创琳．2002．区域发展战略论．北京：科学出版社．

孙久文，叶裕民．2010．区域经济学教程．2版．北京：中国人民大学出版社．

吴殿廷．2015．区域经济学．3版．北京：科学出版社．

吴殿廷，宋金平，姜晔．2010．区域发展战略规划：理论、方法与实践．北京：中国农业大学出版社．

杨伟民．2010．发展规划的理论与实践．北京：清华大学出版社．

张可云．2005．区域经济政策．北京：商务印书馆．

第四章　区域规划的编制、实施和评价

本章需要掌握的主要知识点是：
了解区域规划的客观依据。
把握区域规划编制的大致程序和思路。
学会对区域规划本身及实施效果进行评价。
初步掌握区域规划实施的机制和管理体制。

第一节　区域规划编制的客观依据

一、区域比较优势

区域优势是相对的，这种优势必须与周边地区相比较才能识别。比较中常用的指标包括比较劳动生产率、单位产品成本、区位熵、市场占有份额、近年发展速度等。

中国的田忌赛马故事也反映了比较优势原理的应用。田忌所代表的一方的上、中、下三批马，每个层次的质量都劣于齐王的马。但是，田忌用完全没有优势的下马对齐王有完全优势的上马，再用拥有相对比较优势上、中马对齐王的中、下马，结果稳赢。区域比较优势是区域规划的最基本依据。

二、区域发展阶段及未来趋势

区域发展以渐变为主，只在某些特定情况下或局部小范围地区才能实现跨越和突变。因此，区域发展是有规律可循的。区域发展的过程是趋势性与阶段性的融合。按照三次产业结构（增加值结构和就业结构）来划分，得到如表 4-1 所示的结果；按照钱纳里标准模式来划分，得到如表 4-2 所示的结果。

表 4-1　三次产业结构演变的国际标准模式

发展阶段	增加值比重/%			就业比重/%		
	第一产业	第二产业	第三产业	第一产业	第二产业	第三产业
农业社会	39.4	38.2	32.4	74.9	9.2	15.9
工业化前期	31.7	33.4	34.6	65.1	13.2	21.7
工业化中期	22.8	39.2	37.8	51.7	19.2	29.1
工业化后期	15.4	43.4	41.2	38.1	25.6	36.3
现代社会	9.7	45.6	44.7	24.2	32.6	43.2

表 4-2 钱纳里工业化阶段划分

经济发展阶段		人均 GDP	
		1970 年/美元	2008 年/美元
准工业化阶段		140~280	750~1500
工业化实现阶段	工业化初级阶段	280~560	1500~3000
	工业化中级阶段	560~1120	3000~6000
	工业化高级阶段	1120~2100	6000~11000
发达经济阶段	发达经济初级阶段	2100~3360	11000~18000
	发达经济高级阶段	3360~5040	18000 以上

区域发展阶段的划分是相对的，特别是广大的发展中国家和地区，因为科技进步和环境保护的关系，可以发挥后发优势，吸取发达国家、发达地区的经验和教训，适度超前或跨越发展本地经济。

三、区域竞合关系

在经济全球化的今天，合作已经无处不在，无时不有。唯有合作，才能发挥优势生存成长，才能获取支持实现发展。正因如此，区域合作、同城化、一体化成为各地优势互补共赢、实现科学发展的新路径。合作就是放大各自的优势，释放各自的潜力，互补彼此的缺陷短板，变"你的""我的"为"大家的"，在互帮助、同进退、共受益中，实现"齐发展"的共赢局面。我国的珠三角、长三角和环渤海三大经济圈的崛起，正是发端于区域合作，受益于区域合作，并辐射和孕育着更大的区域合作。

传统发展模式是"单打独斗""画地为牢""闭关锁门"。当前，考核官员政绩的主要指标是这个地区的经济增长总量的提高，为官一任，造福一方。造多少福，最终要拿数字说话；比较主管能力高低，最终体现所辖地区比周边地区的经济指标的多寡。于是，在很小的区域内，产业发展上，产业结构趋同化；基础设施等硬件支撑上，重复建设资源浪费严重；在市场机制建设上，融合程度较低，互不兼容，各自为战。

实际上，竞合并举，方能共赢。任何一个地方的发展绝不可能独善其身，任何一个区域也绝不可能在"独行"中独惠其身。俗话说，要想走得快那就一个人走；但要想走得远，那就一起走。实现区域经济合作，首要问题是消除行政壁垒，建立有效的协调机制；至关重要的是修正对官员的考评体系，使之与区域经济合作联系起来。

打破行政藩篱，是开启区域合作共赢的第一"板斧"。紧紧围绕区域经济发展的主题，加强地区经济合作，实现由单一的物资合作向商品、要素和服务全方位的合作转变，由单纯注重本地经济发展向谋求地区间经济协调发展转变，由以政府行为为主向市场引导下的企业主动参与和政府推动相结合转变，由对内联合合作为主向对内对外两个开放并重转变，必将促进地区经济结构的调整、统一大市场的逐步形成和区域经济的协调发展。区域经济合作，也必将逐渐渗透辐射到政治、文化、社会、生态建设等各个方面[1]。

---

① 程安生. 区域竞合的"竞"与"合". 大连新闻网. http://www.daliandaily.com.cn/gb/daliandaily/2005-06/08/content_2720797.htm.

竞合理论的逻辑思维是：绘制价值链→确定所有博弈参与者的竞争合作关系→实施PARTS战略来改变博弈→分析和比较各种利益博弈结果→确定合作竞争战略→扩大发展机会、实现共赢，即首先将利益博弈绘制成一幅可视化的图——价值链，利用价值链定义所有的参与者，分析与竞争者、生产供给、市场需求和互补者的互动型关系，寻找合作与竞争的机会。在此基础上，改变构成利益博弈的五要素（参与者，participators；附加值，added values；规则，rules；战术，tactics；范围，scope，简称 PARTS）中的任何一个要素，形成多个不同的博弈，保证"PARTS 不会失去任何机会""不断产生新战略"，并分析和比较各种博弈的结果，确定适应商业环境的合作竞争战略。通过实施，最终实现扩大商业机会和共同发展的战略目标[①]。

四、区域资源环境承载力

（一）资源环境承载力概念

1. 资源承载力

联合国教育、科学及文化组织给资源承载力（resource bearing capacity）下的定义是：一个国家或地区的资源承载力是指在可以预见到的期间内，利用本地能源及其自然资源和智力、技术等条件，在保证符合其社会文化准则的物质生活水平条件下，该国家或地区能持续供养的人口数量。资源承载力是一个复杂系统，其承载量：一取决于资源系统本身，包括资源的数量、质量、资源的开采条件，以及人们利用资源的程度、方式与手段等；二取决于资源系统与人口、环境、经济和社会系统的相互协调程度。

2. 环境承载力

在充分认识环境系统与人类社会经济活动的关系，并在承载力和环境容量概念基础上，提出了环境承载力的概念。国内较严格的"环境承载力"的概念最早出现在北京大学的《福建省湄洲湾开发区环境规划综合研究总报告》中，即"在某一时期、某种状态或条件下，某地区的环境所能承受的人类活动的阈值"。这里，"某种状态或条件"，是指现实的或拟定的环境结构不发生明显向不利于人类生存的方向改变的前提条件。"能承受"是指不影响环境系统正常功能的发挥。由于环境所承载的是人类的活动（主要指人类的经济活动），因而承载力的大小可以用人类活动的方向、强度、规模等来表示。

环境承载力研究拓展了承载力研究的范围，将大气、水环境等纳入了研究范畴，其主要目的是为环境规划、环境影响评价提供理论依据。总体上看，目前环境承载力研究主要是在土地资源承载力研究的基础上叠加了环境容量部分，并试图通过评价包括环境容量资源在内的资源观，探讨人类活动与环境之间的协调程度。因此，本质上主要是对人类活动的环境影响的事后评价。

随着研究的深入、环境定量技术的开发和信息技术的运用，特别是系统动力学（system dynamics，SD）所具有的对环境承载力系统进行动态的定量化计算的优点，遥感（remote sensing RS）技术所具有的快速、准确的数据采集能力，地理信息系统（geographic information system，GIS）技术所具有的对环境承载力进行空间分析的功能，使得环境承载力定量化研究更加深入。

---

① 合作竞争理论（cooperation-competition theory）. 阿里巴巴网. http://baike.china.alibaba.com/doc/show_for_modify.html?did=1550421.

3. 资源环境承载力

资源环境承载力（resource environmental bear capacity）的提出和资源承载力、环境承载力有着密切的内在联系。资源环境承载力是指在一定的时期和一定的区域范围内，在维持区域资源结构符合持续发展需要区域环境功能仍具有维持其稳态效应能力的条件下，区域资源环境系统所能承受人类各种社会经济活动的能力。资源环境承载力是一个包含了资源、环境要素的综合承载力概念。其中，承载体、承载对象和承载率是资源环境承载力研究的三个基本要素。

区域资源环境承载力的分析，实质上就是寻求在特定时空条件下，对区域资源环境进行深入研究，以定性和定量相结合的方法来表征区域资源环境系统对社会经济的承受能力。目前人类所依存的有两个系统：一个是资源系统，一个是环境系统，资源环境承载力就是这两种系统的复合承载力。

（二）资源环境承载力的不同表现

1. 土地资源承载力

中国科学院自然资源综合考察委员会对土地资源承载力的定义是：在一定生产条件下土地资源的生产能力和一定生活水平下所承载的人口限度。这一定义明确了土地资源承载力的四个要素：生产条件、土地生产力、人的生活水平和被承载人口的限度。国内计算土地承载力的方法主要有经验模型法、遥感方法、系统动力学方法等。

2. 矿产资源承载力

矿产资源的承载力主要是指在可以预见的时期内，通过利用矿产资源，在保证正常的社会文化准则的物质生活条件下，用直接或间接的方式表现的资源所能持续支撑的经济社会发展的保障能力。

3. 城市水环境承载力

城市水环境承载力是指某一城市、某一时期内在某种状态下的水环境条件对该区域的经济发展和生活需求的支持能力，它是该区域水环境系统结构性的一种抽象表示方法。它具有时空分布上的不均衡性和客观性、变动性和可调性的特征。

4. 大气环境承载力

大气环境承载力主要是指大气环境对污染物的消纳能力，即可以认为在一定标准下，某一环境单元大气所能承纳的污染物最大排放量。

5. 旅游环境承载力

旅游环境承载力是在某一旅游地环境（指旅游环境系统）的现存状态和结构组合不发生对当代人（包括旅游者和当地居民）及未来人有害变化（如环境美学价值的损减、生态系统的破坏、环境污染、舒适度减弱等过程）的前提下，在一定时期内旅游地（或景点、景区）所能承受的旅游者人数。它由环境生态承纳量、资源空间承容量、心理承受量、经济承载量四项内容组成。

6. 生态环境承载力

生态环境承载力是指在某一时期某种环境状态下，某区域生态环境对人类社会经济活动的支持能力，它是生态环境系统物质组成和结构的综合反映。生态环境系统的物质资源及其特定的抗干扰能力与恢复能力具有一定的限度，即一定组成和结构的生态环境系统对社会经济发展的支持能力有一个"阈值"。这个"阈值"的大小取决于生态环境系统与社会经济系统两方面因素，在不同时间、不同区间、不同生态环境、不同社会经济状况下，"阈值"的取值是不同的。

7. 可持续环境承载力

对于一个区域来说，环境承载力存在一个是否可持续的阈值——可持续环境承载力（ECCs）。在可更新自然资源的再生产力和不可再生资源的开发替代能力建设方面取得综合平衡的前提下，选用可持续发展模式对 R、P、N 进行组合所产生的环境承载力的大小，称为可持续环境承载力 ECCs。可持续环境承载力是研究环境、经济、社会是否协调发展的一个重要依据。

$$ECCs = F(R_s,\ P_s,\ N_s)$$

式中，R_s 为不可再生资源的替代技术开发能力和可持续利用量；P_s 为污染物允许排放量、环境纳污能力、可再生资源的持续利用量；N_s 为环境无害经济技术体系，如清洁生产工艺、生态农业技术、环境友好技术等。

（三）资源环境承载力的测算方法

环境承载力定量化评价主要是在理论研究的基础上，针对环境承载力评价指标的具体数值，采用统计学方法、系统动力学方法等对环境承载力进行综合分析。概括起来，目前主要有生态足迹法、指数评价法、多目标模型最优化方法和系统动力学方法。

1. 生态足迹法

生态足迹模型通过一组基于土地面积的量化指标，测定现今人类为了维持自身生存而利用的生物生产性土地面积的量来评估人类对地球生态系统的影响，是一种用来衡量可持续发展程度的方法。

生态足迹计算公式是

$$EF = \sum_{i=1}^{n}(aa_i) = \sum_{i=1}^{m}(r_i \cdot b_i / p_i) + \sum_{i=m+1}^{n}(r_i \cdot c_i / p_i)$$

式中，EF 为区域的生态足迹；i 为产品或投入的类型；aa_i 为第 i 种产品折算的土地生产面积；r_i 为均衡因子；b_i 为第 i 种产品的产量；c_i 为第 i 种产品的消费量；p_i 为第 i 种产品的平均土地生产能力；m 为区域耕地、林地、牧草地和生产性水域的产品，从 $m+1$ 到 n 代表各类能源消费。

区域生态承载力的计算公式如下：

$$EC = \sum(A_i \times r_i \times y_i)$$

式中，EC 为区域的生态承载力；i 为产品或投入的类型；A_i 为人均某项产品或投入用地的面积；r_i 为均衡因子；y_i 为产量因子。

在不同年份中，均衡因子和产量因子会随着土地利用格局、区域技术等因素的变化而有所不同。

2. 指数评价法

指数评价法是目前环境承载力量化评价中应用较多的一种。该评价法需要根据各项评价指标的具体数值，应用统计学方法或其他数学方法计算出综合环境承载力指数，进而实现环境承载力的评价。目前，用于计算环境承载力指数的方法主要有矢量模法、模糊评价法、主成分分析法等。

矢量模法是将环境承载力视为 n 维空间的一个矢量，这一矢量随人类社会经济活动方向和大小的不同而不同。设有 m 个发展方案或 m 个时期的发展状态，分别对应着 m 个环境承载力，对每个环境承载力的 n 个指标进行归一化，则归一化后向量的模即相应方案或时期的环境承载力。通过比较各矢量模的大小来比较不同发展方案或发展状态下的环境承载力的大小。

模糊评价法是将环境承载力视为一个模糊综合评价过程，通过合成运算，得出评价对象从整体上对于各评语等级的隶属度，再通过取大或取小运算就可确定评价对象的最终评语。

主成分分析法在一定程度上克服了矢量模法和模糊评价法的缺陷，它是在力保数据信息丢失最小的原则下，对高维变量进行降维处理，即在保证数据信息损失最小的前提下，经线性变换和舍弃一小部分信息，以少数综合变量取代原始采用的多维变量。其本质目的是对高维变量系统进行最佳综合与简化，同时客观地确定各个指标的权重，避免了主观随意性。

3. 多目标模型

多目标模型最优化方法是另一种常用的量化方法，它采用分解-协调的系统分析思路，将特定地区的水资源-人类社会经济系统划分成若干个子系统，并采用数学模型对其进行刻画，各子系统模型之间通过多目标核心模型的协调关联变量相连接。

4. 系统动力学

系统动力学方法也是目前使用的一种重要的进行环境承载力评价的量化方法。这种方法的主要特点是通过一阶微分方程组来反映系统各个模块变量之间的因果反馈关系。在实用中，对不同发展方案采用系统动力学模型进行模拟，并对决策变量进行预测，然后将这些决策变量视为环境承载力的指标体系，再运用前述的指数评价方法进行比较，得到最佳的发展方案及相应的承载能力[①]。

五、区域的功能定位与发展要求

区域功能定位，特别是战略定位，是区域规划的客观依据；而区域的具体定位，则是本次规划要解决的问题。定位方法，参见第三章第二节。

区域发展的要求，是当地居民的良好愿望，也是上级区域赋予本区域的责任。在制定区域规划时，必须认真考虑，既要实事求是、科学合理，也要统筹兼顾、上下衔接。

第二节 区域规划的编制程序和思想方法

一、编制区域发展规划应该明确的三个关系

（一）规划与计划

在国外，计划与规划是同一个概念：在中国，计划与规划则有所不同。计划与规划都有谋划未来的意思，但"计划"一词起源于计算，其含义中的时间和数量色彩更重一些；"规划"一词起源于绘制或校正圆形的"规"，其含义中的空间和图形色彩更浓一些。因此，规划侧重于空间布局，将"五年计划"改为"五年规划"，目的之一就是增强规划的空间约束功能，从人口分布、经济布局与区域资源环境承载能力相协调的高度谋划发展。此外，规划的时间相对较长，计划则相对较短。同一领域的计划与规划，计划应该以规划为依据。例如，年度国民经济和社会发展计划就要以国民经济和社会发展规划为依据和基础。

（二）规划与政策

政策可以有目标，但没有指标；规划既有目标，也有指标。政策有任务，但没有项目；

---

① 环境生态社区 ecocity2010 整理. 生态资源环境承载力. http://forum.eedu.org.cn/post/view?bid=5&id=101932.

规划既有任务，也要有项目。规划包括政策，但政策不包括规划，如规划的内容中可能用专门的篇章阐述实现规划目标的政策，但没有哪个政策是用一章专门来阐述规划的。有些规划是制定政策的依据，如《国务院关于加强国民经济和社会发展规划编制工作的若干意见》（国发[2005]33号）明确规定，总体规划是制定有关政策的依据。再如，《汶川地震灾后恢复重建总体规划》提出了政策方向，但操作性的政策需要根据《汶川地震灾后恢复重建总体规划》确定的政策方向专门制定。

（三）规划与法律

遵循规划程序法编制的规划一经批准，以及由法律制定机关依法批准的规划都带有强制性、约束性，具有法律效力，这两类规划与法律等同，如国民经济和社会发展"十一五"规划和城市规划等。这两类规划以外的规划，不具有法律效力。但是，即使是具有法律效力的规划，也与法律有很多不同的地方，法律往往是强制性、长期性、全局性的，规划则比较复杂，规划中有强制性、约束性的内容，也有导向性的内容；规划期再长的规划，适用时间也是有限的，没有法律的时间长；多数规划不是全局性的，而是属于一定领域、一定空间的，使用范围有限，没有法律那么广。从语言表达看，法律一般使用"不得""必须""应当"等比较确定、肯定的语言，规划使用较多的是"可以""鼓励""支持""扶持"等相对灵活的语言。总之，规划与法律相比，弹性较大，比较灵活，但只有在法治的条件下，才能避免其弹性较大和比较灵活所带来的弊端。

二、规划编制的基本步骤

区域发展规划不是逐个项目的规划，项目规划只是规划的最末阶段。区域发展规划需经过信息收集、审时度势、制定战略策略、做好规划策划、研发创新五个步骤，才进入实施操作阶段。这五个步骤目前在规划界逐步达成共识[①]。

（一）信息收集

信息收集就是要及时收集外部的各类信息，包括国际形势、经济金融、地区、行业发展报告等。

信息收集需要关注以下几点：一是信息的来源要丰富，收集面要宽、采集要及时；二是收集效率要高，形成机构化、制度化的信息采集制度；三是要有较强的信息收集后的研究、判断能力。

（二）审时度势

审时度势就是对各种信息进行综合比较，研究分析和判断，准确把握形势特点和变化趋势。

审时度势首先要求全面和及时地收集外部的包括对国际形势、经济金融、行业、地区发展的分析报告，要专门分析研究别人的研判结果和观点；其次，要加以掌握消化，这就要综合、比较、研究、分析、判断，形成自己的看法。这就是审时度势，一要研判，二要度势，从而准确把握形势。

（三）制定战略策略

制定战略策略就是指根据形势变化，反复修正、千锤百炼，形成对策要点，提出一定

① 国家开发银行研究院. 2013. 科学发展规划的理论与实践. 北京：中国财政经济出版社.

时期内相对稳定的指导思想。

战略、策略在国外是同一个范畴，英文是 strategy。策略和战略是对一个时期的形势判断和形成对策的基本要点，是在审时度势基础上，经过反复思考、研讨，与外部交换意见之后形成的。这需要抓住特点。按照主要矛盾的基本原理，一般来说，任何事情最重要的要点三个方面就足以描述，如果延长到五六个、七八个，就应该是很全面的了。如果要点太多，势必造成主次不分、关系不清、重点不突出。要根据形势的变化，滚动更新策略战略的要点概括。策略战略最终要经得起外部形势的检验，经过不断反复的修正和完善，千锤百炼才能成为相对稳定的指导思想。

（四）规划策划

区域、产业、社会和市场四个方面的规划策划，最终结果都是要形成系统性的融资方案，也可以是具体项目贷款。要使有限的机构去满足巨大的市场需求，特别是满足向县域的覆盖，就不能像商业银行那样逐个做贷款项目，而是要建立一种制度、一种体系，实现成系统、成批量、优质高效地开发、评审、管理项目，这就是规划策划的重要内容。

计划是计划经济时期的产物，而规划则代表了一种指导性的、方向性的目标。区域发展规划，与国家的发展规划既相同又有不同。相同的是国家发展规划的内容都是最终追求的目标之一，其中多数是物质建设的指标和最后形成的项目；而区域发展规划是突出市场建设的特点，体现区域规划、产业规划、社会规划和市场规划，使发展在这四个方面都有科学的内容。规划之所以称为区域发展规划，是因为它不仅是科学的、准确的、符合客观物质运行规律的，而且是发展的规划，包含社会发展和市场建设的内容。

规划和策划不能都是号召性的，很多内容是操作性的。规划和策划的结果，最终目的是变成项目、变成贷款，它可以是一个集中的大型基础设施，如电厂、桥梁、隧道、高速公路等；也可以是一个系统性的融资体系，如助学贷款、县域经济、"三农"、中小企业等。

（五）研发创新

研发创新就是要不断发现问题，把充满活力的可行性前景变成可以操作的具体方案。

研发创新阶段需要策划的内容，有可能是从无到有。一种基础设施或科研、产业的目标，还处在没有任何实现方案的基础上，必须要把问题找出来，通过研发创新，解决现有决策体系中无法解决的问题，由一种可行性的前景变成可以操作的方案。

研创中有大量的市场建设的内容，通过"四位一体"充分调动各方力量，就能变不可行为可行。商业银行有很多项目做不成，主要是没有策划和研创，不善于把社会已有的资源变成融资体系。融资体系最终支撑了无数的项目，大到大型项目、基础设施，小到中小企业、"新农村"建设，这需要大量研发创新，才能把不可行的变成可行的。这实际上就是用开发性金融的方法构筑开发性市场，开创开发性经济有活力的领域，这是相关人员从规划到研创阶段的主要工作。研创形成的方案，要不断总结经验，形成融资体系的优势，使研创更具可行性。开发性金融的成功实践，说明研创已经达到相当的水平。虽然在眼前就可以找到饭吃，但应该"舍近求远"地从社会全局出发，构建融资体系，追逐更高远的目标，通过规划和研发创新使它变成可行，这也正是现代规划的成功之处。

　　规划制定的前两步主要是掌握外界情况，了解什么是"实事"，这是唯物论的范畴，后三步是研究如何解决问题，在"实事"的基础上"求是"，是辩证法的范畴。

　　在当前形势下，要想占据主动，在经济社会发展当中发挥规划的指导作用，就必须把规划的五个步骤循环往复地做好，才能向下关注群众的直接需要，向上关注政府的热点，发挥更加积极主动的作用，开辟更为广阔的发展空间。

　　根据系统开发规划理论，区域规划也可以划分成系统诊断、模拟预测、规划发展、协调决策、跟踪调控 5 个主要工作阶段，其工作流程框架见图 4-1。

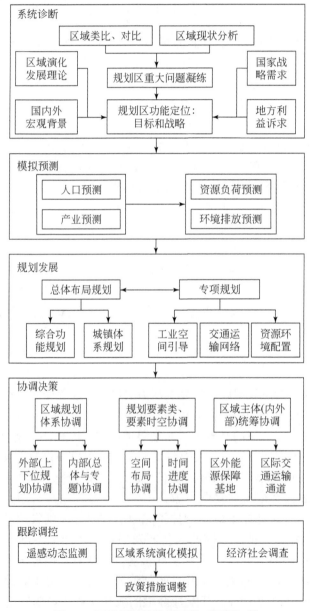

图 4-1　区域规划的编制过程（框架）图

资料来源：胡云锋，曾澜，李军，等. 2010. 新时期区域规划的基本任务与工作框架. 地域研究与开发，（4）：6-9

三、区域规划编制中常用的思想方法

（一）概述

1. 系统分析法

区域规划一般包括总体规划和分项规划两大部分，前者可看作母系统，后者是子系统。规划工作中应用系统分析方法就是以定性和定量相结合的综合方法来考察母系统与子系统之间、各子系统相互之间及母系统与外部环境之间的相互联系、相互作用和相互制约的关系，以达到深刻认识、妥善处理这些多方面关系的目的。

2. 统计分析法

在编制区域规划时应用统计分析法来整理和研究各种有关土地利用的统计数据，借以发现利用中存在的问题和倾向，进一步揭示经济社会发展与资源环境的内在联系，从而对土地利用未来趋势进行预测。统计分析方法的运用，不仅对土地利用进行纯数量的研究，还必须在与质量的辩证统一中研究其数量方面。

3. 数学规划法

区域规划工作广泛运用线性规划、非线性规划和目标规划方法，借助于经济数学模型和计算机，从可供选择的方案中选出能满足预定目的和任务的方案。目标规划法要全面系统地考虑全部相关因素和条件，同时还要按区域划分等级（全国的、大区的、地区的）、按时间长度（长期的、中期的、短期的）、按目标性质（单一目标、多目标）、按系统状况（开放的、封闭的）等，开展各层次的规划工作，要求各经济环节和要素实现一体化、综合化。

4. 多元统计分析法

在研究人口、资源、环境和经济社会发展各要素之间关系和未来发展预测方面，一般应用回归分析方法。

（二）大系统递阶分解控制

大系统一般是指规模庞大、结构复杂、目标多样、影响因素众多，且常带有随机性的系统。对于这类系统不能采用常规的建模方法、控制方法来进行规划设计，因为常规方法无法通过合理的计算工作量得到满意的解答。国土规划系统就是这样的复杂大系统。

对于这样一种复杂性较强的大系统，原有的系统控制理论已不再适应，因为不论是经典控制理论，还是现代控制理论，它们都建立在集中控制的基础上，即认为整个系统的信息能集中到某一点，经过处理，再向系统各部分发出控制信号。这种理论应用到大系统时遇到了困难，这不仅由于系统庞大，信息难以集中，也由于系统过于复杂，集中处理的信息量太大而难以实现。因此，需要有一种新的理论，用以弥补原有系统控制理论的不足。大系统理论的出现，适应了人们研究各类庞大、复杂的大系统的需要。

由于在大系统中受控对象分散和变量数目太多，所以不宜采用集中控制的办法。如果所有问题都集中到中央控制器解决，则整个大系统的建模和控制便难以进行。因此，大系统理论最基本的思想和方法就是：把大系统的总体功能和目标进行递阶分解，构成多级子系统，这些子系统都具有各自的控制器，都有一定的决策能力。

分解之后，子系统的复杂性比整个大系统的复杂性小得多，较易实现自身的最优化。然后加以必要的协调或联系，最终取得全局的最优化或次优化。在这一基本思想和方法的指导下，大系统理论又根据不同的系统结构，提出了不同的更具体的控制思想和方法。

在递阶结构系统中，通常将大系统分解成若干个相对独立而又相互关联的子系统作为下级系统，分别求出每个子系统的极值，并在上级系统设置一个协调机构来处理各子系统间的关联作用。通过上下级之间反复交换信息，在求得各子系统极值解的同时，获得整个大系统的最优解。其实递阶是一个很古老的概念，自有人类社会以来就存在。大至国家小至单位，都在实行递阶控制。

实践证明，对于一个庞大的系统，如果由一个决策人去集中控制是难以奏效的，而由若干个平行的决策人互相协商去控制，效率又太低。只有在分等级的，即递阶的控制中，才可能克服上述困难，取得较好的控制效果。这也正是递阶控制理论能够得到普遍应用的原因。对于分散结构系统，则通常是将大系统划分为若干相对独立的子系统，然后分别进行控制，以求达到一种次优控制指标。一般在空间上分散的大系统，或在空间上较集中但各个控制通道的动态响应时间差别较大的大系统，均可采用分散控制，如交通管治网、宏观经济系统等。

大系统递阶分解理论的进一步发展，就是定性定量综合集成方法，该方法是著名科学家钱学森院士提出的，其核心是将专家群体、数据和各种信息与计算机仿真有机地结合起来，把有关学科的科学理论和人的经验与知识结合起来，发挥综合系统的整体优势去解决实际问题。从定性到定量综合集成研讨，是利用现代计算机技术研究复杂决策问题的支撑环境，实质上是一个大型的群决策支持系统（group decision support systems，GDSS），涉及数据库、计算机支持的协同工作、多媒体及群件等多种支撑技术和方法。这些思想在各种区域规划中的指标设计和目标确定中都有很好的体现。

（三）专家调查法

根据研究对象的特殊性，并考虑区域规划目的和要求的复杂性，在规划编制过程中，还需要大量使用专家调查法，包括向多位专家的个别请教、多次组织召开专家研讨会等。在专家调查法的探索、使用方面，这里着重介绍德尔菲法（Delphi method）和头脑风暴法（brain storming）。

1. 德尔菲法

一般的专家调查法有一定效果，但也存在一些严重的缺点。例如，与会者可能由于迷信权威而使自己的意见"随大流"，或是因不愿当面放弃自己的观点而固执己见。鉴于传统的专家调查会的这些缺点，兰德公司（Rand Corporation）发展了一种新的专家调查法，即德尔菲法。德尔菲法的特点是采用寄发调查表的形式，以不记名的方式征询专家对某类问题的看法。在随后进行的一次意见征询中，将经过整理的上次调查结果反馈给各个专家，让他们重新考虑后再次提出自己的看法，并特别要求那些持极端看法的专家，详细说明自己的理由。经过几次这种反馈过程，大多数专家的意见趋向于集中，从而使调查者有可能从中获取大量有关重大突破性事件的信息。

2. 头脑风暴法

头脑风暴法是由美国学者阿历克斯·奥斯本于 1938 年首次提出的。这种方法要求思维高度活跃、打破常规以产生大量创造性设想。头脑风暴的特点是让与会者敞开思想，使各种设想在相互碰撞中激起脑海的创造性风暴。其可分为直接头脑风暴和质疑头脑风暴法。前者是在专家群体决策基础上尽可能激发创造性，产生尽可能多的设想的方法，后者则是对前者提出的设想、方案逐一质疑，发现其现实可行性的方法。这是一种集体开发创造性思维的方法。头脑风暴法的基本程序如下。

（1）确定议题。在每次会前确定一个目标（如评价原则、评价指标、关键指标的标准等），使与会者明确通过这次会议需要解决什么问题，同时不要限制可能的解决方案的范围。

（2）会前准备。为了使头脑风暴畅谈会的效率较高、效果较好，每次会前都要做很多准备工作，如收集一些资料预先给大家参考，以便与会者了解与议题有关的背景材料和外界动态。会场布置也应注意，每次座位排成圆形或椭圆形的环境，让与会者没有主次、尊卑的概念，以便活跃气氛，促进思维。

（3）确定人选。一般选择5～8人。因为与会者人数太少不利于交流信息，激发思维；而人数太多则不容易掌握，并且每个人发言的机会相对减少，也会影响会场气氛。只在极特殊情况下与会者的人数才不受上述限制。

（4）明确分工。每次开会都推定一名主持人，1～2名记录员（秘书）。主持人的作用是在头脑风暴畅谈会开始时重申讨论的议题和纪律，在会议进程中启发引导，掌握进程，如通报会议进展情况、归纳某些发言的核心内容、提出自己的设想、活跃会场气氛，或者让大家静下来认真思索片刻再组织下一个发言高潮等。记录员应将与会者的所有设想都及时编号，简要记录，也可写在黑板等醒目处，让与会者看清。记录员也应随时提出自己的设想，切忌持旁观态度。

（5）规定纪律。根据头脑风暴法的原则，规定几条纪律，要求与会者遵守。如要集中注意力积极投入，不消极旁观；不要私下议论，以免影响他人的思考；发言要针对目标，开门见山，不要客套，也不必做过多的解释；与会者之间相互尊重，平等相待，切忌相互褒贬等。

一次成功的头脑风暴除了在程序上的要求之外，更为关键的是探讨方式和心态上的转变，即充分、非评价性的、无偏见的交流：①自由畅谈。参加者不应该受任何条条框框限制，放松思想，让思维自由驰骋。从不同角度、不同层次、不同方位大胆地展开想象，尽可能地标新立异，与众不同，提出独创性的想法。②延迟评判。头脑风暴，必须坚持当场不对任何设想做出评价的原则。既不能肯定某个设想，又不能否定某个设想，也不能对某个设想发表评论性的意见。一切评价和判断都要延迟到会议结束以后才能进行。这样做一方面是为了防止评判约束与会者的积极思维，破坏自由畅谈的有利气氛；另一方面是为了集中精力先开发设想，避免把应该在后阶段做的工作提前进行，影响创造性设想的大量产生。③禁止批评。绝对禁止批评是头脑风暴法应该遵循的一个重要原则。参加头脑风暴会议的每个人都不得对别人的设想提出批评意见，因为批评对创造性思维无疑会产生抑制作用。同时，发言人的自我批评也在禁止之列。有些人习惯用一些自谦之词，这些自我批评性质的说法同样会破坏会场气氛，影响自由畅想。④追求数量。头脑风暴会议的目标是获得尽可能多的设想，追求数量是它的首要任务。参加会议的每个人都要抓紧时间多思考，多提设想。至于设想的质量问题，自可留到会后的设想处理阶段去解决。在某种意义上，设想的质量和数量密切相关，产生的设想越多，其中的创造性设想就可能越多。⑤避免误区。头脑风暴是一种技能、一种艺术，头脑风暴的技能需要不断提高。如果想使头脑风暴保持高的绩效，必须每个月进行不止一次的头脑风暴。

头脑风暴提供了一种有效的就特定主题集中注意力与思想进行创造性沟通的方式，无论是对学术主题探讨或对日常事务的解决，都不失为一种可资借鉴的途径。唯需谨记的是使用者切不可拘泥于特定的形式，因为头脑风暴法是一种生动灵活的技法，应用这一技法的时候，完全可以并且应该根据与会者情况及时间、地点、条件和主题的变化而有所变化，有所创新。

头脑风暴法，也适合于项目策划和对策筹划等定性问题。

（四）SWOT 分析法

SWOT 是一种分析方法，用来识别区域的优势（strength）、劣势（weakness），明确发展机会（opportunity）和威胁（threat）或挑战，从而将区域的战略与区域内部资源、外部环境有机结合。因此，清楚地确定区域的资源优势和缺陷，了解所面临的机会和挑战，对于制定区域未来的发展战略有着至关重要的意义。

优势和劣势主要是从静态的角度认识研究对象，应注意从横向比较中识别比较对象的特点；机会和挑战则是从动态的角度考察研究对象，要通过对未来有关环境因素的变化预测来认识研究对象可能争取到的有力条件或不得不面对的不利因素。

优势和劣势可以从区位、资源禀赋、生产要素、产品或产业结构等方面进行概括；机遇和挑战则可以从政策、市场、科技进步和外部环境变化中寻找。从这个角度说，优势和劣势更多的是强调区域的内部本质；机会与挑战则更注意外部环境的变化。

SWOT 分析的步骤是：①用横向比较等方法列出区域的优势和劣势；②通过预测等方法把握区域未来发展的可能机会与不得不面对的威胁；③优势、劣势与机会、威胁相组合，形成 SO、ST、WO、WT 策略；④对 SO、ST、WO、WT 策略进行甄别和选择，确定区域应该采取的具体战略与策略，详见表 4-3。

表 4-3　SWOT 矩阵

状态	优势	劣势
机会	SO 战略（增长型战略）	WO 战略（扭转型战略）
威胁	ST 战略（多种经营战略）	WT 战略（防御型战略）

（1）机会-优势（OS）。状态：外部有机会，内部有优势。策略：充分发挥产业内部优势，抓住机会。采用发展型战略。

（2）机会-劣势（OW）。状态：存在一些外部机会，但有一些内部的劣势妨碍着它利用这些外部机会。策略：利用外部资源来弥补产业内部劣势，由稳定型向发展型战略过渡。

（3）威胁-优势（TS）。状态：外部有威胁，内部有优势。策略：利用内部的优势回避或减轻外部威胁的影响，最终将威胁转化为机会。采用多元化经营战略。

（4）威胁-劣势（TW）。状态：外部有威胁，内部有劣势。策略：减少内部劣势同时回避外部环境威胁，即不正面迎接威胁，最终置之死地而后生。采用紧缩型战略。

（五）情景分析法

情景分析法（scenario analysis）是就影响因素的变化对评价结果的有效性进行检验的一种特殊方法。通过对不同因素的可能变化（情景）来计算评价结果，考察评价体系的灵敏性和稳定性，为进一步甄别评价因子、修订评价准则、调整权重分配提供依据（图 4-2）。

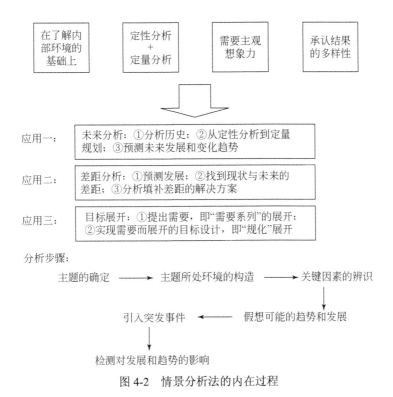

图 4-2 情景分析法的内在过程

情景分析法不只是提供关于单一评价因子变化对评价结果的影响，而且可以对多个因子的综合变化进行模拟。实际上情景分析法是一种适用于对可变因素较多的项目进行评价和风险预测的系统技术，它在假定关键影响因素有可能发生某种变化的基础上，构造出多重情景，提出多种未来的可能结果，为评价体系的调整提供参考，保证评价标准的稳定性、灵敏性。

情景分析法的关键是"情景设计"。可以从主导方面的极端值（极大、极小可能值）出发来设计简单方案，在此基础上综合成复杂方案。长白山区特产资源开发规划编制过程中，在做开发方案设计时，从开发、保护和市场份额三个方面出发，分别构筑了"重开发型方案"（强调经济效益）、"重保护型方案"（强调保护）、"市场份额极大化""趋势性方案"（当前趋势的外推）和"协调型方案"（开发-保护并重型）五大情景，然后利用系统动态学模型模拟了不同状态下经济、社会和生态三方面的效益，最后确定了协调型开发策略。

情景分析法从 20 世纪 70 年代中期以来在国外得到了广泛应用，并产生了一些具体的方法，如目标展开法、空隙填补法、未来分析法等，辽宁省国土规划目标的确定除个别指标（人均收入等）是用预测方法确定的以外，其他目标几乎都是使用情景分析法确定的。

四、区域规划中的新思维

（一）弹性规划方法

弹性规划是相对于刚性规划而言的。近年来，"弹性规划"理念已逐步植根于我国规划编制思想中，并在规划成果中得到切实体现。国土规划属于软规划，不是所有的指标或要求都能用客观的、严谨的技术手段加以解决的。因此，弹性规划更适合于新一轮国土规划。

国土规划是在充分分析规划区内国土资源利用状况的基础上，对国土利用供需因素进行科学预测，结合规划区实际用地情况进行区域国土资源优化配置的技术方法手段。国土利用规划的核心问题是优化国土资源配置，焦点问题是解决好发展建设与生态环境保护之间的矛盾，具体问题是明确规划期内国土资源配置的方案。国土利用弹性规划的功能主要考虑经济发展中的不确定因素，解决传统规划中存在的不合理刚性问题，避免产生资源开发不合理、不合法及其经济负面效应。规划内容界定、规划目标确定等方面，都要体现"弹性规划"的要求。不追求规划内容的大而全；规划目标中可包含多项"≥""≤"等指标；规划实施要求方面可大量使用禁止、优先、宜、应该等词汇说明规划条文的遵守程度。

（二）反规划理论与方法

"反规划"是在我国快速城市化和城市无序扩张背景下提出的，它是相对于计划经济体制下形成的"规模-性质-空间布局"模式的传统物质空间规划编制方法而言的。"反规划"强调一种逆向的规划过程，"负"的规划成果——生态基础设施，用它来引导和框定城市的空间发展，即编制规划时侧重于不建设规划的编制，告诉国土使用者不准做什么，而不是做什么。"反规划"本质是一种强调通过优先进行不建设区域的控制，作为对城市空间进行规划的方法论。因为它是在"城市与区域是一个有机统一体""城市是一个复杂多变的巨系统"和"发展建设与生态环境是'胎儿'与'母亲'的关系"等科学论断基础之上形成的。所以，"反规划"对于国土规划具有较强的指导意义。

以往的区域规划多是"区域发展增长先行，生态保护治理滞后"，不可避免地破坏自然过程的连续性和完整性，从而影响自然系统运行和整体功能的发挥，在一定程度上表现为自然环境的退化和自然灾害的频繁发生。因此，应对传统的区域规划编制方法进行反思和改进，"反规划"方法不失为一种选择。但区域规划不等同于城市规划，所以在尝试"反规划"方法时必须进行适当的调整。笔者在做辽宁省国土规划中提出的"守住生态环境底线""保护东西两厢""设立禁止开发区"等，实际上是对"反规划"理论的创新应用。

（三）空间管治与主体功能区理论和方法

空间管治，是市场经济发展过程中各级政府对城市社会经济发展进行宏观调控的有效手段，也是新时期城市总体规划的主要内容。通过空间管治，促进区域的整合和治理、资源的有效利用、不利因素的克服，实现区域整体最优发展的目标。空间管治主要是用途管治，主体功能区规划的理论基础就是空间管治理论。

国家"十一五"规划纲要将国土空间划分为优化开发、重点开发、限制开发和禁止开发四类主体功能区。主体功能区是根据不同区域的资源环境承载能力、现有开发密度和发展潜力、人口分布、城镇化格局，按照区域分工和协调发展的原则划定的具有特定主体功能的空间单元，属于一种典型的经济类型区。

推动形成主体功能区，是按照科学发展观的要求提出的一种区域发展新思路，其重要意义在于：加强主体功能区建设，有利于促进人与自然和谐发展，协调经济、社会、人口、资源和环境之间的关系，引导经济布局、人口分布与资源环境承载力相适应；划分不同类型的主体功能区，有利于强化空间管治，规范和优化空间开发秩序，逐步形成合理的空间开发结构；在做好主体功能区区划的基础上，明确各区域的主体功能定位和发展方向，有利于优化资源的空间配置，提高资源空间配置效率，推动形成各具特色的区域结构和分工格局，促进各区域协调发展；对不同主体功能区实行分类的区域政策，有利于根据不同区域的实际情况实行分类管理和调控。

（四）区域设计

区域设计过去主要由政府部门完成，但现在在许多国家已经成为由政府和非政府利益相关方共同主导的更具包容性的治理进程。这使得在区域规划和发展过程中对过程管理的需求日益增加。区域设计通常由一系列代表区域理想未来的地图和插图组成，旨在改善区域形势，解决不同规模的时空问题，因此与空间规划和区域发展密切相关。在过去 25 年中，区域设计已经在城乡规划与发展中占据了突出地位，如美国的"Rebuild by Design"、法国的"Le Grand Pari(s)"、德国的"Dessau Landschaftszu"等。区域设计可以丰富区域规划与发展的内容与过程，促进对区域形势和机遇的理解，并改善规划与发展过程中的合作网络①。

第三节　区域规划的评价

一、区域规划评价的意义和要求

区域规划本质上是公共政策。对公共政策进行绩效评估，并依据评估结论来改进下一轮公共政策制定是国际通行做法。Allred 和 Chakraborty 于 2015 年通过研究萨克拉门托地区《2004 年蓝图》的影响来更好地了解区域规划对当地发展模式的影响，得出结论：由于存在地方特定需求或地方司法管辖区的狭隘利益，某些原则在某些地区和某些地方司法管辖区更容易实施。因此，规划人员应不断促进和倡导区域原则，同时鼓励地方层面采纳计划，优先考虑在具体司法管辖区最权威的原则，协商利益冲突。规划人员应评估规划的影响，以便在区域范围内提高自己的成效，并改进一般的区域规划程序②。

我国开展发展规划实施评估工作的时间较短，2008 年才首次对总体规划进行中期评估，2015 年才首次对总体规划进行总结评估，在实践层面积累经验较少。与此同时，在理论层面对发展规划实施评估的理论体系、评估方法、评估指标选取、评估标准和评估组织方式等方面的研究均很薄弱。我国发展规划实施评估仍有较大的改进空间。

以国家"十三五"规划为例，"十三五"时期是我国全面建成小康社会的决胜阶段，"十三五"各类重大发展规划是全面部署"十三五"发展的重要指引。对发展规划实施情况进行跟踪分析和监测评估，客观评价发展规划目标、重点任务、政策措施等落实情况，发现问题、分析原因，并提出改进发展规划实施的对策建议，对于推动发展规划顺利实施具有重要意义。同时，"十三五"总体规划是经由各级人大审议批准的纲领性文件，按照各级人民代表大会常务委员会监督法的明确要求，必须通过评估将发展规划实施情况向人民代表大会报告。

① Kempenaar A, Westerink J, Van Lierop M, et al. 2016. "Design makes you understand"—mapping the contributions of designing to regional planning and development. Landscape and Urban Planning, 149: 20-30.
② Allred D, Chakraborty A. 2015. Do local development outcomes follow voluntary regional plans? Evidence from sacramento region's blueprint plan. Journal of the American Planning Association, 81(2): 104-120.

对国家"十三五"规划实施评估，首先要对我国发展规划实施评估的理论与机制进行全面研究，综合考虑我国发展规划实施评估的特点，就发展规划实施评估的架构与指标定量化、组织体系，区域规划、专项规划、空间规划、重大工程项目实施评估的理论与机制，以及国际规划与公共政策实施评估的理论等内容开展研究。具体要求是：2016 年 3 月颁布的国家"十三五"规划纲要，是全面建成小康社会决胜阶段的总体规划，阐明了"十三五"时期国家战略意图，明确了经济社会发展宏伟目标、主要任务和重大举措。为保证"十三五"规划切实有效实施，需要对规划实施情况进行监测评估。按照"十三五"规划不同实施阶段特点，设计分阶段监测评估机制，主要研究内容包括：①"十三五"规划实施年度监测评估的框架体系、量化指标、重点指向及改进对策；②"十三五"规划实施中期评估方案设计及后续实施策略；③"十三五"规划实施总结评估方案设计及"十四五"规划编制借鉴"十三五"规划评估结果的机制；④基于"十三五"规划实施监测评估结果的绩效考核方案。

二、建立规划评估制度的必要性

目前我国各级各类规划多如牛毛，这些规划耗费了大量的人力物力。其中不乏真知灼见，确实对规划对象的科学发展起到了很好的作用；但也有的规划被束之高阁，成为墙上挂的摆设。这样的规划，到底是其本身有问题，还是规划执行过程中出了问题？鉴于此，必须建立规划评估制度，对规划的实施进行评价，反思规划的编制价值和规划实施中应该注意的问题。

第一，建立完善的规划评估制度，是必须履行的社会职责。我国的《城乡规划法》从法律层面对规划评估工作做出了清晰的界定，定期的评估是规划实施过程中必须要执行的行政职责。此外，《城乡规划法》还明确了评估是修改规划必不可少的前置环节。尽管《城乡规划法》实施已经接近 4 年了，但法律设立规划评估制度的立法本意还没有得到很好的落实，区域发展规划也面临同样的问题。

第二，建立完善的规划评估制度，是不断提高区域发展规划工作质量的需要。一是要以严肃的态度评估正在实施的规划；二是要以实事求是的精神评估规划的工作方法和成果。

第三，建立完善的规划评估制度，是区域发展规划作为决策系统组成部分的基本要求。规划作为决策系统的构成和支撑，不仅仅包括制定、决策和执行的过程，还必须要有评估、反馈和修订的程序，两者的结合，才能够形成一个完整的、开放的循环提升过程。对于正处在经济发展和社会转型关键阶段的国家或地区而言，不断发展的变化，不断增长的需求，各类引起社会关注的焦点、热点问题对规划的影响，都需要透过不断的定期评估来实现有效的管理和改善。

三、区域规划的评价原则与标准

对于评价区域规划编制和实施效果的准则，越来越多的国家与学者认同以下的观点[①]：①应该强调其各组成部分行为的相互依赖性；②为区域问题和机遇提供综合的解决方案；③为区域发展提供战略解决方案；④兼顾自上而下和自下而上的权利；⑤足够健全以应对变化的环境；⑥全面反映区域投资者的观点；⑦能够对政策及实施做出调整。

---

① 张京祥，芮富宏，崔功豪. 2002. 国外区域规划的编制与实施管理. 国外城市规划，（2）：30-33.

事实上，衡量一个区域规划质量的高低，方法手段的先进性固然是一个重要的标准，但不是唯一的标准。一个区域规划的好坏，关键在于它"实不实、新不新、活不活"。

"实不实"一是指其资料、数据是不是翔实可靠，建立在错误数据基础上的区域规划是靠不住的；二是指规划本身实用不实用，能否为决策部门、社会所认可和实施。一个好的区域规划必须具有可操作性。为达到这个目的，现在的区域规划都在突出重点、项目策划和落地上下功夫。

"新不新"则一指有没有新的理念，二是方法手段有没有突破。区域规划要与时俱进，体现时代的要求，注意吸收现代科技成果，提高规划的宏观指导性。

"活不活"也包括两个方面的含义：第一层含义是指本规划灵活不灵活。区域发展直接受外界环境的冲击，而外界环境是不断变化的。要使区域开发始终立于不败之地，其区域规划就必须灵活，能够应付外界环境出现的各种局势。第二层含义是指本规划是否处理好活件——人才、资金、管理三者之间的关系，区域开发的过程，就是充分发挥人才、资金和管理作用的过程，其中人才是中心，是一切财富中最宝贵的财富，要充分发挥人的作用，使人尽其才、才尽其用；资金是调控的主要对象和杠杆，要正确地使用投资、税收等手段，使资金分配合理，流通迅速；管理是关键，要向管理要效益、要速度、要水平。还要注意处理好以人为本与可持续发展之间的关系，要坚持科学的发展观，通过统筹兼顾实现又好又快的发展。

四、区域规划的评价方法与程序

区域规划的评价，可以通过专家咨询的办法进行，如组织召开专家评审会，也可以利用现代网络，向社会求教。特别是一些事关民生的大项目、大举措，必须通过社会公开的方式进行评价和调整。

一般来说，专家们具有专门的知识和能力，但必须让专家充分了解情况，有一段思考、审查的时间。现在很多规划都把评审过程简单化、形式化了，没有达到通过评审严格把关、完善提高规划的目的。

区域规划的评价，可以采取专家调查法，也可以采取会议研讨法来进行。

从当前我国为数不多的规划评估报告来看，所采用的方法大致包括两种：一是对空间布局、结构体系、政策措施、实施保障机制及实施成效等的评估，多采用定性分析方法；二是对规划阶段性目标、指标、比例、公众满意度等方面进行评估，多采用一定的定量分析方法。英国的做法可以为我国提供一些有益的经验借鉴。英国在经过2004年规划体系的变革后，建立起了全国性的年度监测报告（annual monitoring report，AMR）制度，各地方政府按照要求定期对地方发展框架进行监测评估。在现阶段，针对我国的现实国情，区域发展规划评估工作的重点宜放在对规划对象整体与综合的评估方面，积极探索定性分析与定量分析相结合的方法，以期系统地、客观地把握规划对象未来发展必须解决的基本问题，进而为改善和充实规划工作，适应发展的要求奠定基础。

规划评估既可以在规划期满后进行评估，也可以在规划中期进行评估。一般来说，在规划期末进行评估，能够全面、系统地考察规划执行情况，也便于对规划本身进行反思。但是，要想及时发现规划中的问题，或者及时扭转规划与实践的偏差，最好进行规划中期评估。"十一五"规划以来，全国和某些地方如北京、浙江等，已经开始对国民经济和社会发展规划进行了系统的中期评估，这种做法值得借鉴和学习。

五、规划评估的主要工作内容

不同的专业人员从不同的角度，会对规划评估工作有不同的理解：行政管理者注重规划的"实施率"；规划师侧重规划方案的比较；科研人员看重建立评估的数学模型等。规划评估到底是关于规划方案本身的评估、规划实施效果的评估，还是规划对象发展的评估？

对于规划评估工作，不能理解为对既往规划成果好与坏、对与错的简单评判，更不能为了短期功利性的目的去"掩盖"或"夸大"某些问题，而应当是本着科学的态度，通过对既有规划实施效果与不足、规划对象发展问题与走向、规划工作应对策略与目标的深入分析，为实事求是地改善区域发展规划工作，使之更加适应规划对象的可持续发展的要求提供坚实的技术支撑。特别是要分析产生偏差的原因，详见表 4-4。

表 4-4　规划实施产生偏差的原因分析

主要原因	具体原因	可能存在的问题
自然条件变化	资源条件突变	规划区域内发现重大资源，改变原有资源禀赋
	自然灾害变化	发生规划未预料到的极端自然灾害
技术经济条件变化	技术问题	新技术的运用对区域主导产业生产和运作模式带来根本性变革
	生产要素配置问题	区域内土地、资金、劳动力等生产要素发生突变
	主导产品供求关系变化	由于竞争对手或替代品出现，区域主导产业的产品供求关系发生突变
规划不当	规划编制依据	规划编制依据不足或发生重大变化
	预测方法和参数	预测方法不适用于该区域或具体参数选取不当
	调控措施失误	规划设计的政策措施、实施方案存在失误或缺陷
其他原因	利益兼顾不周	规划实施过程未协调好与政府、客户及其他利益方的关系
	管理问题	未有效组织规划实施和管理，行内外未能形成合力

六、国家"十三五"规划目标的可行性评价

国家"十三五"规划目标如表 4-5 所示。为便于考察其可行性，也把"十一五"末（2010年）、"十二五"末（2015 年）的实际数据列出。

表 4-5　"十三五"规划目标的可行性分析

	指标		2010 年	2015 年	2020 年	年增	属性	点评
经济发展	① GDP		46.50	67.7	92.7	>6.5	预	有可能，但不能大意
	② 全员劳动生产率/%		6.2	8.7	12	6.6	预	有难度，需要巨大努力
	③ 城镇化率/%	常住人口	47.5	56.1	60	[3.9]	预	2010～2015 年城市化率增加了 9.6 个百分点，2015～2020 年再提高 3.9 个百分点，目标可能偏低了。当然，提高户籍人口的城镇化目标还是很艰巨的
		户籍人口	35	39.9	45	[5.1]	预	
	④ 服务业增加比重/%		43	50.5	56	[5.5]	预	完全可能

续表

指标		2010 年	2015 年	2020 年	年增	属性	点评
创新发展	⑤ R&D 占 GDP 比例	1.75	2.1	2.5	[0.4]	预	增速不小，难度很大，关键是社会资金、企业投入要有突破，"十二五"规划目标就远未达标
	⑥ 万人科技发明专利/件	3.5	6.3	12	[5.7]	预	"十二五"期间万人发明专利从 2010 年的 3.5 件到 2015 年的 6.3 件，增加了 80%，现在是在较高水准上还要再增加 90% 以上，难度很大
	⑦ 科技进步贡献率/%	—	55.3	60	[4.7]	预	第一次使用，平均每年提高一个百分点，难能可贵，不可大意
	⑧ 互联网普及率/%	固定宽带家庭普及率	—	40	70	预	预	提高幅度很大，说明决心，也迎合互联网大发展的趋势，但难度较大。北欧国家强调 WIFI 全覆盖，智慧城市就是要 WIFI 全覆盖。这样的话，固定宽带家庭普及率就不重要了
		宽带用户普及率	—	57	85	[28]	预	
民生福利	⑨ 居民人均可支配收入增长率/%				>6.5	预	速度不低于 GDP，让人民分享经济发展的成果，思路很好。但可否把居民收入大于 GDP 增速设定为约束性指标
	⑩ 劳动年龄人口平均受教育年限/年		10.23	10.8	[0.57]	约	这是新的，比国民受教育程度更有现实意义、更可操作
	⑪ 城镇新增就业人口				[>5000]	约	平均每年新增 1000 多万个就业岗位。与每年实际新增劳动就业人口相呼应
	⑫ 农村贫困人口减少				[5575]	约	体现精准扶贫，全面脱贫要求，指标与现有农村贫困人口相呼应
	⑬ 基本养老保险覆盖率/%		82	90	[8]	约	不分城乡，城乡一体化
	⑭ 城镇棚户区住房改造				[2000]	约	"十二五"的指标是保障性安居住房，"十三五"改成此指标，更精准扶贫，更能体现市场化改革精神
	⑮ 人均预期寿命				[1]	约	5 年之内提高一岁有一定难度，且这个指标更主要的是客观规律，应该作为预期性指标

续表

	指标	2010 年	2015 年	2020 年	年增	属性	点评
	⑯ 耕地保有量	18.3	18.65	18.65	[0]	约	确保粮食安全，很有必要
	⑰ 新增建设用地规模（万亩^a）	[1364]	[1688]	[<3256]		约	新增指标，体现新型城镇化战略及五大发展理念的要求
	⑱ 单位 GDP 耗水量下降				[23]	约	"十一五""十二五"涉水指标是农业灌溉有效系数，这个更好。农业灌溉有效系数太专业
	⑲ 单位 GDP 能耗下降				[15]	约	与"十一五""十二五"下降的速度差不多，比较合理
	⑳ 非化石能源占能耗比例		12	15	[3]	约	延续使用，很有必要
	㉑ 单位 GDP 二氧化碳排放降低				[18]	约	比单位 GDP 能耗下降 15%增加 3 个百分点，很好
资源环境	㉒ 森林发展　森林覆盖率/%	20.36	21.66	23.04	[1.38]	约	木材蓄积量大约增加 14 亿 m³，"十二五"规划期间曾规划递增 6 亿 m³，而实际增加了 14 亿 m³。这是客观规律，不以人的意志为转移，应该作为"预期性"目标。"十三五"期间可能还会快一些——因为这些年的树龄在增加且稍有过熟林
	森林蓄积量/亿 m³	137	151	165	[14]	约	
	㉓ 空气质量　地级以上城市空气质量优良率		75.7	>80		约	可操作性较强，但有忽视中小城市之嫌，与新型城镇化中注重大中小城市协调发展不完全一致，可淡化"地市级"概念
	未达标地级以上城市 PM$_{2.5}$ 浓度下降				[18]	约	非常艰巨，需要多方面努力，特别是基层企业和广大居民的配合
	㉔ 地表水质量　达到或好于Ⅲ类水体比例		66	>70	[4]	约	首次使用，很有必要。地表水污染已经怵目惊心，与此同时要关注地下水超采和污染问题，因为这个问题很严峻，且更复杂、更难解决
	劣Ⅴ类水体比例		9.7	<5	[4.7]	约	
	㉕ 主要污染物排放减少　化学需氧量	[12.45]	[8]		[10]	约	延续使用，但可否用弹性指标，即强调要"大于"？
	氨氮		[8]		[10]	约	
	二氧化硫	[14.29]	[10]		[15]	约	
	氢氧化物		[10]		[15]	约	

a　1 亩≈666.67m²；

注：价值性指标，都换算成 2015 年的不变价；年段性数据，2010 年的是"十一五"期末，2015 年的是"十二五"期末；

[ ]中的数据是 5 年累计

"十三五"规划指标体系虽然有一些创新性，但大多比较可行。不过，也面临着诸多挑战，包括规划指标达成中的挑战、规划指标执行情况监测的困难、个别指标核算的技术障碍等。

（一）目标达成方面的可行性

30 多项规划指标，大部分指标都是可行的，因此从总体上说，"十三五"规划目标不仅科学、具有创新性，也很合理、可行。但也有的指标需要做很大努力才能实现。

1）R&D 占 GDP 比例指标，有压力，需努力

中国 R&D 经费支出占国内生产总值比重在"十五"期间和"十一五"期间均没有达到预期目标。2005 年只有 1.32%，低于 1.5% 的规划目标；2010 年是 1.75%，也低于 2% 的规划目标。"十二五"规划目标是要达到 2.2%，提高 0.45 个百分点，但 2015 年实际仅达到 2.1%，规划目标没有实现。"十三五"期间，要从 2.1% 提高到 2.5%，提高 0.4 个百分点，不能掉以轻心。

当今发达国家 R&D 经费支出比重平均水平为 2.3%，世界平均水平为 2.1%。我国此指标提高缓慢，达不到预期目标，主要是企业和社会资本进入研发领域较少，与日本的技术研发费用有 70% 是由民间企业自己支出相比[①]，我国的科技体制改革任重道远。

2）万人发明专利指标，有突破，需尽力

此项指标是"十二五"规划才纳入规划的指标。2010 年我国每万人发明专利 1.7 件，"十二五"规划目标是到 2015 年达到 3.3 件，实际达到了 6.3 件，大大超过了规划目标。现在"十三五"规划提出要在 2020 年达到每万人 12 件，差不多翻一番。虽然比"十二五"期间提高的比例差不多，但这是在高位上的翻番，难度不可小觑。

创新型国家每万人口发明专利拥有量指标都在 20 件以上，美国超过 30 件，韩国超过 70 件，日本超过 100 件。我国 2020 年的规划目标虽然提高较大，但仍距离建设创新型国家标准很远[②]，必须全力推进。

（二）规划执行中的技术性挑战

（1）规划纲要中，没有人口或人均 GDP 的指标。一般来说，人均 GDP 比 GDP 更重要。但要计算人均 GDP，就需要总人口和 GDP 两个指标。可能是全面放开二孩政策后，对人口的总量不好把握，"十三五"没有把这个指标放进来。这是非常遗憾的。

（2）居民可支配收入核算等也需要斟酌。按理说，这个问题应该已经解决了，但在规划指标表中却没有 2015 年的现实数据，说明对这个指标到底该如何核算还有待斟酌。笔者认为，直接用城镇人均可支配收入与农民人均纯收入进行加权是可以得到这个数据的，但这就涉及一个敏感而复杂的问题，即把农民人均纯收入与城镇人均可支配收入同等看待，是否合适？

（3）个别指标的性质方面也可斟酌，如木材蓄积量、人口预期寿命等，主要是客观规律决定的，短期内很难以人的意志为转移，作为"约束性"目标不一定合适。而"研发经费占 GDP 比例"这个指标，基于我国正在努力建设创新型国家的现实，特别是把创新发展

① 李红艳. 2011. R&D 经费支出占国内生产总值（GDP）比重. 数据，（8）：96.
② 陈劲，陈钰芬，王鹏飞. 2009. 国家创新能力的测度与比较研究. 技术经济，（8）：1-6.

作为此段时间最重要的发展规划，不但重要，而且必要，必须通过努力确保达到。因此，应该将此目标作为"约束性"目标。

（4）城镇化率方面分常住人口和户籍人口两个方面的指标，这有一定的现实性。但是，到 2020 年户籍人口与常住人口还差 15 个百分点则不是很理想。应该淡化户籍人口指标，甚至应该取消户籍人口制度。从数量的角度看，2010～2015 年城市化率提高了 9.6 个百分点，2015～2020 年再提高 3.9 个百分点，目标可能偏低了。当然，提高户籍人口的城镇化目标还是很艰巨的。

（三）指标体系与全面小康目标融合性问题

2020 年全面建成小康社会，这是中国共产党几代领导人绘就的梦想蓝图，"十三五"是全面建成小康社会的收官期，"十三五"规划目标也应该服从和服务于全面小康的目标。对比后文国家"十三五"规划目标和国家全面小康考核指标（表 5-3）可以看出，二者的差别还是明显的：全面小康社会监测指标是 23 个，"十三五"规划目标是 30 个，二者的相同或相似指标有 11 个，约占 40%，不同或相异的指标接近 60%。

二者相异的指标中，从全面小康指标中舍去了公民自身民主权利满意度、社会安全指数等指标，是合适的，因为这两个指标难以操作；而文化产业占 GDP 比重、服务业就业比重很有现实意义，特别是对于工业化进入中后期阶段、产业结构转型升级、创新驱动非常紧迫的大背景来说，保留二者可能是必要的。恩格尔系数、居民收入分配基尼系数、地区收入差距系数、城乡收入比等，也都有意义：①恩格尔系数确实是反映居民生活质量的很好指标，也是国际通用的指标，但在当前物价体系不完善的情况下，简单使用该指标很难说明问题。②居民收入分配基尼系数、地区收入差距系数、城乡收入比等分别从不同角度反映共享发展主题，但若全都保留，会使得规划的指标体系太烦琐。舍去这几项指标也罢。③相对增加的几项指标，包括环境保护、脱贫指标等，都是必要的。但也有个敏感的问题需要斟酌，即设立了地级以上城市空气质量指标，似乎有点"重城轻乡"、歧视小城市之嫌。

具体分析见表 4-5 最后一栏。

第四节　区域规划的实施

一、区域规划的法定地位：区域规划实施的制度保障

国外的区域规划一般都具有相应的立法体系保证规划的权威性和规划的实施，区域规划作为政府的任务同法律打交道是必要和很自然的。世界上许多国家都制定了一系列与区域规划有关的法规法律，如日本的《国土利用规划法》（1974 年）、《首都圈整备法》（1956 年），美国的《地区复兴法》（1961 年），德国的《联邦建设法》（1960 年）、《区域规划法》（1965 年），法国的《国土规划法》（1941 年），英国的《工业发展法》（1945 年）、《产业布局法》（1945 年）等。而我国在这方面基本还处于空白状态[①]。

市场经济体制改革决不意味着取消或削弱区域规划，反而对区域规划提出了新的更高要求，要求通过区域规划把市场调节与政府调节有机地结合起来，能动地发挥其在区域发

---

① 张京祥, 吴启焰. 2001. 试论新时期区域规划的编制与实施. 经济地理, （5）：513-517.

展中的宏观调控与管理作用。区域规划的综合整体性和战略开放性从根本上打破了原有计划经济体制中割裂的行政区利益原则和部门利益原则，从这个意义上说，将区域规划规范化、制度化、法定化，是计划经济改革的一个重要表现。必须加强空间立法，尽快确立区域规划的法定性，逐步建立、健全区域规划制度框架，加速区域规划制度的法制建设；确立区域规划应有的地位，确立区域规划制度，明确区域规划与其他规划（国土规划、土地利用规划、经济发展规划、城市建设规划等）、与地区产业结构调整和与区域政策间的关系；同时明确区域规划的编制范围、编制的组织机构与审批、实施与管理及相应的法律责任等。

二、区域规划的实施运行主体

L.芒福德曾经指出："如果区域发展想做的更好，就必须设立有法定资格的、有规划和投资权利的区域性权威机构"。P. Roberts 和 G. Lloyd 在总结过去区域规划失败的原因时，指出失误的首要原因就是缺乏具有区域管理和责任的固定体系。当然，随着社会经济背景的整体变化，区域规划的实施运行主体也相应发生了变化[①]。

在计划经济时代，区域规划的编制体系是与整个经济资源的分配、再生产体系相一致的，因而规划编制的主体与规划实施的主体是重合的。在相当长的一段时间内，区域规划被视为一种国家领导的、自上而下的活动，这也反映了适应于福特时代经济生产需求的区域规划管理体系的内在僵化。而今天规划的编制主体与实施主体都呈现出多元化的趋向，如果不能就此做出相应的调整，区域规划将流于形式。

20 世纪 60 年代以后，后工业社会的生产特征及全球化的进程，使得世界经济生产方式的空间性既强调跨越边界、区际差异，也强调控制和协调，作为一种源自经济发展领域的价值判断，它日渐表现在全球、国家与地区、区域、城市的生产及生活等各个层面，而更加促使西方国家重新探讨适应其民主政治传统与当今发展要求的管理制度模式。但是，由于信息、科技的发展及社会中各种正式、非正式力量的成长，人们如今所崇尚与追求的最佳管理模式往往不是集中的，而是多元、分散、网络型及多样性的，即"管治"（governance）的理念。与传统的以控制和命令手段为主、由国家权力机构纵向分配资源的治理方式不同，管治是通过多种集团的对话、协调、合作达到最大程度动员资源的目的，以补充单一政府调控模式的不足，最终达到"双赢"的综合社会治理方式。"管治"在区域规划中的重要反应，即在近 20 年来，西方国家区域管理奉行一条基本原则：以自下而上结构的兴起与用新生的区域合伙及代理方式逐步取代原有的单一中央集权的形式。

我国由于政治经济环境与西方国家有一定的差别，因而"区域管治"也将表现为具体不同的形式。但毫无疑问，必须建立和完善市场经济条件下区域规划的运行体系，切实加强区域规划实施的组织领导；逐级建立区域规划管理机构，加强宏观管理；建立区域规划的实施制度，综合运用行政、经济、法律、政策、技术等各种实施手段。同时，在区域规划过程中应建立广泛的社会参与，充分发挥区域规划的自下而上的力量，区域规划实施过程详见图 4-3。

---

① Roberts P, Lloyd G. 1999. Institutional aspects of regional planning, management and development: models and lessons from the Englishi expericence.Environment and Planning B: Planning and Design, 26(1)：43-51.

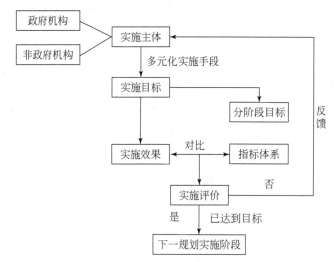

图 4-3　区域规划实施过程示意图

三、区域发展基金对区域规划实施的保障

区域规划的有效实施将使区域发展由内部发展单元割裂走向统一，从根本上找到解决区域资源最优化配置等问题的有效途径，使区域走上可持续发展的道路。财政、投资体制对区域规划的实施具有重要的影响。一方面，区域性项目投资主体多元化、项目建设地段化的特性，易产生事权与财权不相对应或利益分配上的矛盾，财政、投资与建设主体的不统一、不独立是区域规划实施的重要障碍；另一方面，在市场经济条件下，企业投资已成为地方经济发展的一大动力。促进企业跨行政区域、跨部门、跨行业投资、兼并、联营，可以增强企业在地区经济协调发展中的作用，有利于区域规划的有效实施，对区域规划制度改革会产生积极的作用。

根据世界其他国家、地区成功的经验，区域规划及其实施组织应享有对区域性环境整治或重大基础设施建设等的认可权及相应的资金分配权，对区域性金融贷款拥有倡议权等，使其具有一定的经济调控能力与投资管理能力，以实现区域整体利益的优先发展。

西欧国家普遍遵循一条"从社会政策角度加以控制的市场经济"道路，通过有关预算、税收、福利、基础设施及竞争等政策和立法，对社会和经济生活进行干预、指导和协调，并将其视为区域规划的实质。主管区域规划的国家部门，不仅拥有负责立法和制定政策的权力，还掌握部分资金，以便对各地区的发展进行引导协调。

四、区域规划实施的监督和调整

目前我国的区域规划还不是法定的规划，也没有规定的程序进行实施监督，实际上任何单位或个人都有权利监督区域规划的实施。一般情况下，区域规划只具有指导、参考意义，但对于其中的一些限制性、强迫性内容，还是有权威性和严肃性的。对于这些内容，在没有得到同级人民政府授权和人民代表大会批准的情况下，任何单位或个人不得对其做出实质性修改。对区域规划进行重大调整或修改，必须得到同级人民代表大会批准。要充分发挥区域人民代表大会的法律监督、政协的民主监督、新闻媒体的舆论监督作用，发挥广大公众的社会监督作用，确保区域规划的实施效果。

从"十一五"规划实施开始，我国在五年规划的中期开始进行中期检查，北京等地区还专门对此做出规定。中期检查很有必要，可为规划后期的调整提供依据，以避免区域在错误的方向上走得太远。

五、区域规划实施的管理

在市场经济体制环境中，区域规划是政府提出的资源空间配置方针，实施区域计划不能简单依靠指令性方式来进行人口、产业的布局，而是要采用法律、经济、行政、公众参与等综合方式及提高规划管理和科学性等手段，通过基础设施建设、提高生活环境质量、促进工业区形成等途径，大力采取引导的方式，使国土开发与区域建设能按规划所示的方向发展。

（一）法律手段

区域规划开展得较好的国家无一不以完备的法律为保障。国外一些国家大多制定有对区域规划的基本任务、组织、管理进行界定的基本法，作为编制区域规划和综合开发计划的依据，并在实施中制定相关的具体法律、法令及政策作为保障。从另一个意义上讲，一些区域综合规划本身就具有法律效力。德国依据基本法（相当于宪法）制定了《国土规划法》和《国土整治法》，联邦、州和管理区的规划是指导性规划，市县规划是指令性规划，这些规划经议会通过后，均具有一定的指导作用和法律效力。日本在 20 世纪 50 年代制定了《国土综合开发法》，该法具有国土开发基本法或组织法的特点。此外，日本还有包括地域开发、土地、水资源、交通、生活环境整备等关系法律的较为庞大、完备的国土法律体系。针对一些大城市发展地区，还制定了地区性的区域法规，如《首都圈整备法》《首都圈工业配置控制法》等。法国早期在实施领土整治计划中就制定了不少法令，《国土规划法》就是建设的基本法。1995 年，法国议会也通过了《领土整治与开发指导法》，包括制定全国性领土整治纲要、创建领土整治与开发全国委员会、设立新的行政区划试点、建立新的行业发展基金，极大地强化了国家财政补贴力度及对重点地区的倾斜政策。美国并没有明确的区域规划法，但《地区复兴法》《城市增长与社区发展法》等，也承担了一定的区域性管理权力。

（二）财政和经济手段

财政和经济手段，主要是通过政府的投资、经济补贴、基金、诱导资金、减免税收等方式，来保障区域规划实施的资金来源，这些手段往往也以法律和政策规定的形式出现。以德国为例，其财政政策中有关区域规划的内容主要如下。

（1）明确划分联邦、州、地方的事权和财权，《基本法》规定各级政府承担实现各自任务的支出。联邦政府承担建设和管理联邦基础设施、负责社会保障、进行跨区开发及全国性经济发展与调整等；各州政府主要负责州的公路和住房建设，改善农业结构、环境及科教文卫等事业；地方政府主要负责地方公路建设和公共交通事务、住宅与城市发展、城镇水电和能源供应、社会救济、文教体育保健等。

（2）实行横向和纵向的拨款，保证各州财政平衡。《基本法》规定，人均收入高的州通过横向拨款帮助人均收入低的州，联邦政府通过纵向拨款补助财政不足的州。

（3）国家投资政策，联邦政府财政预算中一直保持20%的社会基础设施投资。由于大部分的基础设施建设都是通过地方进行的，各州和地方的财政预算中政府投资高达80%以上。

（4）诱导资金和减免部分税率的办法。历年德国各级国土主管部门均掌握一部分对企业的补贴资金，用以引导企业按国土规划的要求进行建设。

（三）行政手段

1）区域规划实施管理机构

在这方面，不同国家的情况有很大差异，基本上可以划分为以下几种类型。

（1）强力健全型，典型的如20世纪90年代以前社会主义阵营中的匈牙利和资本主义制度下的日本。一般拥有自上而下的强有力的区域规划管理机构和明确的权力分配，上级规划对下级规划具有有力的指导或指令性。

（2）松散组合型，在实行高度自由市场经济的国家中采用，如美国，没有直接、明确的区域规划机构，联邦政府主要通过联邦基金的划拨来获取一定的支配管理权力。

（3）折中型，主要是实行"计划市场经济"的国家采用，如英国和法国。英国环境部是全国最高区域与城市规划机构，并在郡级、市级设置规划部门，负责组织和指导各层次的区域规划。20世纪80年代以后，英国的区域规划实施管理部门已经完成了由一元走向多元，从政府单一行为到私人部门、相关团体的广泛参与的巨大转变。法国区域与城市规划的管理分国家、大区、省和市镇四个层次，国家在大区和省设有分支机构，贯彻落实中央政府的法规和政策，指导和协调市镇的规划工作，同时负责征求地方当局和公众的意见，向有关市镇指令实施基础设施、公共和防灾工程等国家重点建设计划。

2）行政权力的行使方式

一般是通过审批、发放许可证、签订合同等，鼓励或限制某些地区、某些项目和企业的发展。例如，德国主要通过行使土地管理和审查权，限制和制止某些企业的建设和发展。日本政府的干预中虽然没有相应的制裁措施，但各省（厅）都拥有相应的审批权力及贷款、税收、补贴等奖励性政策。法国对巴黎的各项建设用地，只有不适合在外省搞的项目，经"外迁委员会"审核、发放许可证后，方可进入。

（四）社会手段

主要是采用公众参与和广泛的社会支持，以动员各种社会资源参与规划，保证与监督区域规划的实施。在这方面做的比较好的国家有德国、日本等。由于信息、科技的发展及社会中各种正式、非正式力量的成长，人们如今所崇尚与追求的最佳管理和控制往往不是集中的，而是多元、分散、网络性及多样性的。区域规划作为对未来时空范围内经济、社会、资源、人口、环境、科技等方面发展协调的总体战略和宏观调控手段，其传统带有很强指令性色彩的单一、纵向模式已越来越不适应新时代的要求，实施的难度也越来越大。发展一个公平、公开又具有竞争力的区域管理与协调系统就成为保障区域、城市可持续发展的迫切要求。因而，管治理念在区域规划编制与实施管理中的应用成为当今区域规划发展的必然[1]。

① 张京祥，芮富宏，崔功豪. 2002. 国外区域规划的编制与实施管理. 国外城市规划, (2):30-33.

复习思考题

1. 简述区域规划编制的基本程序。
2. 简述区域规划的新思维特点。
3. 简述区域规划评估的主要工作内容。
4. 请谈谈实践中如何进行区域规划的实施。

进一步阅读

方创琳. 2007. 区域规划与空间管治论. 北京：商务印书馆.

国家开发银行规划院. 2013. 科学发展规划的理论与实践. 北京：中国财政经济出版社.

孙久文，叶裕民. 2004. 区域经济规划. 北京：商务印书馆.

吴殿廷. 2016. 区域分析与规划教程. 2 版. 北京：北京师范大学出版社.

武延海. 2006. 中国近现代区域规划. 北京：清华大学出版社.

第五章　国内外区域开发与规划案例剖析

本章需要掌握的主要知识点是:

国外有哪些典型的区域规划实践经验可以借鉴?

国内有哪些成功的区域规划值得总结和学习?

未来一段时期我国的区域规划有什么特点和要求?

第一节　苏联的区域规划和生产地域综合体开发模式

苏联几十年来实行高度集中的计划经济,重视计划前期的研究和规划工作。全苏生产力发展和布局总方案中,包括以加盟共和国和经济区为单元的区域规划方案,而地域生产综合体是区域规划的重要内容。今后的方向是加强专项计划。

一、经济区和经济区划工作

苏联的经济区形成与发展历史较早,并以尽量不打破行政区划为原则来划分。1920 年制订的全俄电气化计划中,从动力原则出发,将俄国划分为八大经济区,以指导生产力的建设布局。1922 年又划为 21 个基本经济区,后来归并为 13 个,1963 年改为 18 个。1982 年将西北区一分为二后,调整为 19 个,并另附摩尔达维亚地区。

基本经济区的作用在于统计和分析经济发展情况,指导编制生产力发展和布局方案。基本经济区过去曾相应设有地区局或地区经济协调规划委员会机构,对计划的编制和实施有一定作用。但当时基本经济区不设管理机构,只有俄罗斯联邦共和国内 4 个最重要的经济发展区有国家计委的司局级特派员,有权提出生产力布局建议,其余基本经济区都只是名义上的,不做具体规划。

二、区 域 规 划

苏联的计划或规划主要以加盟共和国为单元而进行。在编制 1980～1990 年生产力发展与布局总方案时,包括 70 个部门规划和 15 个加盟共和国规划。

区域规划的内容是:①生产力布局现状分析;②综合估计自然资源和社会经济条件;③社会发展设想;④主要产品产量及生产专业化;⑤企业群与基础设施布局,发展生产综合体;⑥最佳效益的物质生产布局方案;⑦从全苏经济上评价本区域规划。

三、地域生产综合体建设

苏联地域生产综合体是按地区组织生产力的。这一概念早在 20 世纪 20 年代就已提出,从 1930 年决定组建乌拉尔-库兹巴斯煤炭和钢铁联合企业开始,到 50 年代和 60 年代开发西西伯利亚,70 年代沿贝阿铁路开发远东,都采用地域生产综合体的形式。

地域生产综合体由苏联科学院和各加盟共和国提出，经国家计委批准予以承认，规模较小的由加盟共和国决定。有些地方还搞州级的地域生产综合体，但国家不予承认。地域生产综合体是个模糊概念，是开发建设过程中计划本上的表现形式，一旦建成就交给部门或地方转入正常生产活动，生产综合体也就不存在了。因此，苏联有多少个地域生产综合体，国家计委也不很清楚。当时，国家计委承认的国家级地域生产综合体有 8 个。

地域生产综合体以开发自然资源为主要目标，配套建设基础设施、深度加工和社会服务业，形成具有全苏意义或地区意义的产品基地。每个地域生产综合体都有自己的专业化方向，并无统一的模式。

地域生产综合体在建设过程中要在国家计划上体现，建设周期一般为 15～20 年，与计划前期文件生产力发展与布局总方案相衔接，并通过 5 年计划具体实施。当时这 8 个地域生产综合体中，有 4 个列有综合发展计划指标，还有 4 个只列出基建投资指标。这些指标都按部门分列。这些地域生产综合体的建设，如果不是由国家统一规划部署配套建设，而由有关部门分头去搞，要花许多钱。建设地域生产综合体，明显地发展了生产力，又节约了投资，估计一般可节省投资 15%。

四、专　项　计　划

苏联 1980 年制定了专项计划的理论和方法。专项计划是指以下五个方面：①跨部门、多方向综合利用自然资源问题；②跨部门生产性基础设施发展问题；③一些时限较长跨两个 5 年计划的问题；④范围与行政区划不符的问题；⑤现行的管理方法不适用，要用新的办法代替的问题。

专项计划分全苏级和共和国级两种。按性质分为三类：新区开发、老区经济改造、形成和发展地域生产综合体等。

专项计划的内容包括：目的任务、计划期限、各部门及行业之间的联系、投资总额及部门指标、地区划分和实施计划的组织原则、管理方法等[①]。

第二节　美国田纳西河流域综合开发与规划

一、田纳西河流域开发背景和主要措施及成效

田纳西河位于美国东南部，是密西西比河的二级支流，干流长 1050km，流域面积为 10.6 万 km^2。发源于弗吉尼亚州，流经卡罗来纳、佐治亚、阿拉巴马、田纳西、肯塔基和密西西比六州，经俄亥俄河汇入密西西比河。流域上游地区为山区丘陵，中、下游地区为冲积平原，流域内降水量充沛，河流落差集中，蕴藏着丰富的水能资源和矿产资源。流域多年平均径流量为 $1850m^3/s$，历史上最小流量为 $127m^3/s$，最大流量为 $13400m^3/s$。一般年份降水分布除 7、8 月较少外，其他各月分布基本均匀。

流域内建有 49 座电站，总装机容量 28498MW，其中 11 座火电站，3 座核电站，29 座水电站，5 座燃气电站，1 座抽水蓄能电站。

田纳西流域的开发始于 20 世纪 30 年代。当时的美国正发生严重的经济危机，新任美

---

① 张万清，夏宪民. 1990. 苏联的区域规划和地域生产综合体. 宏观经济研究，（2）:80-86.

国总统罗斯福为摆脱经济危机的困境，决定实施"新政"。"新政"为扩大内需开展的公共基础设施建设，推动了美国历史上大规模的流域开发，田纳西流域被当作一个试点，即试图通过一种新的独特的管理模式，对其流域内的自然资源进行综合开发，达到振兴和发展区域经济的目的。当时的田纳西流域由于长期缺乏治理，森林遭破坏，水土流失严重，经常暴雨成灾，洪水为患，是美国最贫穷落后的地区之一，年人均收入仅 100 多美元，约为全国平均值的 45%。

为了对田纳西河流域内的自然资源进行全面的综合开发和管理，1933 年美国国会通过了《田纳西河流域管理局法》，成立田纳西河流域管理局（Tennessee Valley Authority，TVA）。经过多年的实践，田纳西河流域的开发和管理取得了辉煌的成就，从根本上改变了田纳西河流域落后的面貌，TVA 的管理也因此成为流域管理的一个独特和成功的范例而为世界所瞩目。

二、田纳西河流域开发的主要经验

一是授权明确，统一规划。这是田纳西河流域开发与治理取得成功的关键所在。经美国国会通过、总统批准，成立了 TVA，并明确授予其规划、开发、利用、保护流域内各种自然资源的广泛权利，包括防洪（由 TVA 在全流域设立若干监测站，通过数学模型分析各地雨量及水情，从而确定各坝的水位是否蓄洪等）、航运、水电、工农业用水、环境保护与自然生态建设与管理等。TVA 既是一个经济实体，又是联邦政府的一级组织机构；既有颁布流域管理行政法规的职能，又有对流域所有水资源统一调度的行政权力。TVA 成立之初，按照法案的要求，用了 3 年的时间对全流域进行统一规划，制定了流域开发建设的一系列具体方案，为田纳西河流域的长期发展打下了良好的基础。

二是把水资源的开发利用与流域经济的发展结合起来，实施综合开发。田纳西河流域在规划及规划的实施过程中，坚持流域开发带动流域经济发展，坚持生态环保建设的原则，注重在水资源开发利用的同时与流域内的生态建设、防洪、城市用水、工业布局、航运休闲旅游等紧密结合，带动地方经济和社会的快速发展，这也是美国政府当初建立 TVA 的初衷。通过 20 多年的努力，干流和支流上 49 座水坝的建成，既可控制洪水，又可疏浚航道，还可以生产大量廉价的电力，有力地促进了整个流域早期经济的发展。在 20 世纪 50 年代和 70 年代，水坝建设基本完成之后，根据当时经济发展的需求，适时地利用储量丰富的煤炭资源兴建大型火电厂并发展核电站为流域经济持续发展提供了可靠的能源保障，TVA 把电力生产、电网建设和销售结合起来，其售电价格仅为全国平均价格的一半，为田纳西河流域农村普及电气化奠定了基础。通过几十年的建设，田纳西河流域的经济结构发生了很大的变化，1933 年以前的田纳西河流域，经济落后，人民生活困难，主要以农、牧业为主，从业人数约占 60%，而制造业、商业和服务业的比例均较低。随着水能的开发和廉价电力的提供，生态环境、交通的改善，逐步形成了田纳西河工业走廊，农业所占比例大幅度下降。目前农业就业人数仅占 5%左右，这是农业生产条件改善后的必然结果。

三是注重环境保护，加强生态建设。由于认识的不断深化和社会各界对环境保护及生态建设的日益重视，以及流域开发治理工作的逐步推进，TVA 对生态建设和环境保护逐步给予了高度的重视：①与民间自然资源保护队合作，在荒山荒地造林，森林覆盖率大幅度提高。②加强对水利工程、库区沿岸河渠道周围的绿化美化。在田纳西河沿岸考察，可以看到两岸森林茂密，郁郁葱葱，风景如画。③加强对火电站的灰尘、二氧化硫污染的治理和水中缺氧问题的解决。④禁止砍伐森林和毁林垦荒，改过去用木材作燃料为用电代替[①]。

第三节　欧洲空间一体化规划

区域成员在多元利益目标导向下的自主行为被认为是制约区域协调发展的主要障碍，也是区域规划难以有效配置空间资源的关键问题。欧洲联盟（简称欧盟）制定出台的"欧洲空间一体化规划"，在充分尊重多个政策主体利益的前提下，以谈判协商为政策制定平台，利用多层级体系中治理为政策推行手段，采取伙伴式合作的政策行动，提供了一个在多中心的区域发展格局下制定和实施规划政策的成功案例。

欧洲空间发展规划（European spatial development per-spective，ESDP）是欧盟各国历时多年制定完成的空间一体化规划政策，是欧盟区域政策的重要组成部分，ESDP 无论是从其制定的方式还是到实施运行的机制，都充分体现了不同国家和地区之间运用规划手段，在实现共同利益的边界内，推进自身国家和地区发展的政策力量。

一、欧洲空间一体化规划的出台

欧洲联盟由欧洲共同体（简称欧共体）依据《欧洲联盟条约》（又称《马斯特里赫特条约》）演化而来的，是当今世界一体化程度最高的区域政治经济集团组织，现有 25 个成员国，4.5 亿居民，面积 323.5km^2。

实现一体化发展的重要目标就是消除不平衡发展，但欧盟内部的不平衡发展不仅存在于国家之间，并且突出呈现在空间上。在欧洲的中心，包括伦敦、巴黎、米兰、柏林在内的大都市地区，20%土地上集聚了欧盟 40%的人口、50%的 GDP。而在其他地区，包括德国、英国的一些地区在内，人均 GDP 仅有欧盟平均水平的 50%~60%。经济发展不平衡也引发了社会发展的不平等，像芬兰的失业率最低，仅为 5%，西班牙则高达 40%。为加强对区域空间发展的协调，欧盟在 1991 年成立了专项委员会——欧洲空间发展委员会（CSD），其任务是协调与欧盟空间政策有关的活动。在 1994 年空间发展委员会的第四次会议上，德、法等提出对欧洲空间发展应有一个共同的远景蓝图；在 1995 年 CSD 第五次会议上，制订欧洲空间发展规划的提议，获得了欧盟大多数国家认可。由此，正式开始了 ESDP 的制定。1997 年，欧洲空间发展委员会完成了 ESDP "报告草稿"，在 1999 年 5 月召开的波茨坦欧盟首脑会议上，ESDP 宣告达成。

二、共同的行动——欧洲空间发展规划（ESDP）

（一）"迈向空间一体化"的规划政策目标

消减各成员国家在经济社会发展的不平衡是共同体的长期目标，而环境资源问题的日趋严峻和社会发展的阶层分化又带来新的空间不平衡，这一系列超越国家边界的问题要得

---

① 王如松，李秀英. 2005. 美国田纳西河流域的开发与治理——农工党中央赴美考察团考察综述. 前进论坛，（5）：9-11.

到有效解决，就需要采取协调一致的行动。

ESDP 的目标是实现欧洲地域空间平衡和可持续的发展，政策的制定者希望通过实施欧洲空间发展战略，能够确保在欧盟所有的地区平等地实现欧洲三大基本政策：经济和社会的融合；保护和管理自然资源及文化遗产；提供欧洲地域范围内公平竞争的机会。因此，ESDP 的制定与实施被称为"迈向一体化欧洲的重要步骤"。

（二）制定政策的途径——多层次、多舞台的谈判协商

在欧盟的多层级体系中，"谈判和协商机制"是保障政策制定实现民主与效率的关键，通过采取谈判机制，把共同体利益和国别利益结合起来并落实到决策中。

1. 展开多层次、多舞台谈判

ESDP 的制定和决策，政策主体涉及超国家、国家和地区三个层面，因此，共同体、国家、地区和地方各不同政体之间的协商和谈判，构成了多层次介入的 ESDP 制定过程。

首先，在超国家的共同体层面，谈判和协商在负责区域事务的组织之间进行，有"委员会"（the Commission）、"部长理事会"（the Council of Minister）、"区域委员会"（Committee of Region）和"欧洲投资银行"（the European Investment Bank）等，这些共同体组织从不同的角度和领域对空间事务和政策产生影响。其次，在国家之间，有专门空间发展的欧洲空间发展委员会，委员会主席由各国轮流担当，其任务重点是协调国与国在空间规划政策制定中的关系；在各国内部，地区的权利和利益也在地方政府与国家政府之间的谈判中不断确立和明晰。

2. 谈判成为决策的方式

ESDP 政策的形成历时 6 年，在这样一个漫长的对话和协商过程中，不同的成员国得以在每一个环节充分发表意见，以体现自身的国别和地区利益，轮值主席制度也保证了不同区域国家的声音能够得到倾听。在 1997 年，首次完成了一份 ESDP"报告"，随后，针对这份报告，开始了在成员国和欧盟委员会之间艰苦的咨询程序，通过一系列跨国研讨会，各组织、各国对内容条款不断展开谈判协商，经过反复的修改和完善，最后形成了一个共同影响空间发展政策的文件（*EUREK-Forum*1999）。

（三）规划政策实施——多层级体系治理

欧盟是一个跨国家的区域，政治体系中没有统一的政府，其空间政策主体之多元、政策对象之交错、政策环境之复杂，超出任何国家或组织。

1. 强调建立多级、多方面的合作组织体系

有效的组织架构是实施政策的平台和运行框架，ESDP 在欧共体、跨国家和地区三个层面推行政策实施合作。其中，"水平合作"是指负责成员国事务的各国家官员、在每一个政策层面负责空间发展事务的官员之间的合作，而在欧共体、跨国家和地区及地方层面的组织之间合作被称为"垂直合作"。

2. 以跨国层面的合作为重点联动不同空间层面的政策实施

欧盟将 ESDP 的实施分解为三个政策空间层面：欧共体、跨国家和地区及地方，其中，跨国和地区是政策实施的核心层面，起着上承下接欧共体和地方两个层面的作用。跨国层面的合作行动主要有：首先，在西南部欧洲、中部西欧、北海、大西洋沿海地区等 7 个地

区成立跨国界"合作地区";其次,划分了两个由 4 个国家资助的食品缓冲和抗旱地区。另外,选定了 4 个共同执行跨国飞行行动计划的区域。经过一段时间的运行,这些跨国界区域的合作初见成效,全部实现了参与方之间的"共同决策"。

3. 重视边界地区的公共设施结构和网络的建设

不同国家的边界地区有着极其紧密的空间联系,地方政府通过共建、共享公共设施,开展基于 ESPD 的合作,是实现区域空间发展政策目标的关键行动。ESDP 强调以"同一源泉"为战略思想,通过一系列的跨边界行动建设共用的发展平台,这些行动包括:推进跨边界合作,重点建设区域有影响的核心城市;加大地区之间公共交通联系,建设区域性的交通网络;在生态敏感区实施协调一致的景观建设和环境保护政策,创建跨地区的生态综合区。以德国和荷兰边界的斯坎迪拉维亚地区为例,合作建立了共用的公共体系(公路、电信等),这些依托于空间发展战略建设的共享体系,充分显现了促进区域空间一体化发展的政策成效。

(四)贯穿伙伴关系原则的规划技术路线

ESDP 是一个非强制性的政策框架,其伙伴原则包括了地方和区域参与者合作实施区域规划的"纵向合作";跨边境合作规划;城市和乡村之间创造性的合作等。在 ESDP 中,依托技术路线设计建立各参与方的伙伴关系。

(1)强化地区层面的伙伴关系。ESDP 建议在地区层面,各地方管理者之间要在可持续的空间发展领域建立极为密切的合作关系。具体技术措施有:利用跨地区(国家)的公共汽车形成连接区域之间的交通系统;扶持一体化交通设施的建设;制定乡村定居点保护规划;建立可持续的景观发展战略;建设具有区域性和欧洲特点的景观生态系统;共同编制包含对水资源利用管理在内的土地规划;共同编制公共文化遗产的保护和利用规划等。

(2)在地方层面重视空间合作行动。对于单个的地方政府而言,与周边城市政府的合作是推进一体化的具体步骤。推进合作的规划政策措施包括:制定着眼于建设城市合作和城市网络的经济多元化发展共同战略;以实现城市可持续发展为共同规划目标,包括建立有利于减少区域不必要出行的交通模式等;以城乡伙伴关系为指导建构创造性的可持续的城市和周围区域的空间发展战略;制定保护城市遗产和提升城市建筑环境质量的项目规划等。

(五)ESDP 政策的监控与评价措施

1. 建立超国家层面的动态空间发展监控体系

作用于空间的政策因素较多,很难剔除其他政策因素来实现单一政策评价。ESDP 作为欧洲空间发展政策的第一步,需要为今后的空间政策搭建起平台,对政策实施进行监督和评价。

按照 ESPD 的条款,各成员需要定期提供数据给空间委员会,通过汇总各成员国大量可以比较和分析的数据来拓展共同体的信息平台,以分析和研究跨边界、跨国和全欧洲范围的趋势对空间发展所造成的影响。然后,通过在可比较的平台上交换实践中的空间规划信息,来观察和评价 ESPD 的政策目标和行动对空间发展的关联,并希望基于此建立恰当的评价标准和指标体系,为下一阶段细化和提升区域空间规划政策做准备。

2. 配合具有空间影响的区域政策共同运行,实现绩效奖励

在欧盟的区域政策中,以"结构基金""泛欧洲网络(TENs)""环境政策""普遍性农业政策"对空间的影响最大,它们都是以共同体的资金和项目援助为支撑,直接对空间发展形成影响。

各成员国家和地区通过实施 ESPD,将更容易获得欧盟的项目和资金支持,愿意实施区域合作的地区更容易受益于欧盟的区域政策。占欧盟年度开支 3/4 以上的"结构基金"就明确规定,基金的受益地区是以区域而不是以成员国的国土为单位的。以"泛欧洲网络"(TENs)为例,其交通发展支持重点在建设功能完善和可持续的交通体系,80%的交通体系建设投资用于完善交通管理体系、整合交通区位系统和交通流线系统,如修建跨国高速公路、铁路与公路的换乘枢纽等。

三、对我国区域规划的启示

欧盟在空间发展规划政策中所体现出来的多层级政治网络特点和非强制性政策性质,对研究和发展我国的区域政策、统筹区域发展极具借鉴意义。

(一)引入"治理"——突破区域政体限制的政策机制

缺失统一的政体一直被认为是制约区域政策有效实施的最大障碍,"治理"在公共事务管理中是指政府与民间、公共部门与私人部门之间的合作与互动,欧盟给出了在非政府组织框架下,运用治理力量实施公共政策的范例。在现行区划体制下引入治理的理念,在没有单一政府作为政策主体的前提下,全面动员政府、企业和社会的力量,将引导性和弹性的政策框架导入层级式的政策网络中,激发各级地方政府、企业及社会的力量,使其成为区域规划政策的复合主体,以社会、经济和环境可持续协调发展为目标,协调各行业、部门的利益,赋予区域成员公平的发展权利,合理利用各类空间资源,以期实现对经济和社会发展的合理布局。

(二)谈判和协商——搭筑规划政策制定的新平台

在我国的规划实践中,政府行为统揽了规划政策的全过程。作为公共政策的区域规划,需要回应区域成员的发展和竞争博弈,需要解决公共物品的外部性问题、遏制区域环境的恶化势头,在这样一个复杂的政策系统中,区域规划政策的拟定方式,要摒弃传统意义上的行业性界限,充分尊重地方参与政策的权利,激发企业和社会的力量,在区域规划政策制定中建立起谈判和协商平台。在纵向上,规划政策要尊重不同等级政府对空间资源的配置要求;在横向上,不仅产业、土地、交通、环境不同行业、部门的发展要求在空间资源配置上应该得到体现,企业和社会的意愿也需要得到尊重。

(三)网络式合作与协同——构建规划政策实施的新模式

区域管理是典型的多中心管理体制,纵横交错的众多政策相关者,要求集体的行动必须得到参与者的广泛支持才能成功,因此政策行动的协同是保障区域政策得以实现的前提。合作不仅发生在不同等级地方政府之间,也包括同一地域层级的政府、企业和社会之间,由此产生的是网络式的合作行动。我国区域规划政策的参与者,从纵向看既包括省(自治区、直辖市)一级政府,也包括地市级城市政府,还包括县级政府,还可能上延涉及国家级的不同行业管理部委，纵向间政府之间的协同从经济社会构成的角度看，不同层级地域上的地方政府、企业和社会组织及民众又构成了政策行动的横向主体，伙伴关系构成了横向政策实施机制。

区域政策体系的跟进——完善政策监督与激励机制对区域空间产生影响的政策源出多家，各项指导建设、产业发展、环境、土地和基础设施的规划和政策主体分属不同行业部门，在各级政府中，这些部门均处于平行关系的组织架构中，所提交的政策缺乏相关性和匹配度，政策目标也不尽相同，各为其主、各行其是是必然结果。

建立与区域规划相匹配的区域政策体系，是全面实现规划政策目标的保障，如区域产业发展政策、区域投资政策、区域环境政策、区域基础设施发展建设政策等，需要整个政策体系的协同运行才能充分实现统筹区域协调发展的战略目标。因此，在强化对"区域一体化"认同的基础上，加大对不同行业部门在区域政策制定中的协调力度，建立起制度化的政策协调行动，形成协同、互动的政策体系，建立政策监督与绩效奖励机制，区域空间发展政策才能真正推行、监控和激励。

（四）提高社会参与度——营造和谐的政策环境

欧盟是一个超国家的组织，常规的非政府组织和社会公民很难对共同体政策进行参与，在 ESDP 中同样体现了欧盟制度上的软肋，社会对区域空间政策的参与度很低。

共性的问题也存在于在我国的区域规划中，近年来推行的"规划公示"也只是一种事后的告示，单一的主体和参与机制的缺乏，使得企业与社会几乎没有任何的话语权。没有参与者对政策目标源头的认同，是不可能对政策实施采取自愿合作与协同行动的。在区域规划中建立起规划全过程的参与制度，是要给予区域成员和政策参与的企业及社会发言权，营建和谐的社会政策环境，以协商和谈判为方式，提供多层次、多元的参与平台，并据此开展合作的政策行动。

统筹区域发展是实现可持续发展的必由之路，借鉴欧盟在空间一体化发展规划上的经验，在我国现行行政区划体制下，充分发挥区域多元主体的作用，在区域规划政策过程中，以参与区域规划为前导，通过多级、多元的协商和谈判来制定政策，采取各层级政府与企业、社会协同合作的政策行动，最终实现高效地配置区域资源和社会福利最大化的区域空间规划政策目标[①]。

第四节　日本的六次国土规划

日本是世界上国土规划搞得最好的国家之一，不论是规划体系（尤其是相关法律体系）建设，还是规划实施效果，都堪称世界典范。日本根据不同发展阶段和世界局势变化主动调整国土规划的做法更值得我国学习。中国与日本的国土环境有一定的相似性，如人多地少、自然灾害频繁、东方文化等。中国学习日本非但必要，而且切实可行。

一、日本历次国土规划的简要评述

日本先后六次进行了全国国土综合开发规划，详见表 5-1。这些规划每次都有明确的目

---

① 谷海洪，诸大建. 2005. 欧洲空间一体化规划. 城乡建设，(11)：60-63.

标和针对目标的主要开发方式。

表 5-1　日本历次国土规划的学习和借鉴

序次	背景	目标	开发方式
1962 年，全国综合开发规划（全综）	经济发展进入高速增长；城市过大化问题，收入差距的扩大；收入倍增计划（太平洋带状地带构想）	地区间的均衡发展	据点开发构想：为了达到目标需要分散工业，使开发据点与东京等既有大集聚地相连接，通过交通通信设施使之有机地相互联络互相影响，同时，在充分发挥周边地区特性的同时，促进连锁性开发，实现地区间的均衡发展
1969 年，新全国综合开发规划（新全综）	高速经济增长；人口产业的大城市集中；信息化，国际化，技术的进展	创造丰富的环境	大型开发项目方式：通过整备新干线、高速道路等网络通道，推进大型开发项目，纠正国土利用的错误倾向，解决过密化、过疏化及地区差距问题
1977 年，第三次全国综合开发规划（三全综）	稳定的经济增长；人口产业出现向地方分散的迹象；国土资源、能量等的有限性突显	人类居住综合环境的整备	定居构想：在抑制人口和产业向大城市集中的同时，振兴地方，应对过密、过疏化问题，在努力谋求全国国土均衡利用的同时营造适合人类居住的综合环境
1987 年，第四次全国综合开发计划（四全综）	人口及各种功能的东京一级集中；由产业构造的激素变化等而引起的地方圈雇佣问题的严重化；真正意义上的国际化的进展	多极分散型国土的构建	交流网络构想：为了构建多极分散型国土，在充分发挥地区特性的同时，通过创意和努力推进地区整备；在国家或国家指导方针的指引下，在全国推进骨干交通、信息、通信体系的整备；通过国家、地方、民间土体的多方合作形成多样的交流机会
1998 年，21 世纪的国土宏伟计划（五全综）	地球时代（地球环境问题、大竞争、与亚洲各国的交流）；人口减少，老龄化时代、高度信息化时代	多极型国土结构形成的基础建设	参与和协作——通过多样主体的参加和地区联合构建国土（四个战略）；多自然居住区域的创造；革新大城市；地区协作轴；广域国际交流圈
2007 年，新国土规划（六全综）	日本国际竞争力排名下降；边远地区过疏、区域差距大的问题仍没有得到根本改变	缩小全国地区差距，打造新国土轴	从注重"开发"到强调"形成"；以人为本建设宜居环境；设立国土审议会，强调规划的协议式、协商式与参与性结合；更重视东亚的背景、重视可持续发展、重视柔性国土

资料来源：吴殿廷，刘睿文，吴铮争，等. 2009. 日本新国土规划考察和辽宁省新一轮国土规划的初步设计. 地理研究，28(3): 761-770.

　　第一次国土规划的基本目标是促进地区间的均衡发展，是以"开发"为基调的、以量的扩大为目标的规划。所采取的开发方式为据点式开发。这种开发方式适合于区域开发的早期阶段（对日本是第二次世界大战后恢复时期）。对我国西部大开发，尤其是新疆、青海、西藏的开发有借鉴意义。

　　第二次国土规划的基本目标是创造丰富的环境，采取的开发方式是大型开发项目带动，主要是基础设施项目，如通过整备新干线、高速道路等网络通道带动，其实质是点轴式开发。这种开发方式适合于经济起飞阶段，我国在 20 世纪后期采取的就是这种方式，辽宁新国土规划研究中所提出的"弓箭型开发"①模式就是点轴开发模式。

第三次国土开发的主要目标是人类居住综合环境的整备，所采取的开发方式是建设定居圈，从空间战略看属于都市圈开发模式。

第四次国土规划的基本目标是多极分散型国土的构建，采取的主要措施是打造交流网络，属于网络式开发模式。

第五次国土规划的基本目标是形成多极型国土结构，采取的开发方式是四大战略（革新大城市、建设多自然居住区域、建设地区协作轴、打造广域国际交流圈）等，这类似于网络式开发模式。

二、日本新国土规划的特点

日本前五次国土规划都取得了显著的成效，加上其他方面的努力，使日本成为世界上第二大经济实体、人与自然非常和谐的国度。但也存在一定的问题，如人口过度向东京集聚的态势仍未扭转、社区逐渐崩溃等。为此，日本正在推进新一轮国土规划（新一轮国土规划称作"国土形成规划"），努力建设安全、安心、安定的国土和国民生活的未来面貌。

日本国土形成规划的主要精神是：以国土的自然条件为基础，综合考虑经济、社会、文化等相关政策，推进国土的综合利用、开发和保全；建设地域经济社会独立发展、国际竞争力提高及科学技术振兴的有活力的经济社会，建造对人民生活稳定安全及地球环境得以保全做出贡献的优越环境，使国家的自然、经济、社会及文化等条件不断提高。其主要目标是缩小全国各地区之间经济发展水平和生活条件的差距，加强落后地区与农村地区的基础实施建设，制定法律，以优惠条件鼓励、扶持地方发展；设立国土审议会，调查审议与国土形成规划及其实施有关的必要事项。国土形成规划的制定，须预先根据国土交通省法令，征求国民的意见，同时与环境及其他相关行政机构协商，听取都道府县及指定城市的意见，且必须通过国土审议会的调查审议。重视广域地方规划，包括首都圈、近畿圈、中部圈等。

日本新国土规划有三个特点：从注重"开发"到强调"形成"；以人为本；协议式、协商式与参与性结合。

三、日本新国土规划对中国区域规划的启示

考察日本前后六次国土规划的视角、目标和所采取的措施，可以得到如下几点启示：①关注的重点领域逐渐从"国土的开发和保护"过渡到"国土的形成和保育"；②追求的目标逐渐从重视"物质财富"过渡到"人的发展"；③所采取的空间开发模式从"增长极开发模式""点轴式开发模式"转变到"网络式开发模式"；④考虑问题的视角从国内各地区的发展过渡到地区之间的协调发展，进一步扩展到与东亚、与世界的融合和竞争；⑤规划的过程从封闭、半封闭逐渐过渡到社会的广泛参与；⑥先立法指导规划，然后在规划及其实施过程中逐渐完善法律②。

---

① 即以大连为龙头，以沈阳为中心，依托沈大产业带、城市带和京沈（辽宁段）—沈丹交通带，开发"五点一线"，大力发展外向型经济，扩大对海外和对山东半岛、长三角、珠三角的联系。

② 吴殿廷，刘睿文，吴铮争，等. 2009. 日本新国土规划考察和辽宁省新一轮国土规划的初步设计. 地理研究，28（3）：761-770.

第五节　我国的跨区域规划——以长江三角洲区域规划为例

一、上下互动的区域规划悄然兴起

与全国一样,我国各级行政区域(县市及以上更是如此)每隔五年就要编制一次系统性的区域规划(以前叫五年计划)。这些规划,与国家的规划体例差不多,除了外交、国防外,都与全国的规划保持高度的相似性和一致性,体现了我国自上而下编制规划的中央集权特点,也说明地方的规划缺乏针对性和特色。

"十一五"开始,我国的区域规划出现了上下互动的局面,从 2006 年天津滨海新区被定位为国家级规划区域开始,国家级规划区域的批复数量越来越多,而且批复速度呈逐渐加快的态势,2006~2008 年,我国国家级区域规划的出台还是比较平稳的,但到 2009 年,受国际金融危机影响,我国实施"1+2"战略,即 4 万亿投资与"十大产业振兴规划"和新一轮区域振兴规划。在此背景下,2009 年一年就出台了 11 个区域规划或指导意见。这是国家从全盘角度考虑的结果:一是要延续区域规划批复态势,因为在当前国内区域间竞争越来越激烈的情况下,国家为平衡政策制度造成的发展不均衡,使更广大区域享受到政策先行先试权,必须要继续批复原有国家级规划区域周边的区域规划,如沈阳经济区的批复,重庆两江新区之于天津、上海两个直辖市的新区;二是为国家"十二五"期间乃至 2020 年的战略布局打下良好基础,这又分为两个层次,对后发区域,要给予一定政策倾斜,促使它们经济社会进一步发展,缩小我国区域发展间的差距,如皖江城市带作为产业转移示范区,就是要发挥其要素价格低的优势积极承接东部地区的过剩与相对落后产业,第二个层次是国家希望先进区域继续引领全国经济发展、社会领域改革,如长江三角洲区域(简称长三角区域)。综上,可总结出我国区域规划是基于三种考虑:实现区域与周边区域平衡、带动后进区域发展、促进先进区域进一步发展。

二、长三角区域规划概览

长江三角洲区域是我国综合实力最强的区域,在社会主义现代化建设全局中具有重要的战略地位和突出的带动作用。改革开放以来,长三角区域锐意改革、开拓创新,实现了经济社会发展的历史性跨越,已经成为提升国家综合实力和国际竞争力、带动全国经济又好又快发展的重要引擎。当前,长三角区域处于转型升级的关键时期,从实施国家区域发展总体战略和应对国际金融危机出发,必须进一步增强综合竞争力和可持续发展能力。为实现长三角区域又好又快发展,带动长江流域乃至全国全面协调可持续发展,依据《国务院关于进一步推进长江三角洲地区改革开放和经济社会发展的指导意见》,制定该规划。

该规划的范围包括上海市、江苏省和浙江省,区域面积为 21.07 万 km^2。规划以上海市和江苏省的南京、苏州、无锡、常州、镇江、扬州、泰州、南通,浙江省的杭州、宁波、湖州、嘉兴、绍兴、舟山、台州 16 个城市为核心区,统筹两省一市发展,辐射泛长三角地区。规划期为 2009~2015 年,展望到 2020 年。

该规划是指导长三角区域未来一个时期发展改革的纲领性文件和编制相关规划的依据。

（一）战略定位与发展目标

1. 指导思想

高举中国特色社会主义伟大旗帜，以邓小平理论和"三个代表"重要思想为指导，深入贯彻落实科学发展观，进一步解放思想，坚持改革开放，着力推进经济结构战略性调整，着力增强自主创新能力，着力促进城乡区域协调发展，着力提高资源节约和环境保护水平，着力促进社会和谐，在科学发展、和谐发展、率先发展、一体化发展方面走在全国前列，努力建设成为实践科学发展观的示范区、改革创新的引领区、现代化建设的先行区、国际化发展的先导区，为我国全面建设小康社会和实现现代化做出更大贡献。

2. 战略定位

亚太地区重要的国际门户。围绕上海国际经济、金融、贸易和航运中心建设，打造在亚太乃至全球有重要影响力的国际金融服务体系、国际商务服务体系、国际物流网络体系，提高开放型经济水平，在我国参与全球合作与对外交流中发挥主体作用。

全球重要的现代服务业和先进制造业中心。围绕培育区域性综合服务功能，加快发展金融、物流、信息、研发等面向生产的服务业，努力形成以服务业为主的产业结构，建设一批主体功能突出、辐射带动能力强的现代服务业集聚区。加快区域创新体系建设，大力提升自主创新能力，发展循环经济，促进产业升级，提升制造业的层次和水平，打造若干规模和水平居国际前列的先进制造产业集群。

具有较强国际竞争力的世界级城市群。发挥上海的龙头作用，努力提升南京、苏州、无锡、杭州、宁波等区域性中心城市国际化水平，走新型城市化道路，全面加快现代化、一体化进程，形成以特大城市与大城市为主体，中小城市和小城镇共同发展的网络化城镇体系，成为我国最具活力和国际竞争力的世界级城市群。

3. 发展目标

当前和今后一段时间，必须准确把握国际国内经济形势，坚定信心，齐心协力，携手应对国际金融危机带来的挑战，认真落实中央加强和改善宏观调控的各项政策措施，把扩大内需与经济增长、社会建设、民生改善和提高开放水平结合起来，加快转变发展方式，为促进全国经济平稳较快发展发挥更大作用。

到 2015 年，率先实现全面建设小康社会的目标。服务业比重进一步提高，产业结构明显优化；创新能力显著增强，科技进步对经济增长的贡献率大幅提升；区域分工和产业布局趋于合理，对外开放水平明显提高；单位地区生产总值能耗进一步降低，主要污染物排放总量得到有效控制；社会保障体系覆盖城乡，公共服务能力显著增强；城乡居民人均收入进一步提高，人民生活明显改善。人均地区生产总值达到 82000 元（核心区 100000 元），服务业比重达到 48%（核心区 50%），城镇化水平达到 67%（核心区 70%左右），研发经费支出占地区生产总值比重达到 2.5%（核心区 3%）。

到 2020 年，力争率先基本实现现代化。形成以服务业为主的产业结构，三次产业协调发展；在重要领域科技创新接近或达到世界先进水平，对经济发展的引领和支撑作用显著增强；区域内部发展更加协调，形成分工合理、各具特色的空间格局；生态环境明显改善，单位地区生产总值能耗接近或达到世界先进水平，形成人与自然和谐相处的良好局面；社会保障水平进一步提高，实现基本公共服务均等化；人民生活更加富裕，生活质量显著提高。人均地区生产总值达到 110000 元（核心区 130000 元），服务业比重达到 53%（核心区

55%)，城镇化水平达到 72%（核心区 75% 左右）。

（二）空间布局与协调发展

按照优化开发区域的总体要求，统筹区域发展空间布局，形成以上海为核心，沿沪宁和沪杭甬线、沿江、沿湾、沿海、沿宁（南京）湖（湖州）杭（杭州）线、沿湖、沿东陇海线、沿运河、沿温（温州）丽（丽水）金（金华）衢（衢州）线为发展带的"一核九带"空间格局，推动区域协调发展。

1. 优化总体布局

以上海为发展核心。优化提升上海核心城市的功能，充分发挥国际经济、金融、贸易、航运中心作用，大力发展现代服务业和先进制造业，加快形成以服务业为主的产业结构，进一步增强创新能力，促进区域整体优势的发挥和国际竞争力的提升。

沪宁和沪杭甬沿线发展带。包括沪宁、沪杭甬交通沿线的市县。优化城市功能，提升创新能力，严格控制环境污染重、资源消耗大的产业发展，保护开敞生态空间，改善环境质量，建成高技术产业带和现代服务业密集带，形成国际化水平较高的城镇集聚带，服务长三角地区乃至全国发展。

沿江发展带。包括长江沿岸市县。充分发挥黄金水道的优势及沿江交通通道的作用，合理推进岸线开发和港口建设，引导装备制造、化工、冶金、物流等产业适度集聚，加快城镇发展，注重水环境保护与生态建设，建成特色鲜明、布局合理、生态良好的基础产业发展带和城镇集聚带，成为长江产业带的核心组成部分，辐射皖江城市带，并向长江中上游延伸。

沿湾发展带。包括环杭州湾的市县。依托现有产业基础和港口条件，积极发展高技术、高附加值的制造业和重化工业，建设若干现代化新城区，注重区域环境综合治理，建成分工明确、布局合理、功能协调的先进制造业密集带和城镇集聚带，带动长三角南部地区的全面发展。

沿海发展带。包括沿海市县。依托临海港口，培育和发展临港产业，建设港口物流、重化工和能源基地，带动城镇发展，合理保护和开发海洋资源，形成与生态保护相协调的新兴临港产业和海洋经济发展带，辐射带动苏北、浙西南地区经济发展。

宁湖杭沿线发展带。包括宁湖杭交通沿线的市县。充分考虑资源环境容量和生态保护要求，重点发展高技术、轻纺家电、旅游休闲、现代物流、生态农业等产业，积极培育城镇集聚区，形成生态产业集聚、城镇发展有序的新型发展带，拓展长三角地区向中西部地区辐射带动的范围。

沿湖发展带。包括环太湖地区。坚持生态优先原则，以保护太湖及其沿岸生态环境为前提，严格控制土地开发规模和强度，优化产业布局，适度发展旅游观光、休闲度假、会展、研发等服务业和特色生态农业，成为全国重要的旅游休闲带、区域会展中心和研发基地。

沿东陇海线发展带。包括东陇海沿线的市县。大力发展劳动密集型产业，积极发展对外贸易，建设资源加工产业基地，成为振兴苏北、带动我国陇海兰新沿线地区经济发展的重要区域。

沿运河发展带。包括运河沿岸市县。依托人文底蕴深厚、生态环境良好的优势，大力发展旅游休闲、文化创意等服务业，积极发展生态产业，改善人居环境，成为独具特色的运河文化生态产业走廊。

沿温丽金衢线发展带。包括温州—丽水—金华—衢州高速公路沿线的市县。发挥毗邻海峡西岸经济区、生态环境良好、民营经济发达的优势，重点发展日用商品、汽车机电制造和商贸物流业，大力发展生态农业，建设浙中城市群，成为连接长三角地区和海峡西岸经济区的纽带。

2. 推动区域协调发展

加快核心区发展。以上海为龙头，南京、杭州为两翼，增强高端要素集聚和综合服务功能，提高自主创新能力和城市核心竞争力。核心区其他城市要抓住上海优先发展现代服务业和先进制造业的机遇，协同推进产业升级、技术创新和集约发展，增强现代产业和人口集聚能力。推动城市之间的融合，加快形成世界级城市群。

促进苏北、浙西南地区发展。充分利用苏北地区的土地、劳动力和能源资源优势，建立长三角地区优质农产品、能源、先进制造业基地和承接劳动密集型产业转移基地。充分利用浙西南地区民营经济发达的优势和山区资源条件，建设长三角地区先进制造业基地、绿色农产品基地和生态休闲旅游目的地。加快连云港、盐城、温州等发展潜力较大地区的发展，形成新的经济增长点，带动江苏沿海、东陇海沿线和浙江温台沿海、金衢丽高速公路沿线地区发展。依托上海设在盐城的三个农场，建设承接上海产业转移基地。强化核心区与苏北、浙西南地区基础设施的共建共享，延伸城际轨道交通和高速公路，加强上海港与南北两翼港口的合作共建，充分发挥核心区的辐射服务与产业链延伸功能，促进区域共同发展。

（三）城镇发展与城乡统筹

坚持走新型城镇化道路，增强城市功能，构建完备的城镇体系，推进城乡一体化发展，建设具有较强国际竞争力的世界级城市群。

1. 完善和提升各类城市功能

提升上海核心地位。进一步强化上海国际大都市的综合服务功能，充分发挥服务全国、联系亚太、面向世界的作用，进一步增强高端服务功能，建成具有国际影响力和竞争力的大都市。加大自主创新投入，形成一批国际竞争力较强的产业创新基地和科技研发中心，发挥自主创新示范引领作用，带动长三角地区率先建成创新型区域。充分发挥上海浦东新区作为国家综合配套改革试验区的带动作用，率先形成更具活力、更加开放的发展环境。依托虹桥综合交通枢纽，构建面向长三角、服务全国的商务中心。优化功能分工，中心城区重点发展现代服务业，郊区重点建设先进制造业、高技术产业和现代农业基地，积极发展生产性服务业，形成合理的产业布局，带动产业转型与升级。

嘉定新城：依托沪宁高速等交通网络，重点发展以汽车产业为依托的现代服务业，建设集科研教育、运动休闲、生活居住、商业贸易、文化娱乐、旅游度假和都市工业等功能于一体的现代化城区。松江新城：依托沪杭高速等交通网络，以高技术产业为支撑、现代服务业为导向，建设长三角地区重要的高等教育基地、适宜居住的生态园林城区、具有历史文化底蕴的旅游城区。临港新城：依托集装箱国际深水枢纽港、国际航空枢纽港，建设以现代装备制造为核心的重要产业基地、具有海港特色的旅游目的地和综合型滨海新城。

完善区域性中心城市功能。进一步提升南京、杭州等区域性中心城市的综合承载能力和服务功能，错位发展，扩大辐射半径，带动区域整体发展。

——南京。发挥沿江港口、历史文化和科教人才资源优势，建设先进制造业基地、现代服务业基地和长江航运物流中心、科技创新中心。加快南京都市圈建设，促进皖江城市带发展，成为长三角辐射带动中西部地区发展的重要门户。

——苏州。发挥区位、产业和人文优势，进一步强化与上海的紧密对接，建设高技术产业基地、现代服务业基地和创新型城市、历史文化名城和旅游胜地。

——无锡。充分发挥产业、山水旅游资源优势，建设国际先进制造业基地、服务外包与创意设计基地和区域性商贸物流中心、职业教育中心、旅游度假中心。

——杭州。充分发挥科技优势和历史文化、山水旅游资源，建设高技术产业基地和国际重要的旅游休闲中心、全国文化创意中心、电子商务中心、区域性金融服务中心。建设杭州都市圈。

——宁波。发挥产业和沿海港口资源优势，推动宁波-舟山港一体化发展，建设先进制造业基地、现代物流基地和国际港口城市。

增强其他重要城市实力。按照区域总体布局的要求，充分发挥自身优势，形成特色鲜明、功能互补、具有竞争力的核心区城市。常州：发挥产业和科教优势，建设以装备制造、新能源、新材料为主的先进制造业基地和重要的创新型城市。镇江：依托长江港口和山水旅游、历史文化资源优势，建设以装备制造、精细化工、新材料、新能源、电子信息为主的先进制造业基地、区域物流中心和旅游文化名城。扬州：发挥历史文化和产业优势，建设以电子、装备制造、新材料、新能源为主的先进制造业基地和生态人文宜居城市。泰州：发挥滨江优势，建设以医药、机电、造船、化工、新材料、新能源为主的先进制造业基地，成为长江南北联动发展的枢纽、滨江生态宜居旅游城市。南通：发挥滨江临海优势，建设以海洋装备、精细化工为主的先进制造业基地和综合性物流加工基地，建设江海交汇的现代化国际港口城市。湖州：发挥临湖和生态优势，建设高技术产业引领的先进制造业基地和文化创意、旅游休闲城市，成为连接中部地区的重要节点城市。嘉兴：发挥临沪和沿湾优势，建设高技术产业、临港产业和商贸物流基地，成为运河沿岸重要的港口城市。绍兴：发挥传统文化和产业优势，建设以新型纺织、生物医药为主的先进制造业基地和国际文化旅游城市。舟山：发挥海洋和港口资源优势，建设以临港工业、港口物流、海洋渔业等为重点的海洋产业发展基地，与上海、宁波等城市相关功能配套的沿海港口城市。台州：发挥民营经济发达的优势，建设以汽摩、船舶、医药、石化为主的先进制造业基地，成为民营经济创新示范区。

依托核心区，引导苏北、浙西南地区产业和人口有序集聚，加快城市发展。连云港：建设综合性交通枢纽、以重化工为主的临港产业基地和国际性海港城市。徐州：建设以工程机械为主的装备制造业基地、能源工业基地、现代农业基地和商贸物流中心、旅游中心，成为淮海经济区的中心城市。盐城：建设先进制造业基地、能源基地和现代农业示范区、重要生态湿地旅游目的地，成为沿海地区现代工商城市。淮安：建设区域性交通枢纽、商贸物流中心、先进制造业基地和历史文化旅游目的地。宿迁：建设新兴工业和商贸基地、绿色生态和创新创业城市。温州：建设以装备制造为主的先进制造业基地、商贸物流为主的现代服务业基地、国家重要枢纽港和民营经济创新示范区，成为连接海峡西岸经济区的重要节点城市。金华：建设国际商贸物流中心和高技术产业基地，加快以金华-义乌为核心的浙中城市群发展。衢州：重点发展装备制造、新材料、职业教育、商贸物流、文化旅游，建设省际重要节点城市。丽水：建设绿色农产品基地、特色制造业基地和生态文化休闲旅游目的地，建成浙西南重要的区域性中心城市。

鼓励发展中小城镇。依托现有中小城市和重点中心镇，建设网络化的城镇体系。发挥各自比较优势，大力发展县域经济，突出发展特色，增强县域经济实力。着重发展一批经济实力雄厚、竞争力较强、发展空间较大的县（市），努力提高发展层次和质量，促进产业结构优化和空间集约利用。依托现有产业基础，重点培育一批工贸型小城镇。依托机场、港口、铁路和高速公路，发展一批交通节点型小城镇。依托独特的自然和人文资源，打造若干国内外知名度较高的旅游型小城镇。促进重点中心镇发展，将有条件的重点中心镇培育成为小城市。

2. 优化城镇人口布局

引导人口合理分布。科学编制和实施人口分布规划，引导和鼓励人口向沿江、沿湾、沿海及主要交通沿线、资源环境承载能力强的重点城镇转移，适度提高人口集聚度。创新流动人口服务管理体制，完善常住人口调控管理制度，引导人口有序流动。合理控制沪宁和沪杭甬沿线特大城市人口增长，积极引导重点生态保护区的人口逐步向外迁移。

调控城镇人口规模。上海市中心城常住人口控制在 1000 万以内，嘉定、松江和临港三个新城常住人口规模发展到 80 万～100 万。南京、杭州市区常住人口不超过 700 万，苏州、无锡、常州、徐州、宁波、温州等城市市区常住人口规模不超过 400 万，镇江、扬州、泰州、南通、连云港、盐城、淮安、湖州、嘉兴、绍兴、台州、金华、衢州等城市市区常住人口规模发展到 100 万～200 万，宿迁、舟山、丽水等城市市区及一批基础较好、潜力较大的县级市发展成为 50 万～100 万人口的城市，适度扩大小城镇人口规模，形成大、中、小城市和小城镇协调发展的城镇格局。

3. 推进城乡一体化

提高城乡规划水平。切实加强城乡规划管理，加快城乡一体化建设，创造人与自然和谐发展的宜居环境。加强城乡规划与土地利用总体规划及各级各类区域规划、专项规划的相互衔接。加强分类指导，合理划定功能分区，优化城乡建设空间布局，做好村庄建设规划，严格控制新增建设用地规模，促进城乡集约发展。

统筹城乡基础设施建设。推动城市基础设施向农村延伸，提高城乡基础设施一体化水平。统筹建设城乡供排水、供气、供电、通信、垃圾污水处理和区域性防洪排涝、治污工程等重大基础设施。加快实施农村饮水安全工程，加强中小河流治理及湖泊河网水环境整治，保障农村饮用水安全。加快建成覆盖城乡、方便快捷的公交客运网络和现代商贸物流网络。实施农村清洁工程，改善农村卫生条件和人居环境。

促进城乡基本公共服务均等化。建立和完善基本公共服务均等化的保障机制，把社会事业建设重点转向农村，统筹城乡教育、卫生、文化、就业和社会保障发展，优化公共资源在城乡之间的配置，提升农村公共事业建设的财政保障水平，率先实现城乡基本公共服务均等化。

（四）产业发展与布局

推进产业结构优化升级，加快发展现代服务业，推进信息化与工业化融合，培育一批具有国际竞争力的世界级企业和品牌，建设全球重要的现代服务业中心和先进制造业基地。

1. 优先发展现代服务业

面向生产的服务业。推进上海国际航运中心建设，依托区域综合交通运输网络，大力发展现代物流业。推进上海国际金融中心建设，进一步健全金融市场体系，加快金融产品、服务、管理和组织机构创新，促进金融业发展。扶持和培育工业设计、节能服务、战略咨询、成果转化等技术创新型服务企业，大力发展科技服务业。规范发展法律咨询、会计审计、工程咨询、认证认可、信用评估、广告会展等商务服务业。整合建立区域内综合性的软件和信息服务公共技术平台，培育创新型特色化的软件服务和信息服务企业，积极发展增值电信业务、软件服务、计算机信息系统集成和互联网产业，大力发展服务外包产业。

面向民生的服务业。立足历史人文、山水风情、江南风貌、江海风光、现代都市等特色旅游资源，大力发展旅游业，进一步拓展市场、整合资源，建设世界一流水平的旅游目的地。加快发展广播影视、新闻出版、邮政、电信、商贸、文化、体育和休闲娱乐等服务业。运用信息技术和现代经营方式改造提升传统商贸业，加快现代商贸业发展。积极扶持文化科技、音乐制作、艺术创作、动漫游戏等文化创意产业发展。

上海重点发展金融、航运等服务业，成为服务全国、面向国际的现代服务业中心。南京重点发展现代物流、科技、文化旅游等服务业，成为长三角地区北翼的现代服务业中心。杭州重点发展文化创意、旅游休闲、电子商务等服务业，成为长三角地区南翼的现代服务业中心。苏州重点发展现代物流、科技服务、商务会展、旅游休闲等服务业；无锡重点发展创意设计、服务外包等服务业；宁波重点发展现代物流、商务会展等服务业。苏北和浙西南地区主要城市在改造提升传统服务业的基础上，加快建设各具特色的现代服务业集聚区。

2. 做强做优先进制造业

电子信息产业。按照立足优势、加快研发、强化协作、促进集群的原则，加快建设世界级电子信息产业基地。发挥区域在电子信息研发、设计、制造及服务方面的综合优势，加快拥有自主知识产权的核心技术研发，促进集成电路、软件、新型平板显示器件、激光显示关键材料与器件、新型电子元器件、电子专用设备仪器制造等产业发展。加强区域产业协作配套能力和分工体系建设，努力打造自主品牌。以国家电子信息产业基地或产业园为依托，打造通信、计算机及网络、数字音视频等产业集群。

以上海、南京、杭州为中心，沿沪宁、沪杭甬线集中布局。沿沪宁线重点发展具有自主知识产权的通信、软件、计算机、微电子、光电子类产品制造，形成以上海、南京、苏州、无锡为主的研发设计与生产中心，以常州、镇江等为主要生产基地的电子信息产业带；沿沪杭甬线以上海、杭州、宁波为研发设计与生产中心，整合嘉兴、湖州、绍兴、台州等地的相关产业，构建国内重要的软件、通信、微电子、新型电子元器件、家电产业生产基地。扬州、泰州、南通、温州、金华、衢州等在巩固发展电子材料、电子元器件产业的基础上，以产业协作配套为重点，开拓计算机网络和外部设备等新产品领域，加快信息产业发展。

装备制造业。按照提升水平、重点突破、整合资源、加强配套的原则，加快建设具有世界影响的装备制造业基地。发挥大型机械、成套设备及汽车、船舶研发制造等方面的优势，巩固提升装备制造业水平，力争在大型电力设备、交通设备、数控机床及大型加工设备等关键技术和规模生产上取得突破。依托重大工程建设，积极引导企业整合相关资源，组建具有国际竞争力的大型企业集团。采取产业链接、技术外溢和资本扩张等形式，进一步加强区内外产业配套协作。

以上海为龙头，沿沪宁、沪杭甬线及沿江、沿湾和沿海集聚发展。以上海、南京、杭州为先导，苏州、无锡、宁波、徐州、台州等为骨干，提升机械装备制造业水平和核心竞争力。上海、南京、杭州、宁波、台州和盐城积极发展轿车产业，形成区域性轿车研发生产基地。以苏州、常州、扬州和金华为重点，加快形成国内重要的客车生产基地。鼓励开展新能源汽车研发和生产。以上海、南京、常州为重点，加快形成轨道交通产业基地。围绕汽车整车制造，鼓励沿海、沿江等地区发展汽车零部件生产，形成汽车零部件产业带。以上海、南通、舟山等为重点，建设大型修造船及海洋工程装备基地。结合上海地区船舶工业结构调整和黄浦江内部船厂搬迁，重点建设长兴岛造船基地。

钢铁产业。按照提高产业集中度、提升国际竞争力、构建循环经济产业链的原则，推动钢铁产业集约式发展。依托区域现有大型钢铁企业，通过跨地区、跨行业的兼并重组和战略联盟，促进企业集团化发展。实施产品差异化战略，调整产品结构，增强高端产品的国际竞争力。大力发展和运用节能、节水、环保等技术，积极推广新一代可循环钢铁流程工艺技术，构建钢铁循环经济产业链。

依托上海、江苏的大型钢铁企业，积极发展精品钢材。推进钢铁产业结构调整，充分利用海港的有利条件，在不增加现有产能的前提下，结合大型钢铁企业搬迁和淘汰落后生产能力，在连云港等沿海具备条件的地方建设新型钢铁基地。

石化产业。按照立足优势、突破创新、促进集聚、清洁生产的原则，加快建设具有国际竞争力的石化产业基地。充分利用区域石化产业发展基础及沿江临海的区位优势，进一步优化发展石化产业。大力开发核心技术和专有技术，调整产品结构，重点发展精细化工及有机化学新材料。加快现有化工园区整合，推动产业集聚升级。

在充分考虑资源环境承载能力的基础上，依托现有大型石化企业加快建设具有国际水平的上海化工区、南京化学工业园区和宁波-舟山化工区，发挥沿海地区深水岸线和管道运输优势建设利用境外资源合作加工的大型石化基地，进一步壮大炼油、乙烯生产规模，建设大型基础石化产业密集区。发挥泰州、盐城、宁波、嘉兴、温州等滨海或临江区位优势，集中布局，优化发展精细化工。充分利用淮安岩盐和盐城矿盐资源，发展盐化工。

3. 加快发展新兴产业

生物医药产业。充分利用区域医药生产门类齐全的优势，以生物基因工程和现代中药为重点，打造集研发、生产、销售及信息服务为一体的产业链，形成自主创新能力较强、具备一定国际竞争力的生物医药产业密集区。

建成上海生物及新型医药研发与生产中心，加快建设上海、泰州、杭州国家生物产业基地，进一步做强无锡"太湖药谷"等品牌，建设南京、苏州、连云港、杭州、湖州、金华等中医药、化学原料药和生物医药研发生产基地，加快以上海临港新城、盐城、宁波、舟山等为重点的海洋生物产业发展。

新材料产业。依托区域内雄厚的科研实力及产业基础，与电子信息、冶金、汽车、建筑、化工等产业配套衔接，大力发展信息新材料、金属和非金属新材料、纤维新材料、纳米材料、半导体照明用材料、新型建筑材料及特种工程材料等产业。

以上海为核心，沿江、沿湾为重点区域，发展各类新材料产业。加快建设上海、苏州、杭州、宁波新材料研发中心和宁波、连云港国家新材料高技术产业基地，无锡、常州、镇江、泰州、南通、徐州、湖州、嘉兴、绍兴、台州、金华、衢州等城市积极建设新材料研发转化生产基地。

新能源产业。充分利用技术优势和发展基础，加大新能源技术研发和生产投入，鼓励发展可再生能源和清洁能源，开发利用风能、太阳能、地热能、海洋能、生物质能等可再生能源、发展燃气蒸汽联合循环发电等。在沪宁、沪杭甬等沿线大城市，加快新能源技术研发基地建设。在南通、盐城、舟山、台州、温州等沿海地区及杭州湾地区，大力发展风能发电。鼓励发展以风电、核电和光伏为主的新能源装备制造，提高零部件研发设计和生产加工能力。优化发展太阳能光伏电池及原材料制造业。

民用航空航天产业。充分依托上海民用航空航天产业研发、制造和综合集成能力较强的优势，利用已有的支线飞机和大型客机的研制基础及国际合作经验，积极推动民用飞机制造业、航空运输业和航空服务业协同发展。全面推进国家民用航天产业基地建设，大力发展卫星导航、卫星通信、卫星遥感和相关设备制造业与服务业，加快航天技术向新材料与新能源、节能技术、信息技术、特种制造、特种装备等领域延伸拓展。

4. 巩固提升传统产业

农业。加快转变农业发展方式，推进农业科技进步与创新，发挥国有农场的示范作用，大力发展高产、优质、高效、生态、安全的现代农业，率先实现农业现代化。稳定发展粮食生产，加强粮食生产能力建设。改造和提升传统农业，大力提高农业机械化水平和土地集约利用水平，支持创建名优品牌，发展循环农业。充分发挥沿海地区滩涂资源丰富和山区生态优势，建立现代农业示范区。依托沿江靠海的优势，发展现代渔业。完善农产品质量安全体系，大力发展无公害、绿色、有机农产品，推进良好农业规范认证。建设优势农产品产业带和规模化养殖基地，积极引导农产品加工业发展，大力支持农业产业化经营和标准化生产，培育一批带动能力强的龙头企业。鼓励扩大农产品出口，进一步做大做强外向型农业。积极发展农村新型合作组织，健全农业经营和流通服务体系。

纺织服装业。以提升档次、打造品牌为重点，建成集研发、制造、展销、贸易等多功能于一体的国际纺织及服装设计制造中心。上海重点发展服装设计和贸易，苏州、无锡、南通、常州、杭州、宁波、湖州、温州重点发展服装及面料生产、研发、展销等，鼓励扬州、泰州、盐城、湖州、嘉兴、绍兴、金华等地发展现代纺织业，积极提升产业层次和产品档次，促进传统纺织业向周边地区转移。

旅游产业。加强旅游合作，联手推动形成"一核五城七带"的旅游业发展空间格局。以上海为核心，发展上海都市旅游，打造长三角地区旅游集散枢纽。以南京、苏州、无锡、杭州、宁波五城市为节点，培育和开发都市工业旅游、农业旅游、休闲旅游、文化旅游、会展旅游、水上旅游等新型品牌。积极开发以连云港—盐城—南通—上海—嘉兴—宁波—舟山—台州—温州为主的滨海海韵渔情旅游带，以苏州—无锡—常州—湖州为主的环太湖水乡风情旅游带，以上海—嘉兴—杭州—绍兴—宁波为主的杭州湾历史文化旅游带，以南京—镇江—扬州—泰州—南通—上海为主的长江风光旅游带，以杭州—嘉兴—苏州—无锡—常州—镇江—扬州—淮安—宿迁—徐州为主的古运河风情文化旅游带，以杭州—千岛湖—黄山为主的名山名水旅游带，以温州—丽水—金华—衢州为主的山水休闲旅游带。

（五）自主创新与创新型区域建设

以关键领域和核心技术创新为突破口，增强自主创新能力，形成优势互补、资源共享、互利共赢的具有国际竞争力的区域创新体系，率先在全国建成创新型区域。

1. 建设区域创新体系

强化企业的创新主体地位。加强以企业为主体的技术创新体系建设，加大政府对企业创新的支持力度，通过财税、金融等政策引导企业增加研发投入，加强企业创新能力建设。到 2015 年企业研发投入占全社会研发投入的比重达 85%以上。开展自主创新产品的互认或联合认定，将自主创新产品纳入政府采购目录，支持科技创新型企业发展。创新产学研合作模式，建立产学研主体之间成果共创、信息互通、利益共享的机制。鼓励发展产学研联盟等多种形式的合作，重点围绕船舶、冶金、石化、风电、太阳能光伏、软件等产业建设一批具有国际先进水平的产业技术研究机构。支持高等院校、科研院所开放科技资源，与企业联合兴办研发机构、博士后工作站、成果转化基地等产学研合作组织。积极推进国际产学研合作，吸引和集聚国外先进技术和人才等创新要素，推动本土企业研发国际化和外资企业研发本土化。

完善区域科技创新平台。选择若干创新基础较好的地区开展自主创新试点，探索有利于促进区域自主创新一体化的财政、税收、金融等有关政策。以国家重点实验室、工程实验室、工程（技术）研究中心等为重点，建设研究实验体系。以科技文献情报资源、自然科技资源共享等为重点，加强科技公共支撑体系建设。依托高等院校、科研院所和骨干企业，建设一批技术创新服务平台。建立若干区域性重点科技园区，引导高技术产业、研发机构和融资平台向高新园区集聚，构建布局合理、开放高效的区域创新资源共享网络。加强区域创新合作机制建设，促进科技资源开放共享，推进科技资质互认，加强科技基础条件平台建设。到 2015 年，规划建设科技公共服务平台 300 个左右，创业投融资规模突破 1000 亿元。

2. 提高技术创新能力

加快关键领域与核心技术创新。以加快突破核心技术瓶颈、显著增强科技国际竞争力为目标，积极承担民用大型飞机、极大规模集成电路制造装备及成套工艺、新医药、重大疾病防治、核心电子器件、高端通用芯片及基础软件产品等国家重大科技专项，开展电子信息、生物医药、新能源、重大装备、纺织、石化、钢铁冶金等战略产业的重大科技联合攻关，研制一批具备国家乃至国际先进水平的重大战略产品，培育一批具有自主知识产权的世界品牌。在电子信息、机械装备、汽车、船舶等具有一定优势的产业领域，推动建立一批产业技术联盟，协作突破核心技术瓶颈。以高等院校和科研机构为主体，加强基础研究，开展联合攻关，全面提高原始创新能力。加大资源整合力度，形成一批优势学科领域、研究基地和跨地区产业共性技术科研机构。加强科研机构与高等院校合作，促进创新资源共享。

共建重大产业技术创新链。在软件与服务、集成电路、新一代移动通信、生物医药等高技术产业领域，上海逐步向研发、设计、高端制造转型，南京、苏州、杭州等城市侧重测试和制造。在汽车制造、先进装备制造等重要支柱产业领域，以上海为主体加强自主知识产权、核心产品和核心技术研发，南京、苏州、无锡、杭州、宁波等城市在研发、设计环节加强与上海的对接。在纺织、服装等传统特色产业领域，充分发挥上海的科研、高端制造优势，苏南地区、环杭州湾地区在研发、设计和深度加工方面加强与上海的对接。

3. 营造有利于自主创新的政策环境

建立科技创新投融资体系。落实国家激励自主创新的有关政策措施，建立以政府科技投入为引导，企业、社会投入为主体的市场化科技创新投融资体系。加大财政对共性技术研发、引进技术消化吸收再创新、初创型科技中小企业的支持力度，确保财政科技投入增长高于财政经常性收入增长幅度。研究制定鼓励创业投资发展政策，完善退出、收益保障和风险承担机制。强化政府资金引导作用，结合产业发展特点，推动建立一批创业投资机构。充分发挥天使基金和种子基金的引导作用，支持高科技初创企业发展。设立中小企业信用再担保资金和中小科技企业发展专项引导资金，培育壮大中小科技企业。鼓励保险机构开发科技保险险种，积极探索科技型企业开展股权出质登记，支持符合条件的科技型企业上市。

完善创新服务支撑体系。大力发展各类科技中介服务机构，充分发挥其在自主创新中的桥梁作用。加强专业性和面向区域产业技术创新的服务体系建设，创新科技中介服务机构管理模式和运营机制，推动科技中介资源跨区域共享。强化专利、商标、版权等知识产权保护，加强对外资企业收购内资企业的知识产权保护，切实保护自主产权和民族品牌。

培养和引进创新型人才。加大创新型人才培养力度，建立创新型人才培养基地。加强国际交流合作，完善人才培养模式，培育适应国际科技创新需要的人才。开辟创新型人才引进的"绿色通道"，积极引进高层次创新型人才，研究制定引进高层次创新型人才鼓励政策，对外籍在华创业人才放宽在参与创新、享受所获成果方面的政策限制。加强创新型人才社会化服务平台建设，为创新型人才提供培训、交流、咨询、法律等配套服务。强化创新型人才开发的政策协调和制度衔接，拓宽高等院校、科研机构与企业之间创新型人才流动渠道。

（六）基础设施建设与布局

推进跨区域重大基础设施一体化建设，提升交通、能源、水利、信息等基础设施的共建共享和互联互通水平，形成分工合作、功能互补的基础设施体系，增强区域发展支撑能力。

1. 完善交通通道建设

沪宁和沪杭通道。依托沪宁、沪杭铁路和高速公路，优化运输结构，提升运输效率和通过能力，建设铁路、公路、水运相结合的主通道。建设京沪高速铁路沪宁段、沪宁和常苏嘉城际轨道交通、沪杭客运专线、沪苏湖铁路、杭州—黄山铁路及沪杭磁悬浮交通，提升快速客运能力。改造京杭运河江南段、苏申内外港线、湖嘉申航道、杭申航道等国家和省级干线航道，增强水运货运能力。

沿长江通道。依托长江航道，构建综合型的交通运输通道，强化与长江中上游的联系。推进长江口 12.5m 深水航道向上延伸工程建设。改扩建宁通（南京—南通）、京沪高速公路，加快建设泰州—常州过江通道。建设南京—芜湖—安庆铁路、沿江铁路、淮扬镇铁路及过江通道，加快宁启铁路、新长铁路扩能改造及过江通道建设。

沿海通道。依托沿海港口和海运，加强崇明过江通道、崇明—启东长江公路通道建设，加快甬台温高速公路改扩建，建设连盐（淮）、沪通、甬台温、金甬、金台等铁路，规划建设跨杭州湾通道，完善沿海交通运输大通道体系。

宁湖杭通道。依托宁杭高速公路，加快宁杭客运专线建设，支撑宁湖杭发展带的发展。加强与上海的联系，建设湖州—乍浦铁路。

杭甬通道。依托杭甬高速公路和杭甬铁路，建设支撑杭州湾南翼产业和城镇发展及连接宁波—舟山港的重要出海通道。加快杭甬客运专线、宁波铁路枢纽北环线及疏港铁路建设，整治杭甬运河，加强沿杭州湾南岸城市间及陆岛间联系，提高沿海港口集疏运能力。

东陇海通道。依托陇海铁路和连霍高速公路，构建中西部地区至连云港港的重要出海通道。加快建设郑徐客运专线徐州段并规划延伸至连云港，增强对中西部地区的辐射带动作用并支撑沿线产业发展。

浙西南通道。依托浙赣和金温铁路、金丽温和杭金衢高速公路，建设金温铁路扩能工程、九景衢铁路、杭州长沙客运专线和杭新景高速公路，加强与长三角西南地区的联系并支撑沿线产业发展。

2. 加快综合枢纽建设

综合运输枢纽建设。重点建设上海、南京、徐州、连云港、杭州、宁波全国性综合运输枢纽，加强苏州、无锡、常州、镇江、扬州、泰州、南通、盐城、湖州、嘉兴、金华、温州、衢州等区域性综合运输枢纽建设。强化各种交通运输方式的衔接，特别是加强铁路客运专线、城际铁路和干线铁路建设及其与港口、空港、城市轨道交通等的衔接。

——上海。增强航运和航空能力，提升上海铁路枢纽地位，提高国际客货运和集装箱中转的比例，优化物流节点布局，增强物流网络统筹协调功能，建成海陆空一体化的大型综合运输枢纽和现代物流中心。

——南京。积极发展铁路、公路、水运、航空综合交通，完善服务长江流域的大宗散货江海联运，以及服务长三角地区北部及其周边地区的国际物流功能，进一步提高客货运能力，建成江陆空综合运输枢纽和长江中下游综合性现代物流中心。

——徐州。完善徐州铁路、公路枢纽功能，充分发挥徐州港的功能和作用，建设铁路、公路、水运联运的综合性运输枢纽和区域物流中心。

——连云港。加快连云港港建设，尽快形成"一体两翼"的发展格局，强化港口对中西部地区的辐射能力，建成我国重要的综合交通枢纽和物流中心，成为辐射带动力强的新亚欧大陆桥东方桥头堡。

——杭州。加快杭州铁路东站综合交通枢纽建设，强化服务长三角地区南部及其周边地区的国际物流功能。配合旅游发展，强化客运功能，建成陆空水联运综合运输枢纽和空港型物流中心。

——宁波。结合梅山保税港区和宁波铁路枢纽建设，优化集疏运系统，强化货运枢纽功能，尤其是大宗散货海进江中转、海铁联运运输功能，建成海陆联运的综合运输枢纽和全国性大型物流中心。

港口枢纽与配套港口群建设。加强港口枢纽之间的协调，整合现有港口，加快以上海为中心，以江苏、浙江港口为两翼的上海国际航运中心建设。

——上海港。以建设上海国际航运中心为目标，进一步提升上海港主枢纽港的功能地位，重点加快建设洋山深水港区集装箱泊位和通往主要集装箱港区的内河集装箱运输通道及配套港区，以及洋山港区 LNG、油品码头，进一步扩大上海港的吞吐能力。

——宁波-舟山港。推进宁波-舟山港一体化进程，发展集装箱运输和大宗散货中转运输，建设宁波-舟山港大吨位、专业化铁矿石码头和原油码头，推进宁波梅山保税区 10 万吨级以上集装箱码头建设，完善铁矿石、原油、煤炭、粮油等大宗散货接卸转运系统和集装箱运输系统。

——南京以下长江下游港口。以开辟集装箱支线运输为主，加强南京、镇江、苏州、

南通港口间的分工协调，重点建设太仓集装箱干线港和江海联运中转枢纽港，完善集装箱支线港。加快长江口深水航道和沿江海进江矿石码头建设，形成铁矿石转运系统。

——江苏沿海港口群。加快连云港港30万吨级深水航道建设，规划建设原油、矿石等大型专业化深水泊位，大力发展集装箱干线运输。以连云港港为核心，联合南通港、盐城港共同建设沿海港口群，大力发展国际航运和现代物流，增强为中西部服务的能力，建设成为上海国际航运中心北翼重要组成部分。

——浙南沿海港口群。围绕温州港深水航道建设，推进乐清港、状元岙、大小门岛港区建设。发展台州港临港产业，重点建设大陈岛、大麦屿等港区。以能源、原材料等大宗散货和集装箱运输为主，建成辐射赣东、闽北等地区的重要对外交流口岸。

航空枢纽与配套机场群建设。以扩大空港设施能力为重点，优化航空运输网络为主线，提高国际竞争力为目标，加快区域航空枢纽中心建设，形成大型国际枢纽机场—区域枢纽机场—国内小型枢纽机场合理布局、分工协作的航线网络和机场群。

——上海航空枢纽港。建成以浦东机场为主、虹桥机场为辅的上海航空枢纽港。浦东机场侧重于国际航线，加强设施建设，提高中转能力，发展成为国际航空网络的主枢纽之一。虹桥机场侧重于国内航线，适度发展台港澳航线，发展成为国内航空网络的主枢纽。加强两机场间交通设施建设，提高通达效率。

——南京和杭州国际机场。优化南京禄口机场和杭州萧山机场航线布局，大力开辟国内航线，适时增辟国际客运和国际货运航线，客货并举，内外并重，不断增加航线和加密航班，建成区域枢纽机场。

——苏南和宁波国际机场。积极推进苏南硕放国际机场的改扩建工程，重点增加国内客运和国际货运航线，建成国家干线机场、苏南一类航空口岸和区域枢纽机场。加快宁波栎社国际机场扩建工程建设，大力发展国际货运航线，形成以货为主、客货兼顾的区域性国际干线机场。

新建、调整、改造一批中小型机场。新建苏中江都机场和淮安机场，迁建连云港机场，调整南通、嘉兴机场运输功能，改造扩建常州、徐州、盐城、台州机场，形成区域客货运输航空网络。

3. 推进能源基础设施建设

煤炭。重点建设宁波-舟山、连云港、盐城等沿海煤港，南京、镇江、扬州、泰州、南通等沿江煤港及徐州沿运河煤港，有选择地建设煤炭储备、配送基地，提高煤炭安全供应能力，基本满足区内煤炭需求。疏浚京杭运河苏北段，使全线达到二级标准，将大运河煤炭运力提高20%左右。

油气。重点建设宁波-舟山石油中转港口，完善宁波北—上海、宁波北—南京的输油管道，规划建设日照—仪征输油管道连云港支线。在沿海规划布局油气储备基地，加强舟山等油气储备基地建设。加快洋山港区、大榭港区油品码头、台州大陈岛石油储运设施建设。开展区域石油流通枢纽和天然气交易中心建设的可行性研究，推动长三角地区天然气主干管网互联互通，保障区域能源供应。

重点推进LNG项目建设，建成金坛大型天然气储气库，扩建上海五号沟LNG应急事故站。加快形成并完善环太湖天然气管网，完善苏中、苏北天然气管网，加快建设宁波—台州—温州和金华—丽水—温州天然气管网。

电力。重点在沿海、沿江和天然气管道沿线地区新建或扩建电源点。扩建田湾核电站，建设浙江三门核电站，研究在具备条件的地方新建核电站的可行性。加快电网建设和改造，扩大西电东送、皖电东送和北电南送接收规模，为启东—崇明岛—上海过江电缆通道的建设创造条件。预留通道走廊，确保西电东送工程顺利实施。

新能源。建设上海崇明等 20 万～30 万 kW、江苏沿海 500 万 kW、浙江沿海 100 万 kW 风电项目。加强潮汐能、洋流能的开发。积极利用太阳能、生物质能及集中型沼气等技术成熟的新能源。在沿海滩涂资源丰富的地区发展太阳能光伏发电。到 2015 年，新能源在能源结构中的比重提高到 4%左右。

4. 改善水利基础设施

按照水资源和水环境承载能力，统筹协调区域水利基础设施建设，构筑防洪防台抗旱减灾体系、水资源合理配置和高效利用体系、饮用水安全保障体系及水生态环境保护体系。继续实施太湖、淮河、长江中下游崩岸治理和沿海防浪堤及防护林等重点工程，加快长江口和钱塘江综合整治开发。加强城市防洪排涝能力建设，完成病险水库除险加固、灌区续建配套与节水改造和城乡饮用水安全工程，加快小型农田水利设施建设，加强低洼易涝地区和山洪灾害易发区综合治理。加快水源工程等水资源调蓄和配置工程建设，建设沿海淡水通道。继续加强重点地区、重点城市水生态修复工程建设。加快水资源实时监控系统建设，完善跨界水资源监测体系。加强水资源统一管理，完善流域水资源管理体制。

5. 健全信息基础设施

加快区域空间信息基础设施建设。在完善信息资源共建共享机制和统一数据标准的基础上，建立完整的地理空间信息库，逐步提高地理空间信息社会化应用与共享程度，不断满足国民经济和社会发展的需求，建成区域地理空间信息分发与交换中心，构建地理空间信息基础数据的汇交、分发服务和交换体系，带动各领域信息系统的建设，促进信息资源共享与应用。

完善信息网络基础设施。继续优化现有网络结构，挖掘网络潜力，适应信息网络技术发展的需要引进新技术，加快新一代移动通信、下一代互联网、地面数字电视等系统建设。积极推进"三网融合"，提高网络资源综合利用和信息交互能力。加强网络安全设施建设和网络安全管理，实施区域无线电协同监管。

加快重点工程和信息港建设。重点推进一批综合性网络应用工程、公益性信息服务工程、信息化与工业化融合工程等重点应用项目建设。大力推进区域交通、社会保障等"一卡通"工程。促进区域政务信息资源开发、应用与共享。加快城市空间信息基础设施建设，用 5～10 年时间，建设若干智能型现代化城市，将长三角地区主要城市建成区域性信息港。

（七）资源利用与生态环境保护

实行最严格的耕地保护制度，提高土地节约集约利用水平，加强环境保护和生态建设，推进资源节约型和环境友好型社会建设，全面提高区域可持续发展能力。

1. 合理利用土地资源

严格保护耕地。坚持保护耕地的基本国策，切实保护耕地特别是基本农田，提高耕地质量。加大土地复垦、开发整理力度，建设高标准基本农田。到 2015 年，核心区保有耕地面积不少于 333 万 hm²，常住人口口粮确保自给。

提高建设用地节约集约利用水平。在充分尊重农民意愿的前提下，有条件的地方引导农民居住向城镇和中心村集中。严格控制城镇和农村居住用地增长，全面提高土地利用效率。努力转变用地方式，积极推进工业向园区集中、土地利用向适度规模经营集中。在严格执行土地用途管治的基础上，促进农村集体建设用地依法流转。在严禁跨省域易地占补平衡的前提下，探索耕地占补平衡的有效途径。以提高工业用地产出效率为重点，制定区域产业用地标准，提高新上工业项目入区入园门槛。在符合规划、不改变原用途的前提下，对提高土地利用率和增加容积率的工业用地，原则上不再增收土地价款。科学规划，合理布局，统筹安排农业、生态和建设等各类用地。

保障生态用地。对重要生态功能保护区、区域生态走廊和其他生态地位重要的地区，实施限制性保护。对自然保护区、森林公园、湿地公园、重要集中式饮用水水源地和重要水源涵养区、浙江南部地区海拔 500m 以上山体、江苏及浙江的湖州和嘉兴两市海拔 200m 以上的山体、沿海湿地等区域实施严格的保护。对于重要湿地、重要水源地外围和输水通道两侧地区、长江和钱塘江干流、城市间的重要生态斑块、浙江西部海拔 200～500m 的山体、江苏及浙江湖州和嘉兴两市海拔 50～200m 的地带，严格控制土地开发强度，禁止开展导致生态退化的各种生产活动，鼓励发展生态型产业，有针对性地新建自然保护区和海洋特别保护区，改善区域生态环境质量。加强林地和草地保护，防止非法占用。

优化区域土地资源配置。按照区域总体布局框架，实行差别化土地政策，统筹保有耕地，优化用地布局。沪宁和沪杭甬沿线发展带，划定基本农田保护区，采取最严格的措施保护基本农田；优化土地利用结构，加大土地整理、复垦力度，着力提高土地产出率；严格控制上海、南京、苏州、无锡、杭州、宁波的城市建设用地增量。沿江、沿湾和沿海发展带，优先安排建设用地指标，科学利用滩涂资源，满足重点产业发展和基础设施建设需求。宁湖杭发展带及其他沿路发展轴带，确保基本农田保护面积和生态保护面积，保留足够的自然生态空间，适度安排建设用地，促进城市与产业有序集聚和发展。沿湖发展带优先满足保护生态的要求，实施有效的土地用途管治，控制土地开发强度。其他地区适当调高基本农田保护率，严格控制建设用地占用耕地的规模。科学编制规划，合理有序开发利用滩涂和低丘缓坡资源，努力增加耕地和建设用地。

2. 加强生态建设与环境保护

加强饮用水源地保护。重点保护集中式饮用水水源地水质安全，对长江干流、长江口、太湖、洪泽湖、淀山湖、黄浦江、太浦河、杭嘉湖水网、钱塘江干支流、瓯江及中小湖泊和水库等，划分水源保护区，完善饮用水水源保护区分级管理制度，制定保护范围、保护要求及水源地环境综合整治方案。加强南水北调东线调水水源保护区与望虞河、新孟河、通榆河、淮沭新河、浙北太湖取水、浙东引水等输水通道的水污染控制和水质保护，严格控制调水水源保护区沿线的开发建设，提高污废水排放标准。建立健全流域和水系上下游地区互利共赢的饮用水源保护运行机制。加强地下水资源保护，遏制地下水超采，切实防治地面沉降和海水倒灌。基本解决污染严重和水量供应不足的水源地水质和水量保障问题，调水水源地水质达到相应水质功能目标要求。

继续加强水污染防治。坚持预防与治理相结合，按照水功能区水质达标要求，控制污染物排放总量，加强对重要污染源的监控，关闭持续排放有毒有机污染物的企业，建立点源达标排放的长效管理机制，强化跨省、市界断面水质达标管理，确保跨界水环境水质达标。重点整治长江、太湖、淮河、钱塘江和城市水污染，加快城镇污水和垃圾处理设施建设。制定和实施化工、医药、印染、造纸等重污染行业环境准入标准，完善排污费征收和使用制度，加大环保执法力度。

加快编制沿江、沿湖、环湾及沿海地区尾水达标排放规划。有效控制长江口、杭州湾陆源污染物排海，实施海域环境综合整治，加强海岸带生态系统的保护和修复，实施重要渔场生境保护，推广生态海水养殖，逐步改善海域环境质量，恢复海洋生态服务功能。加强海洋环境监测体系建设，建立重点区域赤潮（绿潮）预警防治体系，健全海上重大污染突发事故应急体系。完善水污染区域联防联控机制。到 2015 年，全部淘汰国家产业政策明令禁止的落后生产能力，城镇污水集中处理率达到 80%以上，实施化学需氧量和氨氮排放量总量控制，近岸海域水质恶化的趋势得到控制。

推进区域大气污染防治。以"西气东输""西电东送"为契机，大力推进能源结构调整，实行煤炭使用总量控制，改善区域大气环境质量。推进火电厂的燃气工程建设，加速中小型锅炉燃气或电力对煤的替代。加快关停小火电，逐步淘汰单机容量 5 万 kW 以下的常规小火电机组和大电网覆盖范围内服役期满的单机容量在 10 万 kW 以下的常规燃煤凝汽火电机组。严格按环保要求限制新建、扩建燃煤火电厂（机组）。继续加大重点污染源的二氧化硫治理力度，有效削减火电厂二氧化硫排放量，加快烟气脱硫工程建设，控制工业炉窑二氧化硫排放，积极发展清洁煤燃烧技术。加强火电厂氮氧化物污染治理。大力发展新能源，在上海开展低碳经济试点。加快区域大气监测网络建设，建立健全区域大气污染联防联控机制。到 2015 年，二氧化硫排放量削减 8%，城市空气质量明显好转，酸雨污染得到缓解。加强固体废物环境管理。建立健全固体废物全过程管理体系，提高固体废物处置能力。强化危险废物监管治度，加快建设处置设施。在典型电子废物集中处置区域开展污染调查与风险评价，建立电子废物回收体系，加强对拆解利用的资质许可管理。强化城市污水处理厂和垃圾填埋场的环境监管，推进污水厂污泥、垃圾填埋场滤液的无害化处理处置。到 2015 年，形成工业危险废物和医疗废物 100%由产生单位或交有资质单位无害化利用或处置的能力。

开展农村环境综合整治。大力推进农业面源污染防治和土壤污染治理与修复，提高化肥、农药、农膜等农用化学品的利用率和秸秆综合利用率，推进畜禽规模化饲养和标准化养殖小区建设，控制规模化养殖场的污染物排放，提高畜禽粪便资源化率，鼓励与推广发展无公害、绿色及有机农业。按照建设社会主义新农村的总体要求，实施农村环保小康行动计划，推进农村环境综合治理。加强村庄整治，建立村庄环境卫生长效管理机制，着力解决农村安全用水、清洁能源、卫生公厕、污水和垃圾处理等问题，不断改善农村人居环境。结合创建国家生态市（区、县）、国家园林城市（县、城镇）、环境优美乡镇及生态村，全面推进农村环境基础设施建设。

加强生态建设。由长江干流、洪泽湖—入海水道、富春江—钱塘江三条生态水廊，以及连云港—盐城—南通—崇明岛东滩—宁波象山—台州—温州沿海湿地、骆马湖—高邮湖—邵伯湖—茅山—天目山—千岛湖—浙西山地，共同构成"三横两纵"生态网架。加强自然保护区、生态功能区、水源涵养区等保护与建设，实施海洋生态修复，加强沿海、沿江防护林体系建设，实现自然生态空间的链接，扩大区域生态空间，增强生态服务功能，保障区域生态安全。加强崇明生态岛保护和建设。开展区域生态环境补偿机制试点，设立浙江湖州、丽水生态文明建设示范区。

第六节　我国的五年规划——以"十三五"规划为例

我国国民经济和社会发展规划是未来一个时期经济社会发展的宏伟蓝图，是全国各族人民共同的行动纲领，通常规划期限为五年。各省、地市、县级政府都要组织编制国民经济和社会发展规划纲要及相关专项规划。制订国民经济和社会发展规划，是我国各级政府全面引领国民经济和社会发展的重要手段，有利于保持经济稳定增长、推动社会有序发展、保持政策的连续性，促进经济社会全面协调可持续发展。

国民经济和社会发展规划（以下简称"五年发展规划"）的主要内容，是明确未来五年经济社会发展的发展环境、指导思想、主要目标和政策导向，对全国重大建设项目、生产力分布和国民经济重要比例关系进行总体规划，为国民经济发展远景规定目标和方向。

一、五年发展规划概述

（一）制订依据

《国务院关于加强国民经济和社会发展规划编制工作的若干意见》（国发[2005]33号）。

（二）规划体系

"国民经济和社会发展规划"由发展改革部门负责组织编制。按照行政层级，可分为国家级规划、省（自治区、直辖市）级规划、市县级规划三类。按照对象和功能类别，可分为两大类，详见表5-2。

表5-2　国民经济发展的总体规划和专项规划

	对象	规划期	功能
总体规划	是国民经济和社会发展的战略性、纲领性、综合性规划	一般为5年，可以展望到10年以上	是编制本级和下级专项规划、区域规划及制定有关政策和年度计划的依据
专项规划	是以国民经济和社会发展特定领域为对象编制的规划，是总体规划在特定领域的细化	可根据需要确定	是政府指导该领域发展及审批、核准重大项目，安排政府投资和财政支出预算，制定特定领域相关政策的依据

1. 总体规划

总体规划（即国民经济和社会发展规划纲要）是综合性和纲领性规划，是编制专项规划、区域规划及制定各项政策和年度计划的依据。

1）编制原则

（1）有利于促进国民经济持续快速健康发展和人民生活水平不断提高。

（2）有利于促进经济与社会协调发展，物质文明与精神文明、政治文明共同进步。

（3）有利于促进各个地区及城市与乡村的全面、均衡发展和共同富裕。

（4）有利于促进经济发展与人口、资源、环境相协调。

（5）有利于推进技术进步和科技创新。

（6）有利于完善社会主义市场经济体制，充分发挥市场配置资源的基础性作用。

2）主要内容

一般包括下列内容：

（1）发展战略和发展目标。

（2）经济结构调整的方向、任务和重大工程。

（3）区域结构调整的方向、原则和重点。

（4）改善基础设施、资源环境和公共服务的任务。

（5）规划实施的保障措施。

（6）其他需要纳入规划的事项。

2. 专项规划

专项规划是指以国民经济和社会发展的特定领域为对象编制的规划，是总体规划在特定领域的延伸和细化，是政府指导相关领域发展并决定相关领域重大工程和安排固定资产投资的依据。专项规划的发展方针、目标、重点任务要与总体规划保持一致，相关规划之间对发展趋势的判断、需求预测、主要指标和政策措施要相互衔接。专项规划经评估或者因其他原因需要进行修订的，编制部门应将修订后的规划报原审批机关批准。

1）编制原则

（1）符合总体规划确定的发展方向和原则。

（2）政府与市场的作用范围明确。

（3）针对性强，重点突出。

（4）具有较强的可操作性。

2）主要内容

专项规划编制前应做好基础调查、信息搜集、课题研究及纳入规划重大项目的论证，采取多种形式广泛听取各方面意见。规划文本一般包括现状、趋势、方针、目标、任务、布局、项目、实施保障措施及法律、行政法规规定的其他内容。具体有：①发展目标、主要任务和指导方针；②主要建设项目及其布局；③规划实施的保障措施；④其他需要纳入规划的事项。

上述内容要达到以下要求：一是符合总体规划，发展目标尽可能量化，发展任务具体明确、重点突出，政策措施具有可操作性；二是对需要政府安排投资的规划，要充分论证并事先征求发展改革和相关部门意见。

（三）规划编制程序

1. 总体规划

一般来说，总体规划（下称《纲要》）的编制大致分为五个阶段，即基本思路形成阶段→《纲要》框架形成阶段→《纲要》形成阶段→《纲要》审议阶段→《纲要》发布与宣传阶段。

1）基本思路形成阶段

当地发改委在吸收"五年发展规划"前期研究成果的基础上，形成"国民经济与社会发展第×个五年规划"基本思路上报当地政府审定。

2）《纲要》框架形成阶段

当地发改委从"国民经济与社会发展第×个五年规划"基本思路出发，起草《纲要》框架，形成《纲要》框架初稿，在征求领导小组成员单位意见后形成《纲要》框架。

3）《纲要》形成阶段

衔接同期编者的专项规划、区域规划等规划，形成《纲要》初稿，形成《纲要》征求意见稿，广泛征求各部门、各地区和社会各界意见。

在当地党委会议出台《关于制定国民经济与社会发展第×个五年规划的建议》后，进一步修改形成《纲要》送审稿，组织专家评审。

4）《纲要》审议阶段

《纲要》草案经当地党委和政府审议通过后，提交当地人民代表大会审议批准。

5）《纲要》发布与宣传阶段

《纲要》通过后发布，组织宣介。

2. 专项规划与区域规划

一般来说，专项规划与区域规划的编制分为四个阶段，即规划立项阶段→规划起草阶段→规划征求意见阶段→规划完善与报批阶段。

1）规划立项阶段

政府有关职能部门根据条块要求、发展需要并结合前期重点课题研究计划、上一个五年发展规划编制情况，先行提出"国民经济与社会发展第×个五年规划"专项规划立项申请，当地发改委对立项申请进行分析论证、综合平衡后，当地政府下达重点专项与区域规划编制计划。

2）规划起草阶段

有关部门牵头起草规划，形成规划初稿，报送当地发改委。

3）规划征求意见阶段

根据当地发改委反馈的初稿修改意见，形成征求意见稿，并广泛征求系统内、部门（单位）、地区意见。

4）规划完善与报批阶段

与《纲要》衔接，广泛征求社会意见后形成规划送审稿，组织专家评审。重点专项规划还需要报当地政府审定。

二、我国"十三五"规划的指导思想和原则

（一）指导思想

高举中国特色社会主义伟大旗帜，全面贯彻党的"十八大"和十八届三中、四中、五中全会精神，以马克思列宁主义、毛泽东思想、邓小平理论、"三个代表"重要思想、科学发展观为指导，深入贯彻习近平总书记系列重要讲话精神，坚持全面建成小康社会、全面深化改革、全面依法治国、全面从严治党的战略布局，坚持发展是第一要务，牢固树立和贯彻落实创新、协调、绿色、开放、共享的发展理念，以提高发展质量和效益为中心，以供给侧结构性改革为主线，扩大有效供给，满足有效需求，加快形成引领经济发展新常态的体制机制和发展方式，保持战略定力，坚持稳中求进，统筹推进经济建设、政治建设、文化建设、社会建设、生态文明建设和党的建设，确保如期全面建成小康社会，为实现第二个百年奋斗目标、实现中华民族伟大复兴的中国梦奠定更加坚实的基础。

（二）基本要求（原则）

坚持人民主体地位。人民是推动发展的根本力量，实现好、维护好、发展好最广大人

民根本利益是发展的根本目的。必须坚持以人民为中心的发展思想，把增进人民福祉、促进人的全面发展作为发展的出发点和落脚点，发展人民民主，维护社会公平正义，保障人民平等参与、平等发展权利，充分调动人民积极性、主动性、创造性。

坚持科学发展。发展是硬道理，发展必须是科学发展。我国仍处于并将长期处于社会主义初级阶段，基本国情和社会主要矛盾没有变，这是谋划发展的基本依据。必须坚持以经济建设为中心，从实际出发，把握发展新特征，加大结构性改革力度，加快转变经济发展方式，实现更高质量、更有效率、更加公平、更可持续的发展。

坚持深化改革。改革是发展的强大动力。必须按照完善和发展中国特色社会主义制度、推进国家治理体系和治理能力现代化的总目标，健全使市场在资源配置中起决定性作用和更好发挥政府作用的制度体系，以经济体制改革为重点，加快完善各方面体制机制，破除一切不利于科学发展的体制机制障碍，为发展提供持续动力。

坚持依法治国。法治是发展的可靠保障。必须坚定不移走中国特色社会主义法治道路，加快建设中国特色社会主义法治体系，建设社会主义法治国家，推进科学立法、严格执法、公正司法、全民守法，加快建设法治经济和法治社会，把经济社会发展纳入法治轨道。

坚持统筹国内国际两个大局。全方位对外开放是发展的必然要求。必须坚持打开国门搞建设，既立足国内，充分运用我国资源、市场、制度等优势，又重视国内国际经济联动效应，积极应对外部环境变化，更好利用两个市场、两种资源，推动互利共赢、共同发展。

坚持党的领导。党的领导是中国特色社会主义制度的最大优势，是实现经济社会持续健康发展的根本政治保证。必须贯彻全面从严治党要求，不断增强党的创造力、凝聚力、战斗力，不断提高党的执政能力和执政水平，确保我国发展航船沿着正确航道破浪前进。

三、我国"十三五"规划的主要目标

经济保持中高速增长。在提高发展平衡性、包容性、可持续性基础上，到2020年国内生产总值和城乡居民人均收入比2010年翻一番，主要经济指标平衡协调，发展质量和效益明显提高。产业迈向中高端水平，农业现代化进展明显，工业化和信息化融合发展水平进一步提高，先进制造业和战略性新兴产业加快发展，新产业新业态不断成长，服务业比重进一步提高。

创新驱动发展成效显著。创新驱动发展战略深入实施，创业创新蓬勃发展，全要素生产率明显提高。科技与经济深度融合，创新要素配置更加高效，重点领域和关键环节核心技术取得重大突破，自主创新能力全面增强，迈进创新型国家和人才强国行列。

发展协调性明显增强。消费对经济增长贡献继续加大，投资效率和企业效率明显上升。城镇化质量明显改善，户籍人口城镇化率加快提高。区域协调发展新格局基本形成，发展空间布局得到优化。对外开放深度广度不断提高，全球配置资源能力进一步增强，进出口结构不断优化，国际收支基本平衡。

人民生活水平和质量普遍提高。就业、教育、文化体育、社保、医疗、住房等公共服务体系更加健全，基本公共服务均等化水平稳步提高。教育现代化取得重要进展，劳动年龄人口受教育年限明显增加。就业比较充分，收入差距缩小，中等收入人口比重上升。我国现行标准下农村贫困人口实现脱贫，贫困县全部摘帽，解决区域性整体贫困。

国民素质和社会文明程度显著提高。中国梦和社会主义核心价值观更加深入人心，爱国主义、集体主义、社会主义思想广泛弘扬，向上向善、诚信互助的社会风尚更加浓厚，国民思想道德素质、科学文化素质、健康素质明显提高，全社会法治意识不断增强。公共文化服务体系基本建成，文化产业成为国民经济支柱性产业。中华文化影响持续扩大。

生态环境质量总体改善。生产方式和生活方式绿色、低碳水平上升。能源资源开发利用效率大幅提高，能源和水资源消耗、建设用地、碳排放总量得到有效控制，主要污染物排放总量大幅减少。主体功能区布局和生态安全屏障基本形成。

各方面制度更加成熟更加定型。国家治理体系和治理能力现代化取得重大进展，各领域基础性制度体系基本形成。人民民主更加健全，法治政府基本建成，司法公信力明显提高。人权得到切实保障，产权得到有效保护。开放型经济新体制基本形成。中国特色现代军事体系更加完善。党的建设制度化水平显著提高。

四、我国"十三五"期间的战略重点

（一）产业战略与重点

推进农业现代化。农业是全面建成小康社会和实现现代化的基础，必须加快转变农业发展方式，着力构建现代农业产业体系、生产体系、经营体系，提高农业质量效益和竞争力，走产出高效、产品安全、资源节约、环境友好的农业现代化道路。

实施制造强国战略。深入实施《中国制造 2025》，以提高制造业创新能力和基础能力为重点，推进信息技术与制造技术深度融合，促进制造业朝高端、智能、绿色、服务方向发展，培育制造业竞争新优势。支持新一代信息技术、新能源汽车、生物技术、绿色低碳、高端装备与材料、数字创意等领域的产业发展壮大。大力推进先进半导体、机器人、增材制造、智能系统、新一代航空装备、空间技术综合服务系统、智能交通、精准医疗、高效储能与分布式能源系统、智能材料、高效节能环保、虚拟现实与互动影视等新兴前沿领域创新和产业化，形成一批新增长点。

加快推动服务业优质高效发展。开展加快发展现代服务业行动，扩大服务业对外开放，优化服务业发展环境，推动生产性服务业向专业化和价值链高端延伸、生活性服务业向精细和高品质转变。

发展现代互联网产业体系。实施"互联网+"行动计划，促进互联网深度广泛应用，带动生产模式和组织方式变革，形成网络化、智能化、服务化、协同化的产业发展新形态。

（二）空间战略与重点

当前我国区域发展的空间战略是：深入实施西部开发、东北振兴、中部崛起和东部率先的区域发展总体战略，创新区域发展政策，完善区域发展机制，促进区域协调、协同、共同发展，努力缩小区域发展差距。创新区域合作机制，加强区域间、全流域的协调协作。完善对口支援制度和措施，通过发展"飞地经济"、共建园区等合作平台，建立互利共赢、共同发展的互助机制。建立健全生态保护补偿、资源开发补偿等区际利益平衡机制。鼓励国家级新区、国家级综合配套改革试验区、重点开发开放试验区等平台体制机制和运营模式创新。

重点开发地域的部署是：

1. 拓展蓝色经济空间

坚持陆海统筹，发展海洋经济，科学开发海洋资源，保护海洋生态环境，维护海洋权益，建设海洋强国。

2. 推动京津冀协同发展

坚持优势互补、互利共赢、区域一体，调整优化经济结构和空间结构，探索人口经济密集地区优化开发新模式，建设以首都为核心的世界级城市群，辐射带动环渤海地区和北方腹地发展。

3. 推进长江经济带发展

坚持生态优先、绿色发展的战略定位，把修复长江生态环境放在首要位置，推动长江上中下游协同发展、东中西部互动合作，建设成为我国生态文明建设的先行示范带、创新驱动带、协调发展带。

4. 扶持特殊类型地区发展

加大对革命老区、民族地区、边疆地区和困难地区的支持力度，实施边远贫困地区、边疆民族地区和革命老区人才支持计划，推动经济加快发展、人民生活明显改善。

1）支持革命老区开发建设

完善革命老区振兴发展支持政策，大力推动赣闽粤（原中央苏区）、陕甘宁、大别山、左右江、川陕等重点贫困革命老区振兴发展，积极支持沂蒙、湘鄂赣、太行、海陆丰等欠发达革命老区加快发展。加快交通、水利、能源、通信等基础设施建设，大幅提升基本公共服务水平，加大生态建设和保护力度。着力培育特色农林业等对群众增收带动性强的优势产业，大力发展红色旅游，积极有序推进能源资源开发。加快推进革命老区劳动力转移就业。

2）推动民族地区健康发展

把加快少数民族和民族地区发展摆到更加突出的战略位置，加大财政投入和金融支持，改善基础设施条件，提高基本公共服务能力。支持民族地区发展优势产业和特色经济。加强跨省区对口支援和对口帮扶工作。加大对西藏和四省藏区支持力度。支持新疆南疆四地州加快发展。促进少数民族事业发展，大力扶持人口较少民族发展，支持民族特需商品生产发展，保护和传承少数民族传统文化。深入开展民族团结进步示范区创建活动，促进各民族交往交流交融。

3）推进边疆地区开发开放

推进边境城市和重点开发开放试验区等建设。加强基础设施互联互通，加快建设对外骨干通道。推进新疆建成向西开放的重要窗口、西藏建成面向南亚开放的重要通道、云南建成面向南亚东南亚的辐射中心、广西建成面向东盟的国际大通道。支持黑龙江、吉林、辽宁、内蒙古建成向北开放的重要窗口和东北亚区域合作的中心枢纽。加快建设面向东北亚的长吉图开发开放先导区。大力推进兴边富民行动，加大边民扶持力度。

4）促进困难地区转型发展

加强政策支持，促进资源枯竭、产业衰退、生态严重退化等困难地区发展接续替代产业，促进资源型地区转型创新，形成多点支撑、多业并举、多元发展新格局。全面推进老工业区、独立工矿区、采煤沉陷区改造转型。支持产业衰退的老工业城市加快转型，健全过剩产能行业集中地区过剩产能退出机制。加大生态严重退化地区修复治理力度，有序推进生态移民。加快国有林场和林区改革，基本完成重点国有林区深山远山林业职工搬迁和国有林场撤并整合任务。

重点开发海洋国土、京津冀都市圈和长江经济带等，是为了加快发展、培育新经济增长极；将老少边穷地区作为重点是为了统筹区域协调发展，确保 2020 年全面建成小康社会[①]。

五、我国"十三五"规划目标的创新性评价

表 5-3 列出了全面小康、国家"十一五""十二五"和"十三五"规划目标指标体系。国家"十三五"规划的主要诉求是坚持五大理念，全面建成小康社会。全面小康是从居民生活的角度强调经济社会发展水平，即相对指标；五年规划是全国经济、社会发展的总体纲要，要统筹部署的社会、经济、文化建设工作，因此，既要考虑相对指标，更要注重总量指标[②]。相较于国家"十一五""十二五"规划和全面小康监测体系[③]，"十三五"在指标体系建设方面表现出较强的科学性和创新性。

表 5-3　"十三五"规划指标体系与全面小康、"十一五"和"十二五"规划指标体系的对比

项目	指标		全面小康	"十一五"	"十二五"	"十三五"	备注
一般诉求	国内生产总值			√	√	√	延续使用
	人均国内生产总值		√	√	△	×	未使用，可商榷
	第三产业占 GDP 比重		√	√		√	延续使用
	文化产业占 GDP 比重		√				总体规划，可以不用
	服务业就业比重		△	√	√		未列入，值得商榷
	全员劳动生产率					√	新增，意义重大
	总人口			√	√	×	未使用，可商榷
	城镇化率		√	√	√	√	延续使用
	人口平均预期寿命		√				延续使用
创新发展	国民平均受教育年限		√	√		△	换成"劳动人口平均受教育程度"
	R&D 占 GDP 比重		√	√	√	√	延续使用
	每万人人口发明专利拥有量				√	√	延续使用
	科技进步贡献率					√	新增，很好
	九年义务教育巩固率		√		√		有了"受教育年限"，可以不用
	高中阶段教育毛入学率		√		√		有了"受教育年限"，可以不用
	互联网普及率	固定宽带家庭普及率				√	新增，体现信息化要求
		移动宽带用户普及率				√	新增，体现信息化要求

---

① 中华人民共和国第十三个五年规划纲要。
② 方创琳，毛汉英. 1999. 区域发展规划指标体系建立方法探讨. 地理学报，54（5）：410-419.
③ 国家统计局. 2008. 全面建设小康社会统计监测方案.

续表

项目	指标		全面小康	"十一五"	"十二五"	"十三五"	备注
绿色发展	单位国内生产总值能源消耗降低			√	√	√	延续使用，非常重要
	万元 GDP 用水下降					√	新调，推动全面节水
	单位工业增加值用水量降低			√	√		有了 GDP 节水，可以不用
	农业灌溉用水有效利用系数			√	√		有了 GDP 节水，可以不用
	工业固体废弃物综合利用率			√			没有使用，值得深思
	（四种）主要污染物排放总量减少			√	√	√	延续使用
	非化石能源占一次能源消费比重				√	√	引导新能源发展，延续使用
	单位国内生产总值二氧化碳排放降低				√	√	强化中国在巴黎会议上的温室气体排放承诺，必须使用
	耕地保有量			√	√	√	延续使用
	森林发展	覆盖率		√	√	√	绿色发展，继续使用
		储蓄量			√	√	绿色发展，可以使用
	空气质量	地级以上城市空气质量优良率	△			√	新增，意义大，操作强
		未达标地级以上城市 PM2.5 浓度下降				√	新增，意义大，操作强
	地表水质	达到或好于Ⅲ类水体比例				√	新增，意义大，操作强
		劣Ⅴ类水体比例				√	新增，意义大，操作强
	新增建设用地规模					√	新增，意义大，操作强
协调与共享发展	城镇居民人均可支配收入		√	√	√	△	调整使用，体现城乡一体化
	农村居民家庭人均纯收入		√	√	√		
	恩格尔系数		√				国际常用
	婴儿死亡率		√				国际常用
	每千人医生数、床位数		√				国际通用
	城镇基本养老保险覆盖人数		△	√			反映共享发展
	基本医疗保险参保率				√	√	反映共享发展
	农村贫困人口脱贫					√	体现精准扶贫
	新型农村合作医疗覆盖率			√			现实已变，调整合理
	城镇新增就业人数		△	√	√	√	扩大就业，时性指标
	五年转移农业劳动力			√			现实意义不大，舍去合理

续表

项目	指标	全面小康	"十一五"	"十二五"	"十三五"	备注
协调与共享发展	城镇登记失业率		√	√		现实意义不大，舍去合理
	城镇人均住房建筑面积	△				反映城镇生活质量，可用可不用
	城镇保障性安居工程建设			√		精准扶贫，实施困难
	城镇棚户区住房改造				√	精准扶贫，临时性项目
	居民文教娱乐服务支出占家庭消费支出比重	√				注重文化娱乐生活，偏窄
	公民自身民主权利满意度	√				难以操作，不采用
	社会安全指数	√				难以操作，不采用
	基尼系数	√				体现协调与共享，可以使用
	城乡居民收入比	√				体现协调与共享，可以使用
	地区经济发展差异系数	√				区域统筹，不如基尼系数好
	高中阶段毕业生性别差异系数	√				现实意义不大

资料来源：国家"十一五""十二五""十三五"规划纲要；顺序有调整；△预期性目标；×未采用。

第一，完善了科学发展观的内涵，提出了五大发展理念，即创新发展、协调发展、绿色发展、开放发展和共享发展，并以此构建了新的指标体系框架。没有把"开放发展"的指标如外商直接外资额、进出口贸易额等纳入，是因为它们都不取决于规划对象本身的努力，但在文本中改革和开放内容则相当丰富。实际上，国家"十一五""十二五"规划的指标体系也都可以归结在五大理念框架之内，一般地区的发展规划也都可以按照五大理念来设计其指标体系。

第二，调整和完善了一些指标，体现了规划的精准性：①调整了人均收入指标，将城镇人均可支配收入与农民人均可支配收入合并为居民可支配收入，体现了统筹城乡、实现城乡一体化的要求。②将"国民平均受教育年限"调整为"劳动人口受教育年限"，更精准、更可操作。③将保障性住房调整为城镇棚户区改造指标，更精准，也更符合"十八大"市场化改革的要求。④脱贫方面，提出农村贫困人口脱贫的数量要求，以及城市棚户区改造要求，而不再使用保障性住房建设要求，体现了精准扶贫、市场化改革和全面建设小康社会的具体要求。

第三，增加了一些新的规划指标，使规划的科学性进一步提高：①增加了全员劳动生产率。经济学者一直关注劳动力成本，并把它作为考察经济发展效率的最主要指标之一。在人口红利逐渐减弱的情况下，强调劳动生产率很有必要。②增加了科技进步贡献率，体现了创新驱动、人才强国的战略要求。③增加了宽带普及率，包括固定互联网和移动互联网两个方面，体现了"互联网+"时代的要求。国际上用每千人宽带用户，没有考虑移动宽带。本项规划与时俱进，更科学合理。④增加了地市级以上空气质量、地表水质等环保指标，更好地体现了绿色发展的要求。

　　第四，规划目标具有弹性，即不简单地标出具体数字，而是用大于或小于，体现引导或限制。这是现代区域规划的趋势[1][2]，本规划的先进性不言而喻。

复习思考题

1. 简述田纳西河流域规划及其对我国的启示。
2. 简述欧洲空间发展规划及其对我国的启示。
3. 简述日本国土规划及其变化对我国的启示。
4. 简述我国"十三五"规划目标的合理性与创新性。

进一步阅读

我国近几次国民经济和社会发展规划，请自行在图书馆或网上查找。

你家乡（省、市、县）国民经济和社会发展规划，同上。

欧洲空间规划材料，同上。

德国空间规划材料，同上。

日本国土规划材料，同上。

① 刘传明，曾菊新. 2006. 新一轮区域规划若干问题探讨. 地理与地理信息科学，22（4）：56-60.
② 吴殿廷，李瑞，吴昊. 2012. 区域规划实施的评估与反馈调整——以国家"十一五"规划为例. 开发研究，（3）：1-5.

第六章　区域发展专项规划

区域规划中的专项规划很多,包括产业发展规划、社会规划、环境规划(environmental planning)和科技规划、基础设施建设规划等。事实上,在我国近些年的五年规划中,各部门、各行业也都在编制规划,这些规划都属于专项规划。

第一节　产业发展规划

区域发展与产业发展两者相辅相成、缺一不可。区域发展是产业发展的空间载体和具体平台,而没有产业发展,区域发展就没有了实质内容。产业发展规划是区域发展规划的延伸,产业发展规划的制定必须遵循产业发展的基本规律和当地实际情况,需要围绕区域发展目标、地理区位和资源禀赋特点,研究产业的空间布局。

一、产业发展规划概述

产业发展是实现区域发展的路径。

产业发展规划要综合考虑具体产业的自然资源和社会经济基础因素,在一定地区范围内对产业发展、产业结构调整、产业布局进行整体部署和安排,并制定相应的策略措施。

产业发展规划对一个国家或地区经济发展影响意义深远。一方面,产业发展规划指导着产业向专业化方向发展,注重产业集聚和产业链的打造,有利于产业中的企业在改进技术、改善工艺、提高质量、加强服务等方面不断创新,形成产业上下游紧密衔接、合作竞争的动力,有利于产业整体技术水平和市场竞争力的提升。另一方面,产业发展规划是区域产业合理布局与协调发展的重要手段与步骤,充分利用地区的自然和经济技术优势把有限的资源配置到重点发展的产业中去,使生产力布局实现合理配置。

一般来说,产业发展规划包括如下几种类型。

一是区域产业发展的总体规划,即在明确区域整体战略基础上,对区域产业结构调整、产业发展布局进行整体布局和规划,同时注重协调好土地开发、生态保护、民生问题、基础设施建设等各方面关系。

二是针对某些重要产业进行专项规划,即在明确区域产业规划的前提下,为主导产业、跟随产业和支持产业的发展进行详细规划,理清产业的发展次序,解决产业聚集的关键问题,形成产业集群所必须的产业生态圈。

三是结合产业发展的重点地区,设立特点的产业园区,做好产业园区规划,即在明确区域产业规划的前提下，为主导产业、跟随产业和支撑产业的发展规划若干专业的产业园区。

二、产业发展总体规划的内容

产业发展总体规划就是指综合运用各种理论分析工具，从当地实际状况出发，充分考虑国际国内及区域经济发展态势，对当地产业发展的定位、产业体系、产业结构、产业链、空间布局、经济社会环境影响、实施方案等做出一年以上的部署安排。下面以河南省灵宝市产业规划为例，说明产业发展总体规划的内容，详见表6-1。

表6-1　灵宝市产业规划内容提纲

主要方面	具体内容
灵宝市产业发展的条件和背景分析	①灵宝市产业发展的历史回顾；②灵宝市经济社会发展的有利条件和不利因素；③灵宝市经济发展的机遇与挑战
灵宝市产业经济评价	①灵宝市产业经济的特点和问题；②灵宝市主导产业竞争力评价；③灵宝市未来产业发展的态势展望
灵宝市产业发展的总体战略	①产业发展的指导思想；②产业发展的目标与指标；③产业发展的任务与重点
改造提升传统优势产业	①改造提升有色金属精深加工基地；②加快建设优质果品生产和加工基地；③传统商贸业的改造和完善；④传统农业的完善与提升；⑤建材和房地产业的调整和改造
大力培育战略性新兴产业	①进一步壮大硫铁化工产业；②探索发展医药、保健品产业；③积极发展物流、旅游、金融、信息等现代服务业；④大力发展优质农业及其加工业
优化产业布局，建好产业园区	①三次产业的总体布局；②重点乡镇的优化布局；③重要园区的产业布局；④整合资源，集聚发展，打造产业集群
扶持和培育重点企业，打造核心竞争力	①农业龙头企业；②采掘型重点企业；③加工型重点企业；④流通-服务型重点企业；⑤打通产业链接，构筑三产融合的产业集团

第二节　社　会　规　划

社会规划是指对一定时期内社会发展目标及其实现手段的总体部署，是依据社会目标进行社会管理的科学手段。

一、社会规划概述

指导和控制社会发展的思想古已有之，但真正科学的社会规划是20世纪以后才出现的。美国社会学家L.F.沃德认为，协同作用是社会结构形成、平衡和发展过程中的主要因素，它可将对立社会力量塑造成新的形式，并按照工程程序发展出促进共同福利的措施。另一位美国社会学家A.埃齐奥尼指出，现代社会正在力求成为"掌握自己命运"的"积极社会"，它们具有进行社会规划的强大政治能力和技术能力。一般来说，社会主义国家普遍制定指令性和指导性相结合的经济与社会发展计划，非社会主义国家大多也制定出指导性的社会规划或局部社区与领域的发展规划。

二、社会规划的主要内容

社会规划一般包括一定时期内社会发展的性质与方向、社会发展速度与规模、社会发展的空间布局和时间布局，以及实现社会发展设想的初步计划。它要求根据人力、物力、资源和社会环境，对社会系统的总体发展做出优化选择，实现经济、科技、社会和环境的协调发展。社会规划一般还包括一套社会指标体系，以表述发展目标，测量并评价社会发展水平和效果。制定社会规划首先要提出指导思想，确立发展目标，然后搜集资料、提出方案和具体实施步骤，进行可行性论证，并在执行过程中不断检验和修正。

三、我国当前社会规划的主要任务与要求

社会发展与广大人民群众的生活消费息息相关，一个国家或区域的社会发展水平必须与经济发展水平相适应，社会发展与经济发展相互促进、相互补充，同时相互影响、相互制衡。当前我国发展虽然处于重要的战略机遇期，面对城乡二元结构、快速城镇化带来的人口迁移和住房教育需求瓶颈，农民工与农村空巢现象、旧城改造与新城规划、越来越严重的老龄化现象等诸多社会难题，社会建设面临着十分艰巨复杂的形势和任务。在这一背景下，需要制定与实施科学的社会规划，以改善社会生活环境和生活质量为最终目标，探索解决现实社会中存在的形形色色的复杂的社会问题，实现社会全面发展与社会公正。

社会发展是以人为本、服务群众的，社会发展规划要从分析人口数量和社会结构入手，研究不同发展阶段的社会发展供需矛盾及发展趋势，特别要以人均收入水平测算社会发展需要。重点关注中低收入家庭住房、医疗卫生、公共安全、文化建设、社会保障和就业等民生领域，配置学校、医院、文化等社会基础设施。社会规划的中心问题是人口数量和人的全面发展，包括医疗卫生、文化教育、住宅保障、社会公平、公共服务等众多领域。从现阶段看，社会事业中的教育、医疗卫生、住房三大领域所存在财政资金覆盖不足及融资缺损严重等问题比较突出。因此，要把文化教育、医疗卫生、保障性住房等社会领域的发展，作为社会规划的着力点。

以医疗卫生领域为例，各地医、学、研相结合的医疗园区建设在推进过程中面临诸多困难，原因之一就是财政资金在卫生方面的投入不足，医疗新区、医疗园等公共基础设施建设的主体不是政府，落在了医院头上，而医院的资金来源只能是有限的公众医疗费用支出。这些公共基础设施建设成本很容易转嫁到公众身上，造成"看病难、看病贵"等社会问题。医疗卫生规划的任务，就是要以未来政府支持和医疗收费作为长期的现金流来源为基础，打破医疗设施发展的融资瓶颈，往下建设社区医院、乡村医院、卫生所，往上建立集中的、大型区域医院、现代化医院，使公众早日受益，医院也可以以平价药为主，不必拼命收费，有效降低公众医疗开支。同样的思路也适合于教育规划、住房规划的编制，都可以用这种模式对这些社会瓶颈领域的中长期资源加以整合，满足社会各阶层的需求[①]。

第三节　环　境　规　划

环境规划是人类为使环境与经济和社会协调发展而对自身活动和环境所做的空间和时间上的合理安排。其目的是指导人们进行各项环境保护活动，按既定的目标和措施合理分

---

① 国家开发银行规划院. 2013. 科学发展规划的理论与实践. 北京：中国财政经济出版社.

配排污削减量，约束排污者的行为，改善生态环境，防止资源破坏，保障环境保护活动纳入国民经济和社会发展计划，以最小的投资获取最佳的环境效益，促进环境、经济和社会的可持续发展。

一、环境规划概述

环境规划是国民经济和社会发展的有机组成部分，是环境决策在时间、空间上的具体安排，是规划管理者对一定时期内环境保护目标和措施所做出的具体规定，是一种带有指令性的环境保护方案，其目的是在发展经济的同时保护环境，使经济与社会协调发展。环境规划实质上是一项为克服人类社会经济活动和环境保护活动出现的盲目性和主观随意性而实施的科学决策活动。

把环境规划列入国民经济和社会发展规划是 20 世纪 60 年代末、70 年代初才开始的。传统的国民经济和社会发展规划是不考虑或很少考虑环境问题的。从产业革命开始到 20 世纪 60 年代漫长的时期内，为了缓和发展与环境的矛盾，也有过环境规划，采取过治理措施，但是只限于对污染的治理，很少采取预防措施。同时，把污染也只看成是一个个孤立的事物，很少从相互联系和整体上加以考虑。从 60 年代末开始，人们逐步认识到控制环境污染和破坏，首先应该从一个地区的全局上采取综合性的预防措施，污染的治理措施应摆在第二位。环境规划就是在这种情况下发展起来的。

在传统的国民经济和社会发展规划中引进环境规划主要是考虑：第一，扩大发展的范围。在经济指标之外，增加了环境质量指标，就是既要求经济效益，又要求环境效益。发展不仅要创造丰盛的物质财富，而且要维护和创造一个适于人类生存的良好环境。第二，健全发展的基础。就是要正确处理局部与整体，眼前利益与长远利益的关系；正确处理经济、社会发展与保护环境，维护生态平衡的关系。做到瞻前顾后，统筹兼顾。

二、环境规划的基本原则

制定环境规划的基本目的，在于不断改善和保护人类赖以生存和发展的自然环境，合理开发和利用各种资源，维护自然环境的生态平衡。因此，制定环境规划，应遵循下述 7 条基本原则：①经济建设、城乡建设和环境建设同步原则；②遵循经济规律，符合国民经济计划总要求的原则；③遵循生态规律，合理利用环境资源的原则；④预防为主，防治结合的原则；⑤系统原则；⑥坚持依靠科技进步的原则；⑦强化环境管理的原则。

三、环境规划的主要内容

环境规划的类型有不同的分类方法。按环境要素可分为污染防治规划和生态规划两大类，前者还可细分为水环境、大气环境、固体废物、噪声及物理污染防治规划，后者还可细分为森林、草原、土地、水资源、生物多样性、农业生态规划；按规划地域可分为国家、省域、城市、流域、区域、乡镇乃至企业环境规划；按照规划期限划分，可分为长期规划（大于 20 年）、中期规划（15 年）和短期规划（5 年）；按照环境规划的对象和目标的不同，可分为综合性环境规划和单要素的环境规划；按照性质，可分为生态规划、污染综合防治规划和自然保护规划。以下为按照性质进行划分的环境规划的不同类型。

（一）生态规划

区域层面的规划和管治是生态系统服务概念最具前途的应用领域。将生态系统服务信息与规划相结合，不仅有利于政府决策，还可以唤醒人们的生态意识，增强生态保护工作的公众参与度①。在编制国家或地区经济社会发展规划时，不是单纯考虑经济因素，而是把当地的地理系统、生态系统和社会经济系统紧密结合在一起进行考虑，使国家或区域的经济发展能够符合生态规律，不致使当地的生态系统遭到破坏。所以在综合分析各种土地利用的"生态适宜度"的基础上，制定土地利用规划是环境规划的中心内容之一。这种土地利用规划通常称为生态规划。

（二）污染综合防治规划

这种规划也称污染控制规划，根据范围和性质不同又可分为区域污染综合防治规划和部门污染综合防治规划。

（三）自然保护规划

保护自然环境的工作范围很广，主要是保护生物资源和其他可更新资源。此外，还有文物古迹、有特殊价值的水源地、地貌景观等。

在环境规划中，还应包括环境科学技术发展规划，主要内容有：为实现上述三方面环境规划所需的科学技术研究项目；发展环境科学体系所需要的基础理论研究；环境管理现代化的研究等。

四、环境规划的编制和实施

由于环境规划种类较多，内容侧重点各不相同，环境规划没有一个固定模式，但其基本内容有许多相近之处，主要为：环境调查与评价、环境预测、环境功能区划、环境规划目标、环境规划方案的设计、环境规划方案的选择和实施环境规划的支持与保证等。此外，在确定环境保护重点时应充分考虑农业实践活动对生物多样性等资源的影响②。下面以环境规划的编制和实施程序为主线对其所包括的具体内容予以介绍。

一般来说，编制环境规划主要是为了解决一定区域范围内的环境问题和保护该区域内的环境质量。无论哪一类环境规划，都是按照一定的规划编制程序进行的。环境规划编制和实施的基本程序如下③。

（一）编制环境规划的工作计划

由环境规划部门的有关人员，在开展规划工作之前，提出规划编写提纲，并对整个规划工作规划组织和安排，编制各项工作计划。

（二）环境现状调查和评价

这是编制环境规划的基础，通过对区域的环境状况、环境污染与自然生态破坏的调研，找出存在的主要问题，探讨协调经济社会发展与环境保护之间的关系，以便在规划中采取相应的对策。

① Galler C, Albert C, Von Haaren C. 2016. From regional environmental planning to implementation: paths and challenges of integrating ecosystem services. Ecosystem Services, 18: 118-129.
② Hervé M, Albert C H, Bondeau A. 2016. On the importance of taking into account agricultural practices when defining conservation priorities for regional planning. Journal for Nature Conservation, 33: 76-84.
③ 何德文，刘兴旺，秦普丰. 2013. 环境规划. 北京：科学出版社.

1. 环境调查

基本内容包括环境特征调查、生态调查、污染源调查、环境质量的调查、环境保护措施的效果调查及环境管理现状调查等。

（1）环境特征调查：主要有自然环境特征调查（如地质地貌，气象条件和水文资料，土壤类型、特征及土地利用情况，生物资源种类形状特征、生态习性，环境背景值等）、社会环境特征调查（如人口数量、密度分布，产业结构和布局，产品种类和产量，经济密度，建筑密度，交通公共设施，产值，农田面积，作物品种和种植面积，灌溉设施，渔牧业等）、经济社会发展规划调查（如规划区内的短、中、长期发展目标，包括国民生产总值、国民收入、工农业生产布局及人口发展规划、居民住宅建设规划、工农业产品产量、原材料品种及使用量、能源结构、水资源利用等）。

（2）生态调查：主要有环境自净能力、土地开发利用情况、气象条件、绿地覆盖率、人口密度、经济密度、建设密度、能耗密度等。

（3）污染源调查：主要包括工业污染源、农业污染源、生活污染源、交通运输污染源、噪声污染源、放射性和电磁辐射污染源等。

（4）环境质量调查：主要调查对象是环境保护部门及工厂企业历年的监测资料。

（5）环境保护措施的效果调查：主要是对工程措施的削污量效果及其综合效益进行分析评价。

（6）环境管理现状调查：主要包括环境管理机构、环境保护工作人员业务素质、环境政策法规和标准的实施情况、环境监督的实施情况等。

2. 环境质量评价

环境质量评价即按一定的评价标准和评价方法，对一定区域范围内的环境质量进行定量的描述，以便查明规划区环境质量的历史和现状，确定影响环境质量的主要污染物和主要污染源，掌握规划区环境质量变化规律，预测未来的发展趋势，为规划区的环境规划提供科学依据。环境质量评价的基本内容如下。

（1）污染源评价：通过调查、监测和分析研究，找出主要污染源和主要污染物及污染物的排放方式、途径、特点、排放规律和治理措施等。

（2）环境污染现状评价：根据污染源结果和环境监测数据的分析，评价环境污染的程度。

（3）环境自净能力的确定。

（4）对人体健康和生态系统的影响评价。

（5）费用效益分析：调查因污染造成的环境质量下降带来的直接、间接的经济损失，分析治理污染的费用和所得经济效益的关系。

（三）环境预测分析

环境预测是根据预测前后所掌握环境方面的信息资料推断未来，预估环境质量变化和发展趋势。它是环境决策的重要依据，没有科学的环境预测就不会有科学的环境决策，当然也就不会有科学的环境规划。

环境预测的主要内容如下。

（1）污染源预测。污染源预测包括大气污染源预测、废水排放总量及各种污染物总量预测、污染源废渣产生量预测、噪声预测、农业污染源预测等。

（2）环境污染预测。在预测主要污染物增长的基础上，分别预测环境质量的变化情况。包括大气环境、水环境、土壤环境等环境质量时、空变化。

（3）生态环境预测。生态环境预测包括城市生态环境预测、农业生态环境预测、森林环境预测、草原和沙漠生态环境预测、珍稀濒危物种和自然保护区现状及发展趋势的预测、古迹和风景区的现状及变化趋势预测。

（4）环境资源破坏和环境污染造成的经济损失预测。

（四）确定环境规划目标

确定恰当的环境目标，即明确所要解决的问题及所达到的程度，是制定环境规划的关键。目标太高，环境保护投资多，超过经济负担能力，则环境目标无法实现；目标太低，不能满足人们对环境质量的要求或造成严重的环境问题。因此，在制定环境规划时，确定恰当的环境保护目标是十分重要的。

环境目标是在一定的条件下，决策者对环境质量所想要达到的状况或标准。环境目标一般分为总目标、单项目标、环境指标三个层次。总目标是指区域环境质量所要达到的要求或状况；单项目标是依据规划区环境要素和环境特征及不同环境功能所确定的环境目标；环境指标是体现环境目标的指标体系。

确定环境目标应考虑以下几个问题：①规划区环境特征、性质和功能；②经济、社会和环境效益的统一；③有利于环境质量的政策；④人们生存发展的基本要求；⑤环境目标和经济发展目标要同步协调。

（五）进行环境规划方案的设计

环境规划设计是根据国家或地区有关政策和规定、环境问题和环境目标、污染状况和污染物削减量、投资能力和效益等，提出环境区划和功能分区及污染综合防治方案。主要内容如下。

（1）拟定环境规划草案。根据环境目标及环境预测结果的分析，结合区域或部门的财力、物力和管理能力的实际情况，为实现规划目标拟定出切实可行的规划方案。可以从各种角度出发拟定若干种满足环境规划目标的规划草案，以备择优。

（2）优选环境规划草案。环境规划工作人员，在对各种草案进行系统分析和专家论证的基础上，筛选出最佳环境规划草案。环境规划方案的选择是对各种方案权衡利弊，选择环境、经济和社会综合效益高的方案。

（3）形成环境规划方案。根据实现环境规划目标和完成规划任务的要求，对选出的环境规划草案进行修正、补充和调整，形成最后的环境规划方案。

（六）环境规划方案的申报与审批

环境规划的申报与审批，是整个环境规划编制过程中的重要环节，是把规划方案变成实施方案的基本途径，也是环境管理中一项重要工作制度。环境规划方案必须按照一定的程序上报各级决策机关，等待审核批准。

（七）环境规划方案的实施

环境规划的实施要比编制环境规划复杂、重要和困难得多。环境规划按照法定程序审批下达后，在环境保护部门的监督管理下，各级政策和有关部门，应根据规划中对本单位提出的任务要求，组织各方面的力量，促使规划付诸实施。

实施环境规划的具体要求和措施，归纳起来有如下几点：①要把环境规划纳入国民经济和社会发展计划中。②落实环境保护的资金渠道，提高经济效益。③编制环境保护年度计划。以环境规划为依据，把规划中所确定的环境保护任务、目标进行层层分解、落实，使之成为可实施的年度计划。④实行环境保护的目标管理，即把环境规划目标与政府和企业领导人的责任制紧密结合起来。⑤环境规划应定期进行检查和总结。

复习思考题

1. 简述区域发展中产业规划的主要内容。
2. 简述我国当前社会规划的主要任务和要求。
3. 简述区域环境规划的基本原则。

进一步阅读

崔功豪，魏清泉，陈宗兴. 1999. 区域分析与规划. 北京：高等教育出版社.

方创琳. 2007. 区域规划与空间管治论. 北京：商务印书馆.

国家开发银行规划院. 2013. 科学发展规划的理论与实践. 北京：中国财政经济出版社.

孙久文，叶裕民. 2004. 区域经济规划. 北京：商务印书馆.

吴殿廷. 2016. 区域分析与规划教程. 2 版. 北京：北京师范大学出版社.

张文忠. 2009. 产业发展和规划的理论与实践. 北京：科学出版社.

第七章 区域分析与规划中常用的指标、模型和方法

本章需要掌握的主要知识点是：

区域分析与规划的基本原理和方法体系。

区域分析与规划中常用的指标和指标体系。

区域分析与规划中的经典模型和评价方法。

区域发展目标的优化和规划方法。

第一节 区域分析与规划方法概述

一、区域系统分析基本原理

（一）系统分析的概念和原则

1.概念

"系统分析"一词源于20世纪40年代，是美国兰德公司（Rand）在完成美国空军的"洲际战争"研究项目——"研究与开发"计划的过程中首次提出并使用的。当时，系统分析的内涵是指对符合系统目标不同方案进行费用和效果的经济评价。第二次世界大战以后，系统分析技术被广泛应用，特别是计算机的广泛使用，使系统分析思想和方法得到推广。

目前，尽管对系统分析的概念有不同的提法，如系统分析、系统工程、系统科学方法等，但有两个基本观点是一致的，即系统分析工作，都与特定的决策者相联系，其中决策者可以处在不同的层次；系统分析是一种思考和研究问题的策略体系，而不是具体的技术方法，系统分析方法必须根据研究对象和分析问题的不同而不同。

2.原则

（1）整体性原则。从整体上考虑并解决问题，把研究对象看成是有机整体（系统），在分析对象的各个组成部分的相对独立性，研究对象的各个组成层次时，总是强调从整体考察部分。认为整体不是部分的机械加和，而是它们的有秩序的组合，客观上可能存在这样的最优或较优的各部分的有机组合秩序（状态），使得总体的功能大于各部分的功能之和，这就是整体优化。特定组合状态是否为优化状态，必须以它是否有利于构成总体优化作为考虑前提，由此建立分析问题和解决问题的模式。这就是说，"整体（系统）"既是考虑问题的出发点，也是解决问题的归宿（目标）。

（2）动态性原则。区域系统都是开放的，离开了环境将不复存在；开放的系统不可能是静止的，必然表现为动态变化。那么，它的演化机制是什么？表现形式怎样？未来趋势

如何？只有把握这些，才能对系统进行优化控制。因此，必须对系统进行动态分析，从历史变化过程把握其动态演化规律，结合环境变化预测其未来发展方向；从系统的输入-输出过程探索其内在演化机制，寻求有效控制的途径和措施。

（3）优化性原则。研究区域系统的目的是改造、利用这个系统。而改造、利用这个系统的目的是获取较多的利益。这"获取较多利益"就是寻优，即优化。应该说，优化思想古已有之，如"两害相较求其轻；两利相较求其大"等，但系统分析中的优化指的是整体的优化、动态的优化，这与以前的局部的最优、静态的最优明显不同。不仅如此，现代系统科学已经发现，对于一个较大的区域系统来说，其最优解可能是存在的，却是很难找到的。因此，在区域规划中，不应该强调绝对的最优，应通过寻求满意解（相对最优）逐步逼近最优解，寻优是一个持续的过程，也是在寻优费用和寻优效果之间权衡的过程。

（4）模型化原则。模型是反映事物变化过程特征和内在联系的简化表现形式。对区域系统进行分析，不仅要揭示系统的结构和功能特征，也要能描述清楚系统内部各组成部分（要素和子系统）之间的相互依存关系和时间、空间上的联系，尽可能把握系统与环境之间的相互作用方式和强度，即要对系统及其环境进行定性、定量综合研究，并用规范的语言、尽量简化的形式描述研究过程和研究结果。模型化是对区域进行深入研究的必然过程，模型，特别是数学模型，是区域系统分析必不可少的工具。

以上原则不是平行的，而是有主有次的，其中整体性原则是根本，其他原则是对整体原则的深化和补充。整体优化思想是系统科学的精髓，是区域系统分析的思想原则和方法论基础。

（二）区域系统分析的特点

1. 多学科性

区域分析的对象是复杂的大系统，这个大系统是许多学科的共同研究客体，有多种作用影响着区域系统的存在和发展。例如，在做能源方面分析时，就必然要涉及物理学、工程学、气候学、生物学、生态学、管理学、经济学、社会学及环境学等各学科的有关概念、理论和方法；在做自然资源利用方面分析时，则涉及土地资源、生物资源、矿产资源、水资源、生态学、水文学、气候学、地质学、经济学、管理学、环境学等各个学科的内容。因此，在做区域系统分析和进行区域规划时，必须依靠多个学科专家的通力合作。

2. 分析结果的多方案性

在区域开发与规划研究过程中，系统分析人员与决策人员往往是不一致的（正因为如此，才有决策支持之说），系统分析者的任务是向决策者提供解决某一问题的可行方案，然后由决策者进行决策方案的选择。这就要求系统分析人员必须提供两个或两个以上的决策方案。否则，要决策者选择就成了空话。此外，前已述及区域系统是一个非常复杂的大系统，对这个大系统进行开发，其最优解可能存在，但很难找寻。能够得到的，都是一定约束条件下的最优解。而约束条件往往是变化的，也常常是不确定的，因而必须从不同的角度进行优化，从而得到不同的开发方案。通过多方案的综合比较，才能选出既切实可行，又较为满意的开发方案，确保区域开发目的的实现。

3. 定性分析与定量分析相结合

区域系统分析离不开数学模型，但因区域系统异常复杂，并不是所有要素及其变化都能量化。因此，在区域系统分析时，必须坚持定性分析与定量分析的结合。如果将区域系统分析单纯地理解为数量分析，将直接影响区域系统分析的进展和质量。

4. 创造性

区域系统分析虽然具有多学科融合的性质，但它绝不是多学科的简单叠加。在区域系统分析中，一方面应广泛吸取自然科学、社会科学各个领域中的已有研究成果；另一方面要善于创造和总结，提出新问题，研究新领域，探索新规律，建立起研究内容体系和理论、方法论体系，为区域开发和规划做出更大贡献①。

（三）区域系统分析的基本范畴

从区域开发与规划的角度看，区域系统分析包括以下几个范畴。

1. 目标

目标即区域系统的要求和要达到的目的。目标既是系统分析的出发点——系统分析的一切工作都要围绕系统分析目标进行，也是系统分析的归宿——系统分析的一切工作都是为系统分析目的服务的。在进行区域系统分析时，要首先明确被分析对象的目标和要求，为其他分析奠定基础。

2. 替代方案

在区域开发活动中，为了实现同一目标，可以采取不同的方式和途径，实现目标的不同方式和途径就是替代方案。区域开发系统分析的一项重要任务，就是在深入细致的调查研究基础上，通过建模、分析、计算、模拟、比较各种方案的利弊，向决策者提供其决策过程中可能用到的有用信息。提供高质量的替代方案，是区域开发决策成功与否的关键。

3. 费用与效益

在区域开发中，任何一个建设或改造项目，都需要花费大量的投资费用，而项目一旦完成，就可以获得一定的效益。区域开发系统分析时，总是希望通过费用与效益的对比分析来确定最佳的方案。一般来说，效益大，费用小的方案是可取的，有时以效益最大为准，有时以效益/费用最大为准。

4. 模型

模型是对实际系统的抽象描述，通过模型可以将复杂的问题转化为易于处理的形式。在区域开发系统分析中，为了研究目标与方案之间的关系、费用与效果之间的关系，往往需要建立模型。对于一些尚待建设的项目，可以通过一定的模型求得系统设计所需要的参数，并据此确定各种约束条件。同时，还可以根据模型来预测各种替代方案的性能、费用和效益，以便对各种替代方案进行分析和比较。

5. 评价准则

在区域开发系统分析中，为了对各种可行的方案进行比较排序，需要有一定的评价准则。一般而言，区域开发系统分析评价准则的确定，应该遵循以下几项原则：①外部条件与内部因素相结合；②眼前利益与长远利益相结合；③局部利益与整体利益相结合；④定性与定量结合。

（四）区域系统分析步骤

系统分析的目的是给决策者提供直接判断和制定最佳方案所需要的信息，系统分析的

---

① 徐建华，段舜山. 1994. 区域开发理论与研究方法. 兰州：甘肃科学技术出版社.

过程就是系统分析者从系统的观点出发，运用科学的方法和工具（主要指计算机），对系统的目标、功能、环境、费用、效益等进行调查研究，收集、分析和处理有关的数据和资料，并据此建立若干替代方案和必要的模型，进行模拟运算和仿真试验，最后将各种运算和试验结果进行比较和评价，整理成完整的综合的有效信息，供决策者作为选择决策方案的依据。

（1）界定问题，识别系统边界；鉴定和描述系统的各个组成部分及彼此之间的相互关系；提出初步的研究目标。

（2）建立数学或逻辑的模型；分析系统的性能并根据要求的准则，如成本、体积、效果和风险等来研究可行的各种备案。

（3）根据特定的准则，选择最优系统（方案）。

（4）建立或实现已选择的物质或抽象的系统（执行方案）。

这几个步骤互相关联，需要不断进行观察、反馈、修正，直到取得圆满结果，详见图7-1。

系统分析要求人们在确定或构成一个问题时，首先对整个系统所处的环境进行深入的研究。要把系统理解为一个从周围环境中划分出来的整体，对这个整体的作用，只有在弄清所有从属部分时，才能得到充分的理解。系统的划分是越来越小的，即先确定一个大系统，再分成若干子系统，每个子系统又划分成更低一级的分支系统，以便分别进行最优处理，统一协调，达到整个系统的最优化。

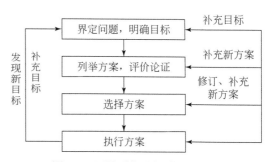

图 7-1　区域系统分析过程示意图

二、区域系统分析和规划中的数学方法

根据研究的内容和目的，区域分析和规划的数学方法可以分成五大类，即系统分析模型、系统预测模型、系统综合（设计）模型、系统规划优化模型、系统决策对策模型。如把基本统计模型单拿出来，则区域分析与规划模型就有六大类。

在确定区域系统边界、明确区域研究目的的基础上，区域系统分析主要是对该系统的技术性能、经济指标、社会效果和生态影响等进行分析评价，对系统的现状进行估算，从而揭示系统的结构、功能特性，发现系统存在的问题及各问题之间的相互关系，以便寻求解决问题的方法。系统预测主要是根据已掌握的信息，利用科学的预测方法，对系统的未来状态做出推断，为系统的优化控制提供参考。系统综合就是对区域开发方案的优化设计，即在满足总目标的前提下，运用大系统分解协调原理与数学模型，设计和协调具体的优化方案，生成若干可供选择的总体优化方案，为最终规划和决策提供选择的基础。系统优化规划模型是根据区域开发目的和系统预测结果等，构建总体优化的数学模型，用特定的模型方法，确定具体的规划目标，揭示各约束条件（资源、资金、市场、劳动力、设备等）对区域发展目标的作用，确保区域经济持续、快速发展。系统决策对策是从实践的角度评价和实施规划方案，并根据可能出现的情况提出对策措施。各类模型中所包含的具体模型、方法见表7-1。

表 7-1　区域规划中的数学模型和方法

类别	目标	方法/模型
系统分析	研究系统要素本身变化规律	概率分析、统计特征值分析、核密度分析等
	分析要素间、子系统间关系	相关分析（线性相关、非线性相关、空间自相关分析）、灰色关联分析、模糊贴近度、因子分析、空间相互作用分析、投入产出分析、诊断模型、回归分析模型、计量经济模型等
	研究系统要素空间变化规律	趋势面分析、对应分析、空间洛伦兹曲线
	研究系统的结构特性	多样化指数、集中化指数、韦弗组合指数、专业化指数、区位熵模型、聚类（系统聚类、灰色聚类、模糊聚类等）分析、投入产出分析、对应分析、因子分析、洛伦兹曲线、结构方程等
	分析系统的功能、效益	价值工程法、功能对比分析、模糊综合评价、生产函数模型、层次分析模型、数据包络分析（DEA 模型）等
系统预测	分析系统演化规律，推断未来变化趋势	时间序列分析方法、专家咨询法、问卷调查法、回归预测、自回归预测、平滑预测、灰色预测、模糊预测、仿真预测、类比预测、神经网络模型等
系统综合	设计开发方案	德尔菲法、头脑风暴法、情景分析法、类比法、比例法等
优化与规划	控制系统朝着最佳方向发展	运筹学模型——线性规划（包括 0-1 规划，整数规划）、动态规划、目标规划、网络规划等；控制论模型——一般控制论模型、大系统递阶模型等
决策与对策	评价、设计、实施	模糊综合评价、计划评审技术、功能对比分析、层次分析等
	依据可能出现的情况提出对策措施	单目标决策——确定型决策、非确定型决策、风险决策等；多目标决策——主导目标法、线性加权法、功效系数法；费用效果法、序列优化法、主分量层次分析法等；矩阵对策——双方对策与多方对策、零和对策与非零和对策等，情景分析法

第二节　区域分析与规划中重要量化指标的辨析

一、恩格尔系数与恩格尔定律

用食品消费占整个生活消费的百分比来说明人们的生活水平。著名经济学家恩格尔发现，随着人们生活水平的提高，人们的食品消费总额也在不断提高，但食品消费在整个生活消费中所占的比例却在不断减小。这个规律被命名为恩格尔定律。恩格尔系数与生活水平之间的关系见表 7-2。

表 7-2　恩格尔系数与生活水平

恩格尔系数	>59%	55%～50%	45%～40%	20%～39%	<20%
生活水平	贫困	温饱	小康	富裕	极富裕

二、区位熵与比较优势

区位熵是最常用的用于测定比较优势的数学方法。具体如下式所示：

$$Q = (N_1 / A_1)/(N_0 / A_0) \qquad (7\text{-}1)$$

式中，N_1 为研究区域某部门产值（或从业人员）；A_1 为研究区域所有部门产值（或从业人员）；N_0 为背景区域某部门产值（或从业人员）；A_0 为背景区域所有部门产值（或从业人员）。

含义：Q 越大，该地区的这个部门所占比例相对越高。区位熵大于 1，表明本区域的该部门相对高（强）于背景区域，因而可能是专业化部门或优势部门。

区域内的产业部门有多个，若同时考察多个区域，则特定区域的某产业的区位熵，可以统一地写成

$$q_{ij} = (x_{ij} / x_{i0})/(y_j / y_0)$$

其中，q_{ij} 为 i 区域 j 部门的区位熵；x_{ij}、y_j 为对象区域、背景区域 j 部门的就业人数（或产值）；x_{i0}、y_0 分别为对象区域、背景区域总就业人数（或产值）。

三、基尼系数与协调发展

基尼系数（Gini coefficient）是意大利经济学家基尼（Gini，1884—1965）于 1912 年提出的用于定量测定收入分配差异程度的系数。其经济含义是：在全部居民收入中，用于进行不平均分配的那部分收入占总收入的百分比。基尼系数最大为"1"，最小等于"0"。前者表示居民之间的收入分配绝对不平均，即 100% 的收入被一个单位的人全部占有了；而后者则表示居民之间的收入分配绝对平均，即人与人之间收入完全平等，没有任何差异。但这两种情况只是在理论上的绝对化形式，实际生活中一般不会出现。因此，基尼系数的实际数值只能介于 0～1。

图 7-2 是一个正方形，横坐标与纵坐标等长。横坐标是样本顺序，按结构百分比由大到小排列；纵坐标是累积百分比。图中上凸的曲线是各样本的累积百分比曲线，也叫洛伦兹曲线。基尼系数就是洛伦兹曲线与对角线所夹的面积 B 与对角线和横坐标所夹的面积 A 之比。

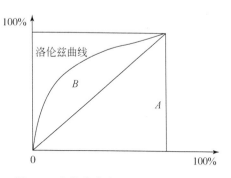

图 7-2　洛伦兹曲线和基尼系数计算图

设 $Y(i)$ 为由大到小排列的结构百分比，$i=1$，2，$\cdots$，N，$X(i)$ 是对应的累积百分比，$X(0)=0$，则

$$A = 1/2 \times 100\% \times 100\% = 0.5$$

$$B + A = \sum_{i=1}^{N-1} 1/2 \times 100\% / N \times [X(i) + X(i-1)]$$

$$B + A = 0.5 / N \times \sum_{i=1}^{N-1} [X(i) + X(i-1)] \qquad (7\text{-}2)$$

$$\text{Gini} = B / A = \{0.5 / N \times \sum_{i=1}^{N-1} [X(i) + X(i-1)] - A\} / A$$

由数学原理可以知道，0≤Gini≤1，Gini 越大，结构的不平衡性越强（集聚性越大）。

在考察居民收入分配差距时，常把居民分成不等距九组（最低 10%、低 10%、较低 20%、中间 20%、较高 20%、高 10%、最高 10%）计算 Gini 系数。联合国有关组织规定：若 Gini 系数低于 0.2 表示收入绝对平均，社会发展缺乏动力；0.2～0.3 表示比较平均；0.3～0.4 表示相对合理；0.4～0.5 表示收入差距较大；0.6 以上表示收入差距悬殊。通常把 0.4 作为收入分配差距的"警戒线"。一般发达国家的基尼指数在 0.24～0.36，美国偏高，为 0.4。中国大陆前几年的基尼系数接近 0.5，近年来有所下降。

四、霍夫曼系数与国民经济的重化工业化

德国经济学家霍夫曼（Hoffmann）对重工业化的过程进行了深入的研究。他用消费资料工业净产值与资本品工业的净产值之比来反映重工业化程度，后来人们称此为霍夫曼比例或霍夫曼系数，即

霍夫曼系数＝消费资料工业的净产值/生产资料工业的净产值

霍夫曼认为，在工业化进程中，霍夫曼系数是不断下降的。这就是著名的霍夫曼定理。

霍夫曼当时使用的消费资料工业与生产资料工业的概念是指轻工业和重工业概念，而实际上这二者的划分不完全相同。轻工业是指以农产品为原料的加工工业，主要生产消费资料；重工业是指以非农产品为原料的加工工业，既生产生产资料，也生产消费资料（如耐用消费品工业）。随着人们消费水平的提高，越来越多的消费品都属于重工业生产领域。霍夫曼系数中的消费资料工业既包括轻工业，也包括部分重工业，并且随着工业化程度的加深，重工业部分的比重不断提高。

当然，在工业化成熟阶段以后，霍夫曼定理就不复存在，霍夫曼系数计算也就没有意义了。

五、人文发展指数、生命素质指数与幸福指数

（一）人文发展指数

人文发展指数也称人类发展指数，即 HDI 指数，系 human development index 的缩写，中文译为人类发展指数（或人文发展指数）。它是在联合国开发计划署（The United Nations Development Programme，UNDP）出版的《1990 年人类发展报告》中首次提出的，是衡量人文发展的三个方面的平均成就的综合性指标：健康长寿的生命，用出生时期望寿命来表示；知识，用成人识字率及大中小学综合入学率来表示，前者的权重为 2/3，后者的权重为 1/3；体面的生活水平，用按购买力平价法计算的人均国内生产总值来表示。

健康指数＝(实际预期寿命-25)/(85-25)×100

教育指数＝(成人识字率指数×2/3)+(综合入学率指数×1/3)

其中，成人识字率指数＝实际成人识字率×100；综合入学率指数＝实际综合入学率×100。

经济生活指数＝[log(实际人均 GNP)-log(100)]/[log(40000)-log(100)]×100

说明：实际人均 GNP 按 PPP＄（购买力平价法）计算。

将这三方面的指数进行简单平均，即为人类发展指数。这个指数在 0～1，指数越接近 1，说明这个国家经济和社会发展程度越高。2004 年中国在预期寿命指数、教育指数和

GDP 指数 3 个分项指数方面与最高的国家相比，还存在一定的差距。预期寿命为 70.9 岁，与日本相差 10.6 岁；教育指数与挪威相差 0.16 个百分点；GDP 指数与卢森堡相差 0.36 个百分点。

（二）生命素质指数

生命质量指数（或生活素质指数），简称为 PQLI（the physical quality of life index）。由美国海外发展委员会于 1975 年提出，用以综合评价社会福利民众教育/生活水平。计算公式为

$$PQLI 值=(识字率指数＋婴儿死亡率指数＋一岁期望寿命指数)/3$$

其中，

$$识字率指数=实际识字率/识字率标准值(全国或全世界平均识字率)$$
$$婴儿死亡率指数=(225 - 每千个婴儿死亡数)/2.22$$
$$一岁期望寿命指数=(一岁期望寿命实际值-38)/0.39$$

（三）幸福指数

幸福感是一种心理体验，它既是对生活的客观条件和所处状态的一种事实判断，又是对于生活的主观意义和满足程度的一种价值判断。它表现为在生活满意度基础上产生的一种积极心理体验。而幸福感指数（简称幸福指数），就是衡量这种感受具体程度的主观指标数值。"幸福感指数"的概念起源于 30 多年前，最早是由不丹国王提出并付诸实践的。

"幸福指数"涉及的 11 个因素为收入、就业、住房、教育、环境、卫生、健康、社区生活、机构管理、安全、工作与家庭关系及对生活条件的整体满意度。

六、产业生命周期与战略性产业的识别

（一）产业生命周期

1966 年弗农（Vernon）提出了产品生命周期理论，随后 Abernathy 和 Utterback 等以产品的主导设计为主线将产品的发展划分成流动、过度和确定三个阶段，进一步发展了产品生命周期理论。在此基础之上，1982 年，Gort 和 Klepper 通过对 46 个产品最多长达 73 年的时间序列数据进行分析，按产业中的厂商数目进行划分，建立了产业经济学意义上第一个产业生命周期模型。产业生命周期是每个产业都要经历的一个由成长到衰退的演变过程，是指从产业出现到完全退出社会经济活动所经历的时间。一般分为初创、成长、成熟和衰退四个阶段[1]。

（二）战略性产业

战略性产业一般界定为攸关一个国家或者地区生死存亡而"不得不"发展的产业。涉及国家根本竞争力、国家安全、国家战略目标实现，影响国家政治地位的产业，都属国家战略产业。

---

[1] Gort M，Klepper S. 1982. Time paths in the diffusion of product innovations. The Economic Journal, 92(367): 630-653.

（三）战略性新兴产业

战略性新兴产业是指建立在重大前沿科技突破基础上，代表未来科技和产业发展新方向，体现当今世界知识经济、循环经济、低碳经济发展潮流，目前尚处于成长初期、未来发展潜力巨大，对经济社会具有全局带动和重大引领作用的产业。

选择战略性新兴产业的依据最重要的有三条：一是产品要有稳定并有发展前景的市场需求；二是要有良好的经济技术效益；三是要能带动一批产业的兴起。目前，我国确定的战略性新兴产业是：节能环保、新一代信息技术、生物、高端装备制造、新能源、新材料、新能源汽车等产业①。战略性新兴产业即产业经济学和发展经济学中的先导产业。

（四）战略性支柱产业

战略性支柱产业指在国民经济中生产发展速度较快、规模较大、对整个经济起引导和推动作用的产业。战略性支柱产业具有较强的连锁效应：诱导新产业崛起；对为其提供生产资料的各部门、所处地区的经济结构和发展变化，有深刻而广泛的影响。我国现阶段的战略性支柱产业是机械电子、石油化工、汽车制造和建筑业。战略性支柱产业即产业经济学和发展经济学中的主导产业。

与这两个概念相关的还有战略产业和支柱产业。

战略产业和重点产业没有本质区别，只是考虑问题的角度不同，有时指关系国民经济发展和产业结构高度化的关键性、全局性、长远性的产业，包含主导产业，也包括先导产业、主导产业和支柱产业，还包括夕阳产业，各产业之间的关系详见图 7-3。确定国家或区域发展的产业重点，除了上述产业外，还要考虑国际国内政治经济形势的变化和长远发展目标的要求。因此，农业、教育、科技等产业，也常作为重点产业和战略产业来抓。

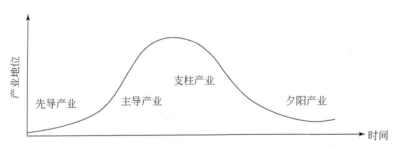

图 7-3　先导产业、主导产业、支柱产业和夕阳产业之间的关系

支柱产业是在国民经济中具有重要战略地位，产业规模在国民经济中占有较大的份额，并起支撑作用的产业或产业群，但不一定起引导作用；往往由先导产业发展壮大，达到较大规模（主导产业）以后成为支柱产业。

先导产业（战略性新兴产业）、主导产业（战略性支柱产业）和支柱产业之间的特征及政策取向，见表 7-3。

---

① 国务院关于加快培育和发展战略性新兴产业的决定. 国发〔2010〕32 号.

表 7-3　各种产业的特点及其政策取向

	先导产业	主导产业	支柱产业	夕阳产业
规模	小	较大	大	由大到小
速度	不稳定	明显快于 GDP	初期略快于 GDP 后期略慢于 GDP	明显慢于 GDP
效益	不一定好	较好——很好	很好——一般	一般——差
当前地位	低	较高	高	由高到低
未来影响	逐渐增大	越来越大	大而稳,后期开始减小	逐渐减小
政策取向	政府大力扶持:制定优惠政策,给予资金扶持	依靠社会力量建设;政府的作用主要是引导、服务,发展配套产业、相关产业	自我积累、自我发展;政府的作用是适当提供技术援助,及时更新换代以延长黄金时间	鼓励转移;适当促退,但要解决好有关的社会问题,如失业后的再就业安排、最低生活保障等

第三节　重要评价指标和发展目标体系

一、现代化指标

现代化指标有多种,常用的是表 7-4 所示的英克尔斯现代化指标。现代化实现程度的评价,可以用这些指标的算术平均值来说明:当该值达到 100 时,为初步实现现代化;达到 160 时为基本实现现代化。

表 7-4　英克尔斯现代化指标体系

项目	现代化标准
人均 GNP/美元[*]	>3000[*]
非农产业占 GDP 比重/%	>85
第三产业占 GDP 比重/%	>45
城市人口占总人口比重/%	>50
非农业就业人口占就业人口比重/%	>70
大学生占 20~24 岁年龄人口比重/%	>12.5
人口净增长率/‰	<10
人口平均预期寿命/岁	>70
平均每千拥有的医生数/人	>1
成人识字率/%	>80

[*]为按实际购买力(PPP)、20 世纪 70 年代美元价格计算。

二、全国百强县评价指标与方法

（一）评价的指导思想

为了客观衡量我国县域社会经济综合发展、协调发展、可持续发展的状况，国家统计局从 1991 年开始连续多年根据全国 2000 多个县域的社会经济统计资料，从发展水平、发展活力、发展潜力三个方面对县域的社会经济综合发展进行测算，这就是每年一届的全国百强县评比。百强县评价虽有弊端，如过多地强调 GDP、对生态环境保护和以人为本体现不够等，但在促进县域经济的发展方面还是起到了一定的引导和示范作用。

（二）评价对象

县（市）范围内的社会活动和县属的经济活动。

（三）指标体系

1. 发展水平

经济规模：国内生产总值、地方财政收入。

产业结构：非农产业比重。

经济发展水平：经济密度、人均国内生产总值、人均地方财政收入、农民人均纯收入、城镇职工平均工资水平（本来应该是"城镇居民人均可支配收入"，但因不是所有的县市都统计该指标而只能用"城镇职工平均工资"来代替）。

社会发展水平：每万人拥有社会福利院床位数、每万人中的医院、卫生院床位数、每万人拥有医院、卫生院技术人员数。

2. 发展活力

发展速度：地区生产总值指数、工业企业发展速度（应该用"工业增加值增长速度"）。

贸易与外资：实际利用外资额与 GDP 之比、出口总额与 GDP 之比（出口依存度）、外资企业比重。

投资：每百户居民民用汽车拥有量、每百户的电话拥有量、人均各项贷款、人均基本建设投资完成额、投资变动率。

3. 发展潜力

财政：地方财政收入占国内生产总值比重、人均科教文卫事业费支出。

生产效率：农业劳动生产率、工业劳动生产率、耕地产出率。

资源环境与基础设施：人均耕地面积、公路密度、有效灌溉面积与耕地面积的比重。

文化教育：每万人中的中学生人数、人均公共图书藏量、每万人全年申请专利数、每个教师负担学生数等。

（四）指标综合方法

根据确定的测评指标体系，采取主成分分析和定性分析相结合的办法，计算出各系统分值，然后加权合成计算出综合发展指数。

三、可持续发展能力评价指标与方法

可持续发展评价指标体系有多种，其中影响较大的是联合国可持续发展委员会的可持续发展指标体系。该指标体系于 1996 年创建，由社会、经济、环境、制度四大系统按驱动力（driving force）、状态（state）、响应（response）模型设计的 142 个指标构成。在社会系统中，主要有 5 个子系统：清除贫困、人口动态和可持续发展能力、教育培训及公众认识、人类健康、人类住区可持续发展。经济系统由 3 个子系统构成：国际经济合作及有关政策、消费和生产模式、财政金融等。环境系统反映以下 12 个侧面：淡水资源、海洋资源、陆地资源、防沙治旱、山区状况、农业和农村可持续发展、森林资源、生物多样性、生物技术、大气层保护、固体废物处理、有毒有害物质安排等。制度系统体现于：科学研究和发展、信息利用、有关环境、可持续立法、地方代表等方面的民意调查。

中国科学院可持续发展研究组设计的中国可持续发展指标体系，分为总体层、系统层、状态层、变量层和要素层五个等级。其中，总体层将表达可持续发展的总体能力，代表着战略实施的总体态势和总体效果；系统层由生产支持系统、发展支持系统、环境支持系统、社会支持系统、智力支持系统等五大系统组成；状态层是在每一个系统内能够代表系统行为的关系结构，其表现形式可以是静态的，也可以是动态的；变量层共采用 48 个指数，从本质上反映状态的行为、关系、变化等的原因和动力；要素层采用可测的、可比的、可以获得的指标及指标群，对变量层的数量表现、强度表现、速率表现给予直接的度量，由 208 个指标组成[①]。

第四节 区域分析主要方法和模型

一、科技进步贡献率的简单测算

区域经济增长因素数量分析的方法较多。目前，在区域经济发展战略规划中，一般是利用产出增长型生产函数，构建区域经济增长速度方程。这种方法一般假设除劳动和资金投入量因素外，其他因素对区域经济增长的作用都看成是科技进步因素的结果。也就是说，科技进步因素对区域经济增长的贡献，可看成是劳动和资金贡献分割后的"余值"。

假定在一个区域内，科技进步过程中生产要素的边际替代率不发生变化，则这个区域的产出增长型生产函数为

$$Y_i = A_i K_i^\beta L_i^\beta \qquad (7\text{-}3)$$

此时，K 为资金投入量；L 为劳动力投入量。这两项在统计年鉴上可以方便地找到。其中，

$$K = 固定资产 + 定额流动资金年平均余额$$
$$L = 社会劳动力（区域）或职工人数（部门）$$

A 隐含了技术的作用，故称技术因子，也称经济技术管理水平；α、β 需通过间接途径求得，如可用多区域或多部门统计数字回归分析得到。一般情况下取 $\alpha=0.3$，$\beta=0.7$。该模型称作柯布-道格拉斯生产函数模型。

假定 $\alpha+\beta=1$，基年为 T_0，n 年为 T_n，有如下定义。

产出平均变化率：$W = \lg(Y_n/Y_0)/n$

① 张志强，孙成权，程国栋，等. 1999. 可持续发展研究——进展与趋向. 地球科学进展，（6）：585-594.

技术平均变化率：$U=\lg(A_n/A_0)/n$

资金平均变化率：$V=\lg(K_n/K_0)/n$

劳动力平均变化率：$R=\lg(L_n/L_0)/n$

技术进步贡献率：$P_A=U/W$

资金增加贡献率：$P_K=(1-P_A)\times V/(V+R)$

劳动增加贡献率：$P_L=1-P_A-P_K$

显然，$P_A+P_K+P_L=1$，即经济的总增长是由资金、劳动力投入的增加和技术进步共同引起的。在现代社会，经济发展主要靠技术进步，如在日本，技术进步的贡献率达 60%～80%。我国目前却不尽然，很多地区是以外延扩大再生产为主，内涵扩大再生产为辅。

科技进步贡献率一直是经济学界特别关注的指标，我国前些年由于劳动就业压力特别大而没有把该指标纳入规划范畴。自"十三五"开始，我国开始强调创新发展，科技进步贡献率因此被作为规划指标。

二、投入产出法

（一）投入产出表

投入产出分析中的"投入"指的是产品生产所消耗的原料、能源、固定资产和活劳动；"产出"是指产品生产出来后的分配流向，包括生产的中间消耗、生活消费和积累。简要地说，投入产出分析最初就是根据国民经济各部门相互之间产品交流的数量编制的一个棋盘式投入产出表，如表 7-5 所示。表中的各横行反映产品的流向，各纵列反映生产过程中从其他部门得到的产品投入。根据投入产出表计算投入系数（也称技术系数），编制投入系数表。利用这些系数可以建立一个线性方程组，通过求解线性方程组，可计算出最终需求的变动对各部门生产的影响。可见，投入产出分析既注重各部门在系统中的数量关系，也考虑了系统内各部门之间的联系方向，是系统结构分析的更深入的研究。现在，投入产出方法已推广到区域人口系统、区域环境系统等结构分析当中。

表 7-5　简化的投入产出表（示意）

投入		中间产品				最终产品	总产品
		1	2	k	n		
中间投入	1	X_{11}	X_{12}	X_{1k}	X_{1n}	Y_1	X_1
	2	X_{21}	X_{22}	X_{2k}	X_{2n}	Y_2	X_2
	K	X_{k1}	X_{k2}	X_{kk}	X_{kn}	Y_k	X_k
	n	X_{n1}	X_{n2}	X_{nk}	X_{nn}	Y_n	X_n
初始投入	V	V_1	V_2	V_k	V_n		
总投入	X'	X'_1	X'_2	X'_k	X'_n		

（二）投入产出模型

作为一张平衡表，投入产出表中的各项数字横行之和为 X_i，纵列之和 X'_i，一般情况下，

从价值的角度说，$X_i = X_i'$。据此，有

横行方程式

$$\sum_{j=1}^{n} x_{ij} + \sum_{j=1}^{m} y_{ij} = X_i \quad (i=1, 2, \cdots, n) \tag{7-4}$$

纵列方程式

$$\sum_{i=1}^{n} x_{ij} + \sum_{i=1}^{k} V_{ij} = X_j \quad (j=1, 2, \cdots, n) \tag{7-5}$$

对于一个较大的区域而言，投入产出表中的数字对比关系在短时间内是不会有太大变化的，也就是说，区域内各部门之间的技术经济联系在短时间内是比较稳定的。因此，有了投入产出表，就可以对区域进行技术经济分析。

定义1：直接消耗系数

$$a_{ij} = x_{ij} / X_j \tag{7-6}$$

由此可以得到直接消耗系数矩阵 A：$A = \{a_{ij}, i, j = 1, 2, \cdots, n\}$。

a_{ij} 的大小，反映了 j 部门在生产一单位产品的过程中直接消耗 i 部门产品的数量。因而有方程式

$$\sum_{j=1}^{n} a_{ij} X_j + \sum_{j=1}^{m} Y_j = X_i \tag{7-7}$$

即 $AX+Y=X \longrightarrow (I-A)X=Y \longrightarrow X=(I-A)^{-1}Y$

式中，I 为单位矩阵。

定义2：完全消耗系数：生产过程中各部门的联系是复杂的，除了直接联系，还有复杂的间接联系。例如，钢的生产直接消耗电，还要消耗铁、煤、设备等，而生产铁、煤、设备又需要电，对钢的生产而言，这部分电的需要是一次间接消耗。此外，还有二次间接消耗、三次间接消耗等。将直接消耗与所有间接消耗之和称为完全消耗，把第 j 部门每生产一单位数量产品最终消耗 i 部门产品的数量称为完全消耗系数，记为 b_{ij}，$B=\{b_{ij}\}$ 为完全消耗系数矩阵。可以证明：

$$B=(I-A)^{-1}-I=(I-A)^{-1}A \tag{7-8}$$

对于一个较大国家、较大地区来说，国民经济各部门之间的联系是相对稳定的，只要每隔一定时期（如5年）对 A 作适当修正，便可以利用投入产出模型进行一定时期的经济循环流程分析。如果把最终产品 Y 的确定与投资系数、投资效果联系起来，则可以进一步研究动态性经济循环流程问题。

（三）投入产出模型的应用

1. 生产结构分析

产品部门结构分析。各类产品总量占总产品的份额比重 $X_j / \sum X_j$ 可以反映社会产品的结构。

产品部类结构分析。根据马克思的再生产理论，社会产品可以分为生产资料与消费资料两类。这两类资料自然应该保持合适的比例。

生产资料总量=中间产品总量+总积累+净出口

消费资料总量=总消费+其他

　　对比这两项的大小，并结合历史变化和现实情况，可以判断消费资料与生产资料的相对盈余。

　　产品去向结构分析。社会产品分为中间产品和最终产品。最终产品是产品的直接去向，中间产品是为最终产品服务的。因此，中间产品的去向由最终产品的去向及其完全消耗系数所决定。社会总产品的去向由某类最终产品加上为该类最终产品服务的中间产品构成。

　　产品的最终去向不能利用积累率或各部门积累率对总产品直接类推。

　　由 $AX+Y=X$ 可得 $Y=(I-A)X$，因此，利用投入产出模型可以反推，每增加一个单位的消费或积累，社会各个部门需要提供的产品。

2. 分配结构分析

　　总产品的分配结构分析。社会总产品的分配有两个方面：一是中间使用；二是最终使用。中间使用是社会生产的手段，最终使用是社会生产的目的。因此，从理论上说，当社会总产品一定时，中间使用所占的比重（中间产品率）越小越好，中间产品率的下降，意味着经济效益的提高。

　　与中间产品率相对应的是净产值率。净产值率越高，经济效益越好。

　　最终产品的分配结构分析。最终产品的分配有三个基本途径：一是消费；二是积累；三是净出口。在消费中又可以进一步分为居民消费和社会消费；在积累中又可以进一步分为固定资产积累和流动资产积累。

　　积累在最终产品中所占比例（积累率）的大小反映了社会再生产能力的大小。要加速发展经济，就必须保证必要的积累率。经济起飞过程中，积累率不能低于10%。但从长远的角度看，积累率过大，不利于社会需求的增长，也与提高人们的物质文化生活水平这一生产的根本目的相矛盾。

　　中间产品的分配结构分析。利用中间产品流量 X_{ij} 与中间产品总量 $\sum\sum X_{ij}$ 的比重可以了解各部门产品在社会生产中的地位与作用。该比重越大，地位就越重要。$X_j/\sum\sum X_{ij}$ 从需求的角度反映了 j 部门的重要程度，$X_i/\sum\sum X_{ij}$ 则从供给的角度反映了 i 部门的重要程度。

3. 经济效益分析

　　成本效益分析。

　　物耗产值率：$X_j/\sum X_{ij}$。

　　折旧产值率：X_j/D_j。

其中，D_j 为 j 部门折旧额（基本折旧+大修理折旧）。

　　工资产值率：X_j/V_j。

　　物耗利税率：$M_j/\sum X_{ij}$。

其中，M_j 为部门利税总额，包括福利基金、利税及其他。

　　工资利税率：M_j/V_j。

　　物耗净产值率：$(V_j+M_j)/\sum X_{ij}$。

　　成本产值率：$X_j/(\sum X_{ij}+D_j+V_j)$。

　　成本利税率：$M_j/(\sum X_{ij}+D_j+V_j)$。

　　此外，还有折旧净产值率、工资净产值率等。

　　技术效益分析。社会生产的增长越来越依靠科技进步。通过不同年份投入产出表的对比，可以分析由科技进步所带来的节约情况。这种节约可以是物质消耗的节约，也可以是劳动消耗的节约。这可以从各种消耗系数中得到说明。

资源效益分析。资源效益反映出生产过程中对资源的消耗和占用。资源包括能源、土地、水资源等。随着国民经济的发展，这些资源的有限性愈益突出，逐步成为社会进步的瓶颈。因此，提高各种资源的利用率，是一项具有战略性的任务。利用投入产出模型可以分析各部门对这些资源的耗用情况，但需在原始投入产出表中包括有关数据。

4. 对已有计划方案进行评价

已知现有计划方案中的最终产品为

$$Y'=(y_1',\ y_2',\ \cdots,\ y_n')^{\mathrm{T}} \tag{7-9}$$

各部门的总产量为

$$X'=(x_1',\ x_2',\ \cdots,\ x_n')^{\mathrm{T}} \tag{7-10}$$

要检查此方案是否可行，首先计算：

$$X^*=(I-A)^{-1}Y'$$

$$记\quad X^*=(x_1^*,\ x_2^*,\ \cdots,\ x_n^*)$$

然后，计算各部门的不平衡系数：

$$K_i=(x_i'-x_i^*)/x_i^* \qquad (i=1,\ 2,\ \cdots,\ n) \tag{7-11}$$

K_i 越大，i 部门的不平衡性越大。

5. 最优产业结构的确定

美国多夫曼、萨缪尔森和索洛等发现，在一定经济发展水平下，当资源配置最优时，存在着最优经济均衡增长途径，即大道定理，并可以证明均衡增长率由结构关联技术水平矩阵（即直接消耗系数阵）A 所决定，均衡增长的增长率和均衡增长产出结构分别等于非负矩阵 A 的弗罗比尼斯特征根（即最大特征根）和相对应的弗罗比尼斯向量（最大特征根所对应的特征向量）。据此，可以构造产业结构偏离度：

$$K_i=1-\min(x_i,\ u_i)/\max(x_i,\ u_i) \tag{7-12}$$

式中，x_i 为实际的生产结构；u_i 为最优的生产结构（弗罗比尼斯向量）。K_i 越大，i 部门偏差越大。

产业结构的总体协调情况可以用实际的生产结构向量与最优的生产结构向量之间夹角余弦来表示，即

$$k=\cos\alpha=\frac{\sum_{i=1}^{n}x_i\times u_i}{\sqrt{\sum_{i=1}^{n}x_i^2\times\sum_{i=1}^{n}u_i^2}} \tag{7-13}$$

k 越大，结构优化协调性越好。

6. 经济最大可能发展速度的确定

经济发展速度取决于很多因素，在资源供应有保障的前提下，投资强度越大，发展速度越快。当产业结构协调时，投资的作用可以得到充分发挥，此时的经济发展速度为

$$v=t/\lambda \tag{7-14}$$

式中，v 为最大可能的经济发展速度；t、λ 分别为投资率、直接消耗系数矩阵 A 的弗罗比尼斯特征根（最大特征根）。此式说明，经济最大可能发展速度是由投资率和直接消耗系数

矩阵A决定的——与投资率成正比，与直接消耗系数矩阵A的最大特征根成反比。

与投资率成正比好理解，投资越多，发展越快。但为什么与A的最大特征根成反比呢？从数学含义上看，矩阵特征根反映的是矩阵的结构，即最大特征根越大，矩阵的集中性越强，多样性越差，结构越单一；反之，矩阵特征根越小，矩阵的多样性越强，结构越复杂。对于经济结构矩阵A来说，前者（最大特征根大）的乘数效应差，后者（最大特征根小）的乘数效应强。这说明上述公式是合理的。用此公式计算，发现20世纪90年代陕西省、大连市和全国整体经济的发展速度都应该在20%以上。

三、层次分析法

（一）概述

层次分析法（the analyti hierarchy process，AHP），是美国运筹学家T.L Saaty于20世纪70年代提出来的。它是一种无结构的多准则决策方法，将定性分析和定量分析相结合，把人们的思维过程层次化和数量化，在目标因素结构复杂且缺乏必要的数据情况下尤为实用。

层次分析法的基本原理可用以下简单事例加以说明。假设有m个物体A_1，A_2，$\cdots$，A_m，它们的重量分别记为W_1，W_2，$\cdots$，W_m。现将每个物体的重量两两进行比较，见表7-6。

表7-6　层次分析表式（1）：数据含义表

	A_1	A_2	$\cdots$	A_m
A_1	W_1/W_1	W_1/W_2	$\cdots$	W_1/W_m
A_2	W_2/W_1	W_2/W_2	$\cdots$	W_2/W_m
$\vdots$	$\vdots$	$\vdots$		$\vdots$
A_m	W_m/W_1	W_m/W_2	$\cdots$	W_m/W_m

若以矩阵表示这种相对重量关系，即

$$A=(W_{ij})_{n \times n} \tag{7-15}$$

其中，$W_{ij}=W_j/W_i$，i，$j=1$，2，$\cdots$，m。A称为判断矩阵。若取重量向量$W=(W_1, W_2, \cdots, W_n)^T$，则有

$$AW=mW \tag{7-16}$$

这就是说，W为判断矩阵A的特征向量；m为A的一个特征值。事实上，根据线性代数知识不难证明，m是A的唯一非零的、也是最大的特征值，而W为其所对应的特征向量。

上述事实表明，如果一组物体，需要知道它们的质量（重量），而又没有衡器，可以通过两两比较它们的相互质量（重量），得出每对物体质量（重量）比的判断，从而构成判断矩阵。然后，通过求解判断矩阵的最大特征值$\lambda_{\max}$和它所对应的特征向量，就可以得出这一组物体的相对重量。根据这一思路，在区域开发研究或区域规划当中，对于一些无法测量的因素，只要引入合理的标度，就可以用这种方法来度量各因素的相对重要性，从而为区域开发决策提供依据。

（二）基本步骤

1. 明确问题
弄清问题的范围、所包含的因素、各因素之间的关系等。

2. 建立层次结构
将问题所包含的因素进一步分组，把每一组作为一个层次，按照最高层（目标层）、若干中间层（策略层）及最低层（措施层）的形式排列出来。这种层次结构常可用表 7-7 来表示。表中要注明上下层因素之间的关系。如果某一因素与下层的所有因素均有联系，则称这个因素与下一层存在完全层次关系；如果某一因素只与下一层的部分因素有联系，则称这个因素与下一层次存在不完全层次关系。

表 7-7　层次分析表式（2）：层次单排序

A_k	B_1	B_2	...	B_n
B_1	b_{11}	b_{12}	...	b_{1n}
B_2	b_{21}	b_{22}	...	b_{2n}
⋮	⋮	⋮		⋮
B_n	b_{n1}	b_{n2}	...	b_{nn}

3. 构造判断矩阵
针对上一层次中某一因素而言，评定本层次中各有关因素的相对重要性。其形式见表 7-7。

其中，b_{ij} 表示对于 A_k 而言，因素 B_i 对 B_j 的相对重要性的判断值。b_{ij} 一般取 1，3，5，7，9 等 5 个等级表度，其意义为：1 表示 B_i 于 B_j 同等重要；3 表示 B_i 比 B_j 重要一点；5 表示 B_i 比 B_j 重要得多；7 表示 B_i 比 B_j 很重要；9 表示 B_i 比 B_j 极端重要。而 2，4，6，8 表示相邻判断的中值，当 5 等级不够用时，可以使用这些数值。

一般来说，应该有 $b_{ii}=1$，$b_{ij}=1/b_{ji}$（$i,j=1,2,\cdots,n$）。因此，在构造判断矩阵时，只需写出上三角或下三角即可。

判断矩阵的数值是根据数据资料、专家意见和分析者的认识加以综合给出的。衡量判断矩阵质量的标准是矩阵中的判断是否具有一致性。如果存在 $b_{ij}=b_{ik}/b_{jk}$，$i,j,k=1,2,\cdots,n$，称它具有完全一致性。因客观事物的复杂性和人们对事物认识的多样性，要求每一判断矩阵都有完全一致性很难做到，因素多、规模大的问题更是如此。为了考察层次分析法得到的结果是否基本合理，需要对判断矩阵进行一致性检验。

4. 层次单排序
层次单排序的目的是对于上层次中的某因素而言，确定本层次与之有联系的因素重要性次序的权重值。它是本层次所有因素对上一层次而言重要性的基础。

层次单排序的任务可以归结为计算判断矩阵的特征根和特征向量问题，即对于判断矩阵 B，计算满足下式的特征根和特征向量：

$$BW=\lambda_{\max}W \tag{7-17}$$

式中，$\lambda_{\max}$ 为 B 的最大特征根；W 为对应于 $\lambda_{\max}$ 的正规化特征向量；W 的分量 W_i 就是对应因素单排序的权重值。

　　根据前述可以知道，当判断矩阵具有完全一致性时，$\lambda_{max}=n$。但在一般情况下很难做到判断矩阵的完全一致性。为了检验判断矩阵的一致性，需要计算一致性指标：

$$CI=(\lambda_{max}-n)/(n-1) \tag{7-18}$$

式中，当 CI=0 时，判断矩阵具有完全的一致性；反之，CI 越大，判断矩阵的一致性越差。

　　为了检验判断矩阵是否具有令人满意的一致性，需将 CI 与平均随机一致性指标 RI 进行比较。一般而言，1 或 2 阶判断矩阵总是具有一致性的，对于 2 阶以上的判断矩阵，其一致性指标 CI 与同阶的平均随机一致性指标 RI 之比，称为判断矩阵的平均一致性比例，记为 CR。一般，当 CR=CI/RI<0.10 时，判断矩阵具有满意的一致性；否则，就需要对判断矩阵进行调整，直到满意为止，见表 7-8。

表 7-8　随机一致性检验值

阶数	1	2	3	4	5	6	7	8	9	10	11	12	13	14	15
RI	0	0	0.58	0.90	1.12	1.24	1.32	1.41	1.45	1.49	1.52	1.54	1.56	1.58	1.59

5. 层次总排序

　　利用同一层次中所有层次单排序的结果，用线性加权模型就可以计算针对上一层次而言的本层次所有元素的重要性权重值，这就称层次总排序。

　　若上一层次所有元素 A_1，A_2，$\cdots$，A_m 的层次总排序已经完成，得到的权重值分别为 a_1，a_2，$\cdots$，a_m，与 a_j 对应的本层次元素 B_1，B_2，$\cdots$，B_n 的层次单排序结果为：$[b_{1j}, b_{2j}, \cdots, b_{nj}]^T$（这里，当 B_i 与 A_j 无关时，$b_{ij}=0$），那么，得到的层次总排序如表 7-9 所示。

表 7-9　层次分析表式（3）：层次总排序表

层次 A / 层次 B	A_1	A_2	$\cdots$	A_m	B 层次
	a_1	a_2	$\cdots$	a_m	总排序
B_1	b_{11}	b_{12}	$\cdots$	b_{1m}	$\sum a_j \times b_{1j}$
B_2	b_{21}	b_{22}	$\cdots$	b_{2m}	$\sum a_j \times b_{2j}$
$\vdots$	$\vdots$	$\vdots$	$\vdots$	$\vdots$	$\vdots$
B_n	b_{n1}	b_{n2}	$\cdots$	b_{nm}	$\sum a_j \times b_{nj}$

　　显然，

$$\sum_{i=1}^{m}\sum_{j=1}^{n}a_j b_{ij}=1 \tag{7-19}$$

即层次总排序为归一化的正规向量。

6. 一致性检验

　　为了评价层次总排序计算结果的一致性，类似于层次单排序，也要进行一致性检验。为此，需计算下列指标：

$$
\begin{aligned}
CI &= \sum a_j \times CI_j \\
RI &= \sum a_j \times RI_j \\
CR &= CI/RI
\end{aligned} \tag{7-20}
$$

式中，CI 为层次总排序的一致性指标；CI_j 为与 a_j 对应的 B 层次中的判断矩阵一致性指标；RI 为层次总排序的随机一致性指标；RI_j 为与 a_j 对应的 B 层次中判断矩阵的随机一致性指标；CR 为层次总排序的随机一致性比例。

同样，当 CR<0.10 时，就认为层次总排序的计算结果具有令人满意的一致性；否则，就需对本层次的各判断矩阵进行调整，从而使层次总排序具有令人满意的一致性。

按照这套理论，笔者在编制辽宁省国土规划过程中从两方面进行了探索：一是在规划的组织上，先把总的规划工作划分为三大块，即国土资源的基础研究、国土规划的重大决策问题研究和总体规划。其中，每个部分又进一步进行分解和落实。二是在总体规划过程中，在规划目标和指标体系建设上，分别从经济发展、社会进步和生态保护等方面进行自上而下的递阶分解，落实到 28 个具体操作指标上，详见图 7-4。

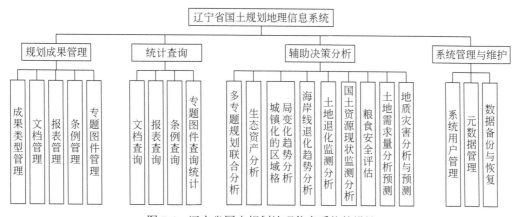

图 7-4　辽宁省国土规划地理信息系统的设计

资料来源：吴殿廷. 2010. 辽宁省国土规划（总体规划）研究报告

层次分析法不仅可以用作复杂问题的递节分解，更主要的是用在不同等级、不同因素的影响评价上。

四、案例：新型城镇化的内涵界定与评价方法

（一）新型城镇化的内涵

新型城镇化是以城乡统筹、城乡一体、产城互动、节约集约、生态宜居、和谐发展为基本特征的城镇化[1]，是大中小城市、小城镇、新型农村社区协调发展、互促共进的城镇化[2]。新型城镇化的核心在于不以牺牲农业和粮食、生态和环境为代价[3]，着眼农民，涵盖农村，实现城乡基础设施一体化和基本公共服务均等化，促进经济社会发展，实现共同富裕[4]。

新型城镇化就是坚持以人为本，以新型工业化为动力，以统筹兼顾为原则，以和

---

① 尚娟. 2013. 中国特色城镇化道路. 北京：科学出版社.
② 汪光焘. 2003. 关于中国特色的城镇化道路问题. 城市规划，（4）：11-14.
③ 胡锦涛. 2005. 胡锦涛主持中共中央政治局第二十五次集体学习时强调：坚持走中国特色的城镇化道路，推动我国城镇化健康有序发展. 城市规划通讯，（19）：1.
④ 田野. 2016. 半月评论：扎实推进新型城镇化. http://www.banyuetan.org/jrt/121031/71711.shtml [2016-10-31].

谐社会为方向，以全面、协调、和谐、可持续发展为特征，推动城市现代化、城市集群化、城市生态化①，全面提升城市化质量和水平，走科学发展、集约高效、功能完善、环境友好、社会和谐、个性鲜明、城乡一体、大中小城市和小城镇协调发展的新型城市化路子②。

（二）新型城镇化进程评价指标与数据处理

新型城镇化内涵丰富，表现多样，因此，不可能用一两个单独指标直接加以描述③，必须按照层次分析法的思路建立指标体系，用综合的方法进行评价④。

新型城镇化是一个过程，单纯地说某一地区的城镇化特点是新或旧、科学或不科学，也是难以做到客观、准确、全面的，只有在比较中才能识别，在动态变化过程中才能明了。为此，采用多指标综合和横向对比相结合的方法来评价辽宁省的新型城镇化特点。

考虑我国正处在城镇化快速发展阶段，加快城镇化是党的"十八大"提出的一大战略，所以，提高城镇化率是推进新型城镇化的一个重要途径。为此，首先把城镇化率（X_1）纳入进来。

城镇化不仅仅是人的城镇化，还要有产业支撑，特别是非农产业的发展⑤。为此，必须把非农产业比重或（和）非农就业比重作为重要考察指标（X_2）。

新型城镇化与传统城镇化的一个重要方面，就是注重城镇化的质量。为此，有必要把城镇居民的恩格尔系数（X_3）、城镇登记失业率（X_4）、建成区绿化覆盖率（X_5）等纳入。

新型城镇化还特别强调统筹城乡协调发展⑥，因此，在提高城镇居民人均收入（X_6）的前提下，缩小城乡居民之间生活水平差距、坚持基本公共服务均等化等，也要纳入考察范围。这里，用城乡居民收入比（X_7）来反映。该比值越小，越与新型城镇化的要求相悖。

新型城镇化也强调生态文明和环境改善⑦。因数据限制，用城区人均建设用地（X_8）、单位 GDP 能耗降低率（X_9）和工业固体废弃物综合利用率（X_{10}）来反映各地区在此方面的努力。

这些指标有的是正指标，即数值越大，越能体现新型城镇化的要求，如城镇化率、非农产业比率、工业固体废弃物综合利用率等；有的是逆指标，如城镇居民恩格尔系数、登记失业率等，需要进行正向化处理；有的是以某一特定值为标准的指标，超过或低于该指标都不好，如城区人均建设用地、建成区绿化率，需要用恰当的转换模型将其正向一致化。

（三）新型城镇化综合评价模型选择

对指标综合评价模型很多，如层次分析法、模糊综合评价方法、主成分分析方法等。

① 张占仓. 2010. 河南省新型城镇化战略研究. 经济地理，(9)：13-18.
② 杨帆. 2008. 新型城市化及其评价指标. 理论学习，(9)：30.
③ 牛文元. 2012. 中国新型城市化报告. 北京：科学出版社.
④ 吴殿廷，李东方. 2004. 层次分析法的不足及其改进途径. 北京师范大学学报（自然科学版），(2)：264-268.
⑤ 中国经济增长与宏观稳定课题组. 2009. 城市化、产业效率与经济增长. 经济研究，(10)：2-17.
⑥ 刘嘉汉. 2011. 统筹城乡背景下的新型城市化发展研究——以全国统筹城乡综合配套改革试验区成都为例. 成都：西南财经大学博士学位论文.
⑦ 曾志伟，汤放华，易纯，等. 2012. 新型城镇化新度度评价研究——以环长株潭城市群为例. 城市发展研究，(3)：1-4.

为避免人为性，应尽量采取客观评价的方法。

（四）辽宁省新型城镇化进程的整体评价

单纯地讨论一个地区的城镇化质量或新型城镇化进程是没有意义的，必须通过区域之间的比较才能看出这个地区城镇化的特点。以全国 31 个省份（不含港澳台）为比较对象，用这些省份 2011 年的统计数据作为依据，分别计算各地区的综合得分，然后考察辽宁省和周边相关省份的情况，以此说明辽宁省新型城镇化的业绩或问题，详见表 7-10。

表 7-10 新型城镇化评价的指标体系设计

目标层：新型城镇化要求	操作层：具体指标	含义及意义
社会进步，转型发展	城镇化率	辽宁省正处在城镇化快速发展阶段，提高城镇化很有意义
	非农产业增加值比例	非农产业是城镇化和现代化的重要经济保障
以人为本，提高城镇化质量	城镇居民恩格尔系数	降低恩格尔系数是提高城市居民生活水平的标志
	城镇登记失业率	增加就业，避免拉美国家过度城镇化所带来的问题是中国城镇化的一大特色[①]
	建成区绿化覆盖率	提高建成区绿化覆盖率是保证城市生态质量的重要方面
统筹城乡协调发展	城镇人均可支配收入	提高城镇居民收入，是提高城镇化质量、落实以人为本的基本要求
	乡城人均收入比	统筹城乡协调发展，逐步缩小城乡居民收入差距是中国特色城镇化的基本要求
节能降耗，可持续发展	城区人均建设用地	节约土地是新型城镇化的重要标志；人均占有土地面积过大使土地不节约，太小使生态环境没保证
	单位 GDP 能耗降低	节能降耗是新型城镇化的重要任务
	固体废弃物综合利用率	发展循环经济、减少环境污染，是新型城镇化的基本要求

1. 单项评价

1）对各指标进行正向归一化

城镇化率、非农产业比、非农就业比、工业固体废弃物处理率等，都是正指标，以 100% 为最大值，0% 为最小值进行极值归一化，实际上直接使用表中统计表中的数字即可。

城镇居民家庭可支配收入也是正指标，用简单的理想值（40000 元）归一化进行数据处理，计算公式是

$$y_{ij}=x_{ij}/40000\times100$$

城镇登记失业率、城镇居民恩格尔系数等，是逆指标，需要作逆向归一化。其中，失业率直接转化为就业率即可；恩格尔系数转化非食品消费占生活总消费的百分之百，计算公式是

$$y_{ij}=(100-x_{ij})\times100$$

城市人口密度（人均建设用地）、城市绿地覆盖率是中间取值最好的指标。其中城市人口密度，按照国标《城市规划》中城市建设用地人均 $100\sim120\text{m}^2$ 标准，取中间值，即人均

① 仇保兴. 2010. 中国的新型城镇化之路. 中国发展观察，（4）：56-58.

110m² 计算，相当于每平方公里 9091 人，超过的或太低的都不合适。全国各地区目前都未达到这个标准，因此，可以用这个值作为极大值进行简单的归一化：

$$y_{ij}=x_{ij}/9091\times100$$

建成区绿化覆盖率太小保证不了生态环境质量，太大了浪费土地。以 50% 为准进行归一化。因为目前 31 个省份都没有达到这个标准，所以，可以用 50% 作为最大值进行简单的归一化。

乡城收入比，即农民人均纯收入和城镇居民人均可支配收入之比，考虑这两个指标不是通过同一核算体系计算出来的，而且城乡物价也有差异。所以这个比值，以 1:1.2 为合理，即农民人均纯收入 10000 元，相当于城镇居民人均可支配收入 12000 元的生活水平。乡城收入比以 1.2 为最大值进行归一化。

2）辽宁省单项指标的具体评价结果

人口城镇化排在全国第 5 位，除了 3 个老直辖市外，只有广东排在辽宁前面。

产业非农化排在第 9 位，除了 4 个直辖市外还有浙江、广东、江苏和山西排在辽宁前面。

就业率实际上没有什么意义，各地统计结果都差不多。

城镇居民恩格尔系数，辽宁省则排在第 25 位，这方面确实很落后，辽宁城市副食品价格高，食品消费在整个生活消费中所占的比例也相对较高。

建成区绿化覆盖度方面，辽宁省的情况较好，排在全国的第 10 位，辽宁省在大力推进城镇化的过程中，努力提高建成区的生态质量，这一点是值得肯定的。

城镇居民人均可支配收入，辽宁省排在第 9 位，除了 3 个老直辖市外，排在辽宁前面的有浙江、广州、江苏、福建和山东。

城乡差距缩小方面，辽宁省排在第 8 位，除了 3 个老直辖市外，排在辽宁省前面的是黑龙江、吉林、浙江和江苏。其中，黑龙江和吉林是因为城镇居民人均可支配收入太小；浙江和江苏是真正在这方面走在全国省区前列的。

城建用地节约方面，即城市人口密度，辽宁省丢分较多，排在全国第 26 位，粗放型的城镇化、盲目圈地、占地的情况比较严重。

节能降耗方面，辽宁省排在第 19 位，老工业基地的振兴和发展，在节能降耗和产业结构调整方面任重道远。

工业固体废弃物综合利用方面，辽宁省排在全国的第 21 位，要注意发展循环经济，促进新型工业化和新型城镇化的融合与互动。

2. 综合评价

首先用主成分分析看能否通过降维的方式直接进行评价。主成分分析的结果是：超过 1 的特征根有 3 个，这 3 个特征跟的累计贡献率刚过 60%，说明全国各地区新型城镇化非常复杂，很难用一两个综合指标去描述。第 4 个特征根也接近（0.97）平均值 1，前 4 个特征根的累计贡献率达到了 74.7%，就用前 4 个特征根所对应的特征向量来计算各地区新型城镇化的综合得分。据此测算的各地区新型城镇化进程评价的综合结果。全国 31 个省份中，新型城镇化质量较高的是上海、天津、北京和浙江、广东、江苏和福建等，辽宁省排在第 9 位，排在辽宁省前面的还有山西（具体数据略）。

与周边省份相比，辽宁省在新型城镇化进程方面还算不错，详见表 7-11。这就是说，辽宁省在新型城镇化的综合发展方面做出了巨大的努力，其现实态势与其在全国经济社会中的地位大体相符。

表 7-11　辽宁省新型城镇化进程及其与周边省份的对比（单项得分和综合得分）

省份	城镇化率	非农产业比重	就业率	城镇恩格尔系数	城镇可支配收入	乡城收入比	建成区绿化覆盖率	城市人口密度	能耗降低	工业固体废物综合利用率	综合得分
辽宁	64.05	91.38	96.3	59.46	51.17	48.65	79.6	18.83	78.6	4.77	1.8842
吉林	53.4	87.91	96.3	57.8	44.49	50.64	68.4	26.08	79.8	6.88	-1.3832
黑龙江	56.5	86.48	95.9	51.64	39.24	58.04	72.6	56.61	79.2	5.08	-0.4468
内蒙古	56.62	90.9	96.2	67.46	51.02	39.06	68.2	8.40	73.2	6.96	0.7907
河北	45.6	88.15	96.2	61.08	45.73	46.71	84.2	25.98	80.4	3.03	0.0174
山东	50.95	91.24	96.6	63.4	56.98	43.92	83	15.28	80.8	2.3	-0.2307

第五节　区域规划中的预测方法

到目前为止，预测学已提供了 200 多种预测方法，但从总体上说，这些方法可以归结为结构化预测和非结构化预测两大类。

结构化预测指的是借助物理原型或数学方法建立定量化模型进行预测。在区域规划研究中常见的结构化预测方法有确定性模型（数量经济学等模型等）、回归预测法、马尔可夫预测法和灰色预测法等。

非结构预测主要是通过定性分析和经验判断给出预测结论。区域开发与规划中的许多预测问题，如社会形态及其结构、重大科技进步、市场结构等，因找不到适用的物理原型和数学方法，或得不到足够的数据信息，无法建立定量预测模型，只能用定性分析和经验判断方法进行预测。在非结构化预测中，通过恰当的设计可以把复杂的定性问题化为相对简单或有定量特征的问题，从而可以借助现代方法如统计分析、模糊数学和计算机模拟等进行预测。这方面比较常用的方法有专家会议法、德尔菲（Delphi）预测法、交叉影响分析法等。

一、结构化预测方法

（一）确定性预测

确定性预测就是通过建立反映要素之间的确定性关系的数学模型而进行的一种预测方法。其基本做法是：首先根据大量的实验数据，或借助于有关理论、法则或数学推理建立反映要素之间相互关系的确定性数学模型或明确的函数关系，然后利用这种模型或关系，通过一些可控、可测的要素对另外一些难控、难测的要素进行预测。例如，要对某要素的未来发展趋势进行预测，可首先建立反映该要素与时间要素之间的动态关系，然后将时间延伸到未来某个时刻，就可以求得该要素在未来某时刻的预测值。下面介绍几种常用的确定性预测方法（模型）。

1. 平均增长率模型

$$Y_t = Y_0(1+X)^t \tag{7-21}$$

式中，Y_t 为第 t 年预测值；Y_0 为基年观测值；X 为平均增长率。这是最简单、实用的预测方法。

2. 费尔哈斯模型

费尔哈斯模型是由马尔萨斯模型演化而来的，而马尔萨斯模型最早是关于生物繁殖过程的描述模型。记生物繁殖量为 $P(t)$，生物繁殖量随时间 t 的变化率为 $dP(t)/dt$。马尔萨斯认为生物繁殖量 $P(t)$ 随时间过程的变化动态符合以下关系，即

$$dP(t) = aP(t)dt \tag{7-22}$$

式中，a 为常数，表示生物繁殖变化率与生物繁殖量的比例。显然，此模型所对应的是一条指数曲线。

1837 年德国生物学家费尔哈斯将此模型作了修正，认为生物繁殖量或人口变化不可能完全按照指数曲线无限制地增长，要受到环境的约束[①]。因此，生物繁殖量或人口增长量应该形如下式：

$$dP(t) = aP(t) - bP^2(t) \tag{7-23}$$

该式揭示的是，繁殖量越大，限制作用就越强。显然，这种变化机理更适合于诸如人口增长、植物生长、市场发育、商品销售、能源消耗和可再生资源更新等过程。

3. 宋健人口预测模型

$$X_0(t+1) = [1 - D_{0A}(t)]Y_0(t) + W_{0A}(t)$$
$$X_{a+1}(t+1) = [1 - D_a(t)]X_a(t) + W_a(t)$$
$$a = 0, 1, \cdots, M-1 \tag{7-24}$$
$$Y_0(t) = B(t)\sum_{i=p}^{q} H_i(t)K_i(t)X_i(t)$$

式中，$Y_0(t)$ 为第 t 年度内活产婴儿数；$X_a(t)$ 为第 t 年度初 a 岁年龄组的人口数；M 为人口的最高年龄；$W_{0A}(t)$ 为第 t 年度内在 $0A$ 块中的迁移扰动人口数；$W_a(t)$ 为第 t 年度内 a 岁组的迁移扰动人口数；$D_{0A}(t)$ 为第 t 年度内婴儿当年死亡率；$D_a(t)$ 为第 t 年度内 a 岁组的人口前向死亡率；$K_i(t)$ 为第 t 年度初 i 岁组人口中的妇女比例系数；$H_i(t)$ 为第 t 年度内的生育模式（规格化生育率）；$B_i(t)$ 为第 t 年度内的总和生育率；$p \sim q$ 为妇女育龄期间。

各种变化率一旦给定（通过调查和规划得到），则各年龄组人口可测，人口总数也可测出。

4. 弹性分析预测法

弹性是借用力学中的一个术语。在西方经济学中，最初是从需求与供给的供求价格的角度引出来的。商品价格的变动会引起需求量（或供给量）的变动，而不同商品的需求量（或供给量）对价格变动的敏感程度是不同的，而且同一商品在不同价格区间和不同经济寿命阶段对价格变动的敏感程度也不同。因此，需求或供给弹性是需求量或供给量对某个影响因素变化的敏感程度的定量描述。

设 $y = f(x)$，当给 x 一个改变量 Δx 时，函数 y 就取得了一个改变量 Δy，显然，Δx 与 Δy 分别是自变量 x 与函数 y 的绝对改变量，则 $\Delta x/x$ 与 $\Delta y/y$ 分别是相对改变量。

---

① Verhulst P F. 1838. Notice sur la loi que la population poursuit dans son accroissement. Correspondence Mathematique et Physique, 10: 113-121.

当 $\Delta x \to 0$ 时，$(\Delta y/y)/(\Delta x/x)$ 之极限称为 y 在 x 处的弹性。在经济学中，为计算方便，常将此式改写成差分形式，即

$$e_{yx}=[(y_1-y_0)/y_0]/[(x_1-x_0)/x_0] \tag{7-25}$$

式中，y_0、y_1 和 x_0、x_1 分别为函数和自变量的初值、终值。

e_{yx} 的经济学意义是：若其他影响因素不变，当自变量（如价格等）变动一定比例（如1%）时，因变量（如需求量等）变动的比例（百分比）。

弹性分析在经济预测中占有很重要的地位，应用领域也很多，比较常见的是行业产品需求量（以价格或人均收入为自变量）预测、能源弹性需求量（以国民生产总值、国内生产总值或工农业总产值等为自变量）预测、社会商品零售总额（以国民生产总值、农民纯收入、城镇居民生活费收入等为自变量）预测等。

弹性分析预测法简便易行，只要根据历史数据确定出弹性系数（e_{yx}）就可以开展预测；成本低，需要的数据少（两个变量、两个时点的数据即可），应用广泛而且灵活。应该注意：一是所选时点与预测期变化阶段的相似性；二是应结合其他方法加以验证，因弹性系数法本身并没有揭示自变量与因变量之间的内在机理，"假定其他因素不变"在现实中也并不总合理。

5. 时间序列分析法

时间序列预测法，就是根据某个经济变量的时间序列的发展过程、趋势和速度，依据惯性原理，建立数学模型，趋势外推，得到经济变量未来时刻可能值（预测值）。时间并不是经济变量变化的原因，但任何经济变量随着时间的推移都有相应的观测值，而时间序列中的每个观测值都是诸多影响因素综合作用的反映，整个时间序列则反映了诸多因素作用下经济变量的变化过程、趋势和速度。因此，时间序列预测法是只考虑预测变量随时间推移而变化的方法，是对许多影响因素复杂作用的高度简化，而不必分辨各影响因素的作用大小。所以说，时间序列预测法也很简单易行。

比较常用的时间序列预测方法包括移动平均法、指数平滑法等。其中，移动平均法是通过构造移动平均数序列进行预测，按平均数概念的不同，此法又可分为简单移动平均法、加权移动平均法等。

1）简单移动平均法（一次移动平均法）

依次取时间序列的 n 个观测值予以平均，并依次滑动，得到一个平均序列，且以 n 个观测值的平均值作为下期预测值，移动平均的目的在于消除随机因素造成的影响，使总体趋势更明显地显露出来。其计算公式为

$$Y_t = M_t^{(1)} = (X_t+X_{t-1}+\cdots+X_{t-(n-1)})/n \tag{7-26}$$

式中，Y_t 为预测值；$M_t^{(1)}$ 为第 t 周期的平均值；t 为周期数；n 为分段内的数据点数，可根据经验或模拟结果加以确定；X_t，X_{t-1}，$\cdots$，$X_{t-(n-1)}$ 为序列第 t 期内的数据（观测值）。

上式可作如下的改进：

$$\begin{aligned}
M_t^{(1)} &= (X_t + X_{t-1} + \cdots + X_{t+(n-1)})/n \\
&= [(X_t + X_{t-1} + \cdots + X_{t-(n-1)}) - X_{t-n}]/n \\
&= M_{t-1}^{(1)} + (X_t - X_{t-n})/n
\end{aligned} \tag{7-27}$$

从上述推导可以看出，若已知 $M_t^{(1)}$，只需计算 $(X_{t+1}-X_{t+1-n})/n$ 就可以求得下一时期的 $M_{t+1}^{(1)}$。可见这是一个迭代过程，计算非常方便，尤其是使用计算机，可很快给出预测。

简单移动平均法可方便地平滑掉随机因素干扰所造成的不规则变化，适合于趋势比较稳定的时间序列的短期预测。对于呈上升或下降趋势的预测，作短期预测要慎重，作中长期预测最好用其他方法。

2）加权移动平均法

简单移动平均法中对观测值修匀的程度取决于 n，但将各期观测值等同看待不尽合理，因为近期观测值含有更多的时序变化趋势的信息。因此，在预测计算时应给予近期观测值以较大的权重，给予远期观测值以较小的权重。为此，引进加权平均法。计算公式为

$$X_t^{(1)} = (a_t X_t + a_{t-1} X_{t-1} + \cdots + a_{t-n+1} X_{t-n+1} / (a_t + a_{t-1} + \cdots + a_{t-n+1}) \tag{7-28}$$

式中，a_t，a_{t-1}，$\cdots$，a_{t-n+1} 为加权分量，$a_t \geqslant a_{t-1}$，可根据时间序列的具体情况，凭经验或模拟按近期大、远期小而设计。为保证平均值的真实性，一套权值之和必须为 1。

3）指数平滑法

移动平均法简单方便，但至少存在两个问题：计算一个移动平均的预测值必须存储最近 n 期的观测数据；分段移动平均时，简单移动平均法把近期与远期等同看待，加权移动平均法虽给近期以较大的权重，给远期以较小的权重，但不参加加权的远期值权重为零，也不甚合理，且加权计算工作量大。因此，人们设想，可否有简便方法，既能给近期观测值以较大的权，给远期观测值以较小的权，又不需存储最近 n 期的观测值。为此，1959 年美国学者布朗（Brown）提出了指数平滑法。其中，包括一次指数平滑法、二次指数平滑法和三次指数平滑法等[①]。

一次指数平滑法的计算公式是

$$X_{t+1}^{(1)} = X_t'^{(1)} = a^{(1)} X_t + [1 - a^{(1)}] X_t^{(1)} \tag{7-29}$$

式中，$X_t'^{(1)}$ 为第 t 期的一次滑动平均值；X_t 为第 t 期的观测值；$X_t^{(1)}$ 为第 t 期的一次指数平滑预测值；$a^{(1)}$ 为一次指数平滑系数（$0 < a^{(1)} < 1$）。其含义是：把前一时段的滑动平均值作为下一时段的预测值。

使用一次指数平滑法要解决两个问题：首先是确定平滑系数 $a^{(1)}$，可用理论计算法——$a^{(1)} = 2/(n+1)$，其中，n 为样本个数，或经验判断法——一般情况下，$a^{(1)}$ 可在 0.05～0.20 取值，最好进行试算，以效果好者为准。其次是确定初始值 $X_0^{(1)}$，方法是：当样本容量 $n > 50$ 时，可选取第一个观测值为初始的 $X_0^{(1)}$；当 $10 < n < 50$ 时，可选取第一个观测值或最初几个观测值的均值为初始的 $X_0^{(1)}$；当 $n < 10$ 时，可选取最初几个观测值的均值为初始的 $X_0^{(1)}$。

一次指数平滑法只能用于短期预测，对趋势稳定的时间序列预测精度可满足要求，但欲进行中、长期预测，特别是对于有明显上升或下降趋势的时间序列，预测效果不甚理想。

二次指数平滑法就是对一次指数平滑序列再进行一次指数平滑。计算公式是

$$X_{t+1}^{(2)} = X_t'^{(2)} = a^{(2)} X_t^{(1)} + [1 - a^{(2)}] X_{t-1}^{(2)} \tag{7-30}$$

式中，$X_t'^{(2)}$ 为第 t 期的二次指数平滑值；$a^{(2)}$ 为二次指数平滑系数；$X_t^{(1)}$ 为第 t 期的一次指数平滑值。一般情况下，有 $0 < a^{(2)} < 1$，且 $a^{(2)} \leqslant a^{(1)}$。

二次指数平滑预测同样重视近期数据，且只要有上期一次、二次指数平滑值，就可进行下期预测。这样逐期递推，随时调整趋势直线参数，当预测规律可延续下去时也可用于中期预测。

---

① Brown R G. 1959. Statistical Forecasting for Inventory Control. New York: McGraw-Hill.

三次指数平滑法就是对二次指数平滑值序列再进行一次平滑。其计算公式是

$$X_t'^{(3)} = a^{(3)} X_t'^{(2)} + [1-a^{(3)}] X_{t-1}^{(3)} \tag{7-31}$$

式中，$X_t'^{(3)}$ 为第 t 期的三次指数平滑值；$a^{(3)}$ 为三次指数平滑系数；$X_t'^{(2)}$ 为第 t 期的二次指数平滑值。一般情况下，有 $0<a^{(3)}<1$，且 $a^{(3)} \leqslant a^{(2)} \leqslant a^{(1)}$。

时间序列预测法只需要变量等间隔取值（如按年、季、月等）的数据，而这样的数据很容易得到（有统计制度作保证），因此，在经济预测中被广泛使用。但遇数据不齐时，除非进行插补，否则无法使用这些方法。此外，这些模型均是以平稳时间序列为基础的，当数据不平稳，特别是进行长期预测时，把握性不大。

（二）回归分析预测

"回归"用于分析、研究一个变量（因变量）与一个或多个其他变量（解释变量、自变量）的依存关系，其目的就是根据一组已知的或固定的解释变量之值，来估计或预测因变量的总体均值。

在经济预测中，人们把预测对象（经济指标）作为因变量，把那些与预测对象密切相关的影响因素作为解释变量。根据二者的历史和现在的统计资料，建立回归模型，经过经济理论、数理统计和经济计量三级检验，然后进行预测。回归分析预测的数学描述是

设因变量为 y，自变量为 x（$x=x_1, x_2, \cdots, x_m$），则回归分析的目的就是利用已有观测数据建立 y 与 x 之间的统计相关模型，即确定 $y=f(x)$ 中的参数（x 的系数和指数）。所用方法有最小二乘法（使拟合误差平方和最小）等。

根据自变量性质的不同，回归分析包括普通回归和自回归，前者的自变量与因变量含义不同，后者的自变量就是因变量，只是相位不同（提前一个或若干个相位）；根据确定参数过程的不同，回归分析包括一般回归、自回归和微分回归，它们分别是用原始数据、原始数据的微分和原始数据的积分确定回归参数的。

1. 一般回归

一般回归模型包括线性回归模型和非线性回归模型；二者又都可以进一步分为一元（一个自变量）模型和多元模型。对于线性模型来说，无论是一元还是多元，其预测过程都是一样的，所以放在一起讨论。多元非线性模型非常复杂，这里只介绍一元非线性模型。

1）线性回归

多元线性回归分析用以在随机变量 y 和 p 个自变量 $x_1, x_2, \cdots, x_p, x_p$ 之间建立线性回归方程，可广泛应用于数据处理、曲线拟合、建立经验公式及各类预报问题。方法原理如下：

设随机变量 y 随 p 个自变量 $x_1, x_2, \cdots, x_{p-1}, x_p$ 变化，并有线性关系式：

$$y=\beta_0+\beta_1 x_1+\beta_2 x_2+\cdots+\beta_p x_p+\varepsilon \tag{7-32}$$

将 $x_1, x_2, \cdots, x_p$ 和 y 的 n 组观测数据（$x_{i1}, x_{i2}, \cdots, x_{ip}, y_i$）$i=1, 2, \cdots, n$ 代入上式可得

$$y_i=\beta_0+\beta_1 x_1+\beta_2 x_2+\cdots+\beta_p x_p+\varepsilon_i \ (i=1, 2, \cdots, n) \tag{7-33}$$

其中，ε_i 为各次观测值的误差，设这些误差相互独立地服从正态分布 $N(0, \sigma^2)$。

假设有某种方法可以得到各 β_i 的估值 b_i，则 y 的观测值可表示为

$$y_i=b_0+b_1 x_{i1}+\cdots+b_p x_{ip}+e_i \ (i=1, 2, \cdots, n) \tag{7-34}$$

其中，e_i 为 ε_i 的估值，称为残差或剩余。设 $\hat{y}_i$ 为 y_i 的估值，有

$$\hat{y}_i = b_0 + b_1 X_{il} + \cdots + b_{ip} X_{ip} \qquad (7\text{-}35)$$

而残差　$e_i = y_i - \hat{y}_i$　$(i = 1, 2, \cdots, n)$。

由最小二乘法，b_0，b_1，$\cdots$，b_p 应使残差平方和

$$Q = \sum_{i=1}^{n} e_i^2 = \sum_{i=1}^{n} (y_i - \hat{y}_i)^2 = \sum_{i=1}^{n} [y_i - (b_0 + b_1 x_{i1} + b_2 x_{i2} + \cdots + b_i x_{ip})]^2 \qquad (7\text{-}36)$$

达到最小，则由极值原理可知，Q 对 b_j $(j = 1, 2, \cdots, p)$ 的偏导数为零。由此可以构建出关于 b_j 的 p 个方程组，b_j 可解。

求出 b_j 后，可根据平均值推得 b_0，即

$$b_0 = y_{i0} - (b_1 x_{01} + \cdots + b_{0P}) \qquad (7\text{-}37)$$

y_{i0} 和 x_{01}，$\cdots$，x_{0P} 分别是因变量和自变量的平均值。

得到回归方程 $y = b_0 + b_1 x_1 + \cdots + b_p x_p$ 以后，还要对这个方程的精度进行检验。只有达到了一定精度要求的方程才能用于预测。

回归方程的精度检验有很多方法，常用的是 F 检验，即计算统计检验量 F，再与统计检验临界值 F_α 对比。当 $F \geqslant F_\alpha$ 时，说明所求模型在 F_α 水平上显著。α 可以是 0.05（可信度 95%）、0.01（可信度 99%）和 0.001（可信度 99.9%）。α 越小可信度越高，模型精度越好。F 的计算公式如下：

$$F = (U/p) / [Q/(n-p-1)]$$

其中，

$$U = \sum_{i=1}^{n} (\hat{y}_i - \overline{y})^2 \qquad (7\text{-}38)$$

式中，$\hat{y}_i$ 为因变量的拟合值；$\overline{y}$ 为因变量的平均值。

$$Q = L_{yy} - U, \quad L_{yy} = \sum_{i=1}^{n} (y_i - \overline{y})^2 \qquad (7\text{-}39)$$

式中，n、p 分别为样本容量、自变量个数。

获得满意的回归方程后，就可以根据新样品的 x_1，x_2，$\cdots$，x_p 值来预报其对应的 y 值了，只需将给定的新的 x_1，x_2，$\cdots$，x_p 代入回归方程右端即可算得对应的 y 值。

2）非线性回归模型

在许多实际问题中，有时要素（或变量）之间的关系并不是线性关系，而是某种非线性（曲线）关系，这时选择适当的类型曲线比选配直线更符合实际情况。例如，大城市人口密度与距市中心距离之间的关系、玉米产量与耗水量之间的关系、玉米产量与 $\geqslant 10℃$ 积温之间的关系、水稻从插秧到齐穗的天数与插秧至拔节期的平均气温之间的关系、树木的高度与材积量之间的关系、树龄与株数之间的关系、鸟类体重增长率与日令之间的关系等，都表现为某种形式的非线性关系。因此，需要进一步掌握曲线的选配，确定曲线的类型，然后化曲线回归模型为直线回归模型来处理。多元非线性回归很复杂，这里只介绍一元（即只有一个自变量）非线性回归。

（1）选配曲线的基本方法。根据理论分析、过去的经验或观测数据的分布趋势与特点，来确定两个要素之间的曲线类型及其函数形式，从而求非线性回归模型的过程及其方法，叫做曲线选配。

当曲线的函数类型确定后，下一步就是求函数中的参数 a 和 b。确定未知参数最常用的方法仍是最小二乘法。而对许多函数类型来说都是先通过变量变换，把非线性的函数关系化为线性关系，然后用求线性回归的办法来确定未知参数。这就是化曲线为直线的问题。下面就来说明常用的非线性回归模型的建立方法。区域分析中常见的非线性回归模型的建立方法有幂函数型、指数函数型、对数函数型等。

幂函数：两个要素（变量）之间的幂函数一般表达式为 $y=ax^b$，两边同时取对数得

$$\ln(y)=\ln(a)+b\ln(x) \tag{7-40}$$

通过 $y'=\ln(y)$，$b_0=\ln(a)$，$b_1=b$，$x'=\ln(x)$ 代换，即将幂函数化成线性函数，可以用线性回归的方法进行预测。

指数函数：两个要素（变量）之间的指数函数一般表达式为 $y=ae^{bx}$，两边同时取对数得

$$\ln(y)=\ln(a)+bx \tag{7-41}$$

通过 $y'=\ln(y)$，$b_0=\ln(a)$，$b_1=b$，$x'=x$ 代换，即将指数函数化成线性函数，可以用线性回归的方法进行预测。

单对数函数：两个要素（变量）之间的单对数函数一般表达式为 $y=a+b\ln(x)$，通过 $y'=y$，$b_0=a$，$b_1=b$，$x'=\ln(x)$ 代换，即将对数函数化成线性函数，可以用线性回归的方法进行预测。

双对数函数：两个要素（变量）之间的双对数函数一般表达式为 $\ln y=a+b\ln(x)$，通过 $y'=\ln y$，$b_0=a$，$b_1=b$，$x'=\ln(x)$ 代换，即将对数函数化成线性函数，可以用线性回归的方法进行预测。

通过上述几例可以看出，两变量之间的曲线关系大多可以通过适当的代换化作直线模型。所以说，通过线性回归可以建立起多种模型形式，在很大程度上可以满足预测的需要。正因为如此，回归预测成为区域系统预测的常用方法。

应该注意的是，时间也可以作为回归预测中的自变量，这倒不是因为时间本身与研究对象有着某种因果关系，而是因为研究对象（因变量）本身表现出一定的动态变化规律，包括趋势性、阶段性乃至周期性，因而与时间变量存在着某种对应的关系。这就是时间序列分析方法的有效性基础。

（2）非线性回归模型的检验。在一元非线性回归模型的建立过程中，首先遇到的问题是曲线类型的选择，因为曲线类型选的恰当，不仅对揭示出要素间的内在规律性具有重要意义，而且对于减少剩余误差、提高回归模型的效果更具有实际意义。否则，其结果往往不能令人满意，甚至会歪曲要素间的内在规律性。那么，应该怎样衡量所配的曲线回归模型的好坏呢？

参照线性回归模型的检验，定义：

回归误差平方和为 U，$U=\sum\limits_{i=1}^{n}(\hat{y}_i-\overline{y})^2$。$\hat{y}_i$ 为因变量的拟合值；$\overline{y}$ 为因变量的平均值。

总平方和为 L_{yy}，$L_{yy}=\sum\limits_{i=1}^{n}(y_i-\overline{y})^2$

相关指数 R，即　$R^2=1-U/L_{yy}=1-\sum\limits_{i=1}^{n}(\hat{y}_i-\overline{y})^2 / \sum\limits_{i=1}^{n}(y_i-\overline{y})^2$

显然，R 越大，越接近 1，模型精度越高。但 R 大到什么程度模型才有意义，还不确定。不过，可以参照线性模型中的 F 检验临界值初步判定模型精度。

2. 自回归

系统要素在时间上的变化，有的具有当前变化受它前期状况影响的特殊性质。例如，在经济活动中，前期商品零售额对继后零售额有影响；前期生产量水平是后继时期生产量的重要影响因素。

假设 t 时期变量特征 y_t，则前期特征值为 y_{t-i}（$i=1$，2，$\cdots$，n）。

由于 t 时期的取值受 $t-1$ 时期的影响，如用数学模型描述 y_t 与 y_{t-1} 的关系，就可以根据 y_{t-1} 预测 y_t，进一步预测 y_{t+1}。

当 y_t 与 y_{t-1} 存在线性关系时，可以用

$$y_t=b_0+b_1y_{t-1} \tag{7-42}$$

描述它们的关系时，这种模型称为自回归模型。b_0、b_1 是待定参数，可以参照多元线性回归的方法确定之。

当 y_t 仅受 y_{t-1} 影响、从而存在上述关系时，得到的是一阶自回归模型；当 y_t 不仅受 y_{t-1} 影响，而且受 y_{t-2}，y_{t-3}，$\cdots$，y_{t-i} 影响时，需要建立 y_t 与 y_{t-1}、y_{t-2}、y_{t-i} 之间的数量关系，常取其线性形式，这样就可以得到多阶自回归模型：

$$y_t=b_0+b_1y_{t-1}+b_2y_{t-2}+\cdots+b_ny_{t-n} \tag{7-43}$$

b_0、b_1、b_2 等，仍可用多元线性回归的方法求得。

自回归模型也要进行精度检验，通常是考察历史数据的拟合误差情况，如果拟合误差不太大，就可以用来预测。

使用自回归模型预测，历史数据必须是等间隔（年、月或日）取值，如果有间断或遗漏，必须用插补的方法补上，然后才能建模和预测。

前述的时间序列预测方法，实质上也是一种自回归预测，而且考虑了近期影响大、远期影响小的问题，只是参数选取采取的不是最小二乘估计。

3. 微分回归

微分回归分析也叫直接建模（与一般灰色预测方法对应，但使用原始数据而不是累加数据建模）或连续型系统建模（因可对任意间隔、包括不等间隔的数据进行建模）。建模过程是：先根据数学分析原理，在不大的区间内，用直线代替曲线、用直线的斜率代替曲线的斜率，由此可以将微分方程转化为代数方程；然后用参数辨识的方法（最小二乘法等）确定代数方程的参数，回代到微分方程中，求出对应的解析形式，并依据一定的标准确定积分常数，得到用于预测的数学模型。

下面以一阶微分方程为例，说明此法的具体过程。

一阶微分方程的一般形式是

$$dY/dX=f\{X,\ Y\} \tag{7-44}$$

若已知 X 与 Y 的 N 个采样点数据 $\{X_i,\ Y_i:\ i=1$，2，$\cdots$，$N\}$，为讨论方便，假定 $X_i<X_j$ 对于任意的 $i<j$ 都成立，否则要将原始数据的次序重新排列，遇有 $X_i=X_j$ 时，需特殊处理（或舍弃其一，或以二者的均值为样本而舍弃原样本）。用这些数据微分建模的代换公式是

$$dY/dX \approx \Delta Y_i/\Delta X_i=[Y_{i+1}-Y_i]/[X_{i+1}-X_i] \quad (i=1,\ 2,\ \cdots,\ N-1) \tag{7-45}$$

$$f\{X,\ Y\} \approx f\{[X_i+X_{i+1}]/2,\ [Y_i+Y_{i+1}]/2\} \quad (i=1,\ 2,\ \cdots,\ N-1) \tag{7-46}$$

把式（7-45）和式（7-46）代入式（7-44），可得到 $N-1$ 个关于式（7-44）中参数的代数方程。对于每一 X 与 Y 的具体形式，都可用最小二乘法等参数辨识的方法确定出这些参数的值，进而解出微分方程，得到 X 与 Y 的解析形式（其中含有一个积分常数）。

积分常数的确定，可以依据不同的标准，如初值、终值、中位值或均值等，灰色预测中用的是初值。从统计学的角度讲，以"使拟和误差平方和最小"为标准更有意义。

表 7-12 给出了直线、指数曲线和幂函数曲线的微分建模结果。从几何意义上讲，根据历史数据建立预测模型的过程，就是由折线推断曲线的过程，而微分建模就是用折线中的每段直线的斜率代替该直线中点对应的曲线的导数。所以，从理论上说，采样点（自变量取值）越细密，越均匀，建模效果越好。

表 7-12 常见三种模型的微分建模结果

项目	直线	指数曲线	幂函数曲线
模型形式	$Y=C_1+C_2X$	$Y=C_1e^{C_2X}+C_3$	$Y=c_1X^{C_2}+C_3$
微分方程	$dY/dX=C_2$	$dY/dX=C_2Y-C_2\times C_3$	$dY/dX=C_1C_2X^{(C_2-1)}$
回归求得	C_2	C_2、C_3	C_1、C_2
初值为准	$C_1=Y_1-C_2X_1$	$C_1=(Y_1-C_3)/e^{C_2X_1}$	$C_3=Y_1-C_1X_1^{C_2}$
均值为准	$C_1=\overline{Y}-C_2\overline{X}$	$C_1=(\overline{Y}-C_3)e^{C_2\overline{X}}$	$C_3=\overline{Y}-C_1\overline{X}^{C_2}$
积分求得			
剩余平方和最小为准	$C_1=\overline{Y}-C_2\overline{X}$	$C_1=\sum_{i=1}^{n}(Y_i-C_3)e^{C_2X_i}/\sum_{i=1}^{n}C_2X_i$	$C_3=1/n\sum_{i=1}^{n}(Y_i-C_1X_i^{C_2})$

与一般回归相比，微分回归建模的意义在于能求出同时含有幂指数和常数的回归模型（一般回归方法只能解决含有其中一种常数的模型）；与灰色预测模型相比，微分回归方法可解决不等间隔取值的建模问题，灰色建模则只适合于等间隔取值数据的建模（不允许间断）。

4. 灰色预测方法

由我国学者邓聚龙先生提出的灰色预测方法包括五种基本类型，即数列预测、灾变预测、季节灾变预测、拓扑预测和系统综合预测，其中数列预测是基础，且在实践中用途最广。因此，主要对此加以介绍。灰色数列预测中最常用的是 GM(1, 1)模型（一阶单变量灰色模型），该模型是微分回归分析的一个特例——以指数形式为基础，以一次累加数据作为原始数据，以初始观测值为准确定积分常数。

设 X_{01}, X_{02}, …, X_{0m} 是所要预测的某项指标的原始数据，一般而言，这是一个不平稳的随机数列。如果它的波动太大，其发展趋势无规律可寻，无法直接对其进行预测。

如果对它作一次累加生成，即令

$$X_k^1=X_1^0+X_2^0+\cdots+X_k^0 \quad (k=1, 2, \cdots, m) \tag{7-47}$$

则数列$\{X_k^1:k=1, 2, \cdots, m\}$是一个单调递增序列，平稳程度大大增加。如表 7-13 和图 7-5 所示，$x^1(i)$比 $x^0(i)$的规律性明显增大。

表 7-13 灰色预测模拟数据

	1	2	3	4	5
原始数据 $x(i, 0)$	2.874	3.278	3.00	3.39	3.678
一次累加数据 $x(i, 1)$	2.874	6.152	9.43	12.43	15.82

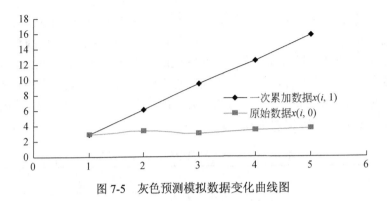

图 7-5　灰色预测模拟数据变化曲线图

数学上可以证明，当 $X>0$ 时，X^1 的变化趋势可近似地用如下的微分方程描述：

$$dX^1/dt+aX^1=u \qquad (7\text{-}48)$$

式中，a 和 u 可以利用已有观测值和最小二乘法求得

$$(a,\ u)^T=(\boldsymbol{B}^T\boldsymbol{B})^{-1}\boldsymbol{B}^T\boldsymbol{Y}_m \qquad (7\text{-}49)$$

式中，$\boldsymbol{Y}_m$ 为列向量，$\boldsymbol{Y}_m=[X_2^0,\ X_3^0,\ \cdots,\ X_m^0]^T$；$\boldsymbol{B}$ 为 $m-1$ 行 2 列数据矩阵，其中第二列元素均为 1，第一列 k 行元素为

$$b_{k1}=-(X_k^1+X_{k+1}^1)/2 \quad (k=1,\ 2,\ \cdots,\ m-1)$$

微分方程(7-48)所对应的时间相应函数为

$$\qquad\qquad\qquad\qquad\qquad\qquad\qquad (7\text{-}50)$$
$$X_{t+1}^{\prime 1}=(X_1^0-u)e^{-at}+u/a$$

式（7-50）是对一次累加生成序列的拟合值（历史数据）和预测值（未来时刻），要求得原始数据的拟合值和预测值，可用如下公式：

$$X_{t+1}^0=X_{t+1}^1-X_t^1 \qquad (7\text{-}51)$$

虽然这种方法在经济预测中用途较广，并被证明较为有效，但与一般的微分回归分析相比，对不等间隔取值的序列无法应用；而且在常数选取方面，以初始值为准也缺乏理论基础。下面对灰色系统 GM（1，1）模型经典例题进行计算结果比较。详见表 7-14。

表 7-14　不同模型精度的比较

模型及建模方法		2.874	3.278	3.337	3.39	3.678	误差平方和
模型及建模方法	原始数值	2.874	3.278	3.337	3.39	3.678	
GM（1，1）累加建模	模拟值	2.874	3.2322	3.3599	3.4812	3.6129	0.01301823
	模拟误差	0.0000	0.0057	−0.0179	−0.0913	0.0658	
GM（1，1）直接建模	模拟值	2.880	3.2310	3.3531	3.4799	3.6114	0.0000865517
	模拟误差	0.0060	−0.0012	−0.0067	−0.0013	−0.0015	
GM（1，0）直接建模	模拟值	2.874	3.1909	3.3841	3.5372	3.6471	0.03631
	模拟误差	0.0000	0.1071	−0.0471	−0.1472	0.0309	
GM（1，0）优化拟合值	模拟值	2.8772	3.1732	3.3858	3.5384	3.6480	0.0000007
	模拟误差	0.0032	0.0023	0.0016	0.0017	0.0008	

注：原始模型 $dy/dt=ay+u$。

GM(1，1)模型用一次累加数据建模，以初始值为基础确定积分常数，所得预测模型是

$$X(t+1)=85.47857756×\mathrm{e}^{0.037116122t(1-1/\mathrm{e})}-82.60457756 \tag{7-52}$$

GM(1,1)优化建模用原始数据建模，以剩余平方和最小为基础确定积分常数，所得预测模型是

$$X(t+1)=82.70809287×\mathrm{e}^{0.037116122t}-82.60457756 \tag{7-53}$$

GM(1,0)直接建模是用原始数据建模，以初始值为基础确定积分常数，所得预测模型是

$$X(t+1)=-1.052904×\mathrm{e}^{-0.3313227t}+3.926904 \tag{7-54}$$

GM(1,0)优化建模用原始数据建模，以剩余平方和最小为基础确定积分常数，所得预测模型是

$$X(t+1)=-1.462099×\mathrm{e}^{-0.3313227t}+3.926904 \tag{7-55}$$

由表 7-14 可见，并不是 GM(1,1)效果最好（拟合误差平方和最小），而是 GM(1,0)优化建模的效果最好。

二、非结构化预测方法

非结构化预测方法是专门用于解决不能建立量化模型问题的预测的，主要是通过定性分析和经验判断给出预测答案，包括类比预测、比例放缩等。这里着重介绍德尔菲法。

（一）德尔菲法的基本思想

德尔菲预测法也叫专家统计推断法，是由美国兰德公司于 20 世纪 40 年代提出来的一种利用众多专家知识、经验和智慧的非结构化预测方法。目前这一方法已被广泛应用于区域开发规划中。其基本做法是：就所要预测的项目向专家发出调查表，然后统计专家的意见，并将结果告知各专家。在此基础上请专家们再次做出判断。此后对专家们的新判断进行统计，做出推断（预测）结论。在征求专家意见时，要求专家之间不沟通，以免相互干扰，使专家意见的独立性和客观性受到影响。

比较简单的做法是由预测部门提出被调查事件几种可能的情况、后果、意见、结论，然后由专家利用自己的知识、经验和理论做出推断和评定。评定办法可采取"打分"和"可能性的百分比"（主观概率）给出判断结论。一般而言，德尔菲法需要调查多个专家，然后在统计分析的基础上做出推断结论。

（二）使用德尔菲法应注意的几个问题

（1）专家意见本身应是不矛盾的，否则不用。
（2）主观概率合理。
（3）要对给定事件之间的关系进行分析，看专家的意见合理与否，不合理者不用。
（4）反复调查。为了提高预测的准确性，一个事件的调查往往要反复调查多次。例如，第一次向专家提出调查意图，询问专家需要何种资料；第二次向专家提供资料，请专家做出判断和评定；第三次补充资料，修改调查提纲，再做调查。

（三）专家意见的统计处理

专家的意见很重要，但由于不同专家的意见各不相同，有必要将它们综合起来。德尔菲法中，常用的统计综合方法是求平均数、中位数或众数。

三、预测中应该注意的问题

（一）尺度对应原理

瞎子摸象的故事告诉人们，只有了解一个事物的大部分，才能对这个事物的整体有所把握。预测也是一样，根据变量的历史变化来预测其未来趋势，样本容量 N 与预测时段 K 之间的关系应该满足：$K \leqslant N$，最好 $K \leqslant N/2$。这就是尺度对应原理。为此，要进行长期预测，就要考察变量的长期历史变化。

（二）过程相似原理

预测除了要遵循尺度对应原理外，还要注意变量所处的环境及其发展阶段的差别，只有当未来发展过程与所考察的历史阶段具有一定相似性时，才能根据历史数据推断未来变化。例如，不能用 20 世纪 50~60 年代居民收入与食品消费关系来推断未来粮食消费量，因为前者处在贫困阶段，后者处在小康阶段。

（三）定性定量结合

定量预测客观、推理严谨，应该大力提倡定量预测。但定量预测不能变成数字游戏，要注意定性定量结合，首先把握研究对象的本质特征，然后用恰当的指标描述这种特征，再选择合适的模型方法开展预测。

（四）多模型、多方法、多方案结合

社会经济系统中，由于要素间的作用十分复杂，作用机理难以把握，因而常常说不清用哪个模型、哪种方法预测更好。因此要多模型、多方法结合，哪个效果好（拟合误差较小）就以哪个为准；或把多模型的预测结果综合起来（取算术平均值或几何平均值等）作为最后预测结论。由于事件的未来状态不一定是其历史过程的简单延续，所以后者（综合多模型结果）可能更实用。笔者在实践中多次使用了这种做法，如吉林省人口和劳动力预测，内蒙古自治区 GDP 和工业总产值预测，河北省滦县人口、国内生产总值和粮食产量预测等。实践证明，与单模型、单方法相比，这种多模型综合的做法更有把握、更实用。当然，具体选择哪些模型、怎样综合，这需要具体问题具体分析。

第六节　规划和对策方法

一、线性规划模型

（一）线性规划问题

1. 运输问题

假设某种物资（如煤炭、钢铁、石油等）有 m 个产地，n 个销地。第 i 产地的产量为 a_i（$i=1, 2, \cdots, m$），第 j 销地的需求量为 b_j（$j=1, 2, \cdots, n$），它们的平衡条件是

$$\sum_{i=1}^{m} a_i = \sum_{j=1}^{n} b_j$$

如果产地 i 到销地 j 的单位物资的运费为 c_{ij}。试问：如何安排该种物资调运计划，才能使总运费最省？

设 x_{ij} 表示由产地 i 供给销地 j 的物资数量，则上述问题可以表述为求一组变量 x_{ij}（$i=1$，2，$\cdots$，m；$j=1$，2，$\cdots$，n），使其满足

$$\sum_{i=1}^{n} x_{ij} \geqslant b_j \quad (j=1,2,\cdots,n)$$
$$\sum_{j=1}^{m} x_{ij} \leqslant a_i \quad (i=1,2,\cdots,m)$$

(7-56)

而且使

$$z = \sum_{i=1}^{m} \sum_{j=1}^{m} c_{ij} x_{ij} \Rightarrow \min$$

(7-57)

$$x_{ij} \geqslant 0 \quad (i=1,\ 2,\ \cdots,\ m;\ j=1,\ 2,\ \cdots,\ n)$$

2. 资源利用问题

假设某地区拥有 m 种资源，其中，第 i 种资源在规划期内的限额为 b_i（$i=1$，2，$\cdots$，m）。这 m 种资源可用来生产 n 种产品，其中，生产单位数量的 j 产品需要消耗 i 种资源的数量为 a_{ij}（$i=1$，2，$\cdots$，m；$j=1$，2，$\cdots$，n），第 j 种产品的单价是 c_j（$j=1$，2，$\cdots$，n）。试问：如何安排这 n 种产品的生产计划，才能使规划期内资源利用的总产值达到最大？

设第 j 种产品的生产数量为 x_j（$j=1$，2，$\cdots$，n），则上述资源利用问题可表述为

在约束条件：

$$\sum_{i=1}^{m} a_{ij} x_j \leqslant b_j \quad (j=1,2,\cdots,n)$$
$$x_j \geqslant 0 \quad (j=1,\ 2,\ \cdots,\ n)$$

(7-58)

求一组变量 x_j（$j=1$，2，$\cdots$，n），使

$$z = \sum_{j=1}^{n} c_j x_j \Rightarrow \max$$

(7-59)

3. 生产布局问题

在区域规划中，常常要涉及生产布局问题，如工业企业建设的选点、不同地块的农作物播种安排等。现以工业企业建设选点为例，说明生产布局问题的线性规划思想和模型。

设 x_{ij} 表示把第 i 个企业布局在第 j 个地点，其中 i，$j=1$，2，$\cdots$，N，即企业数与地点数相等。如果 $i \neq j$，可以通过假设的虚拟变量 x_{ij}（增加零变量）化为这种形式。通过调查研究可以确定这些企业布局在不同地点的投资额、经济效果或对环境的影响。把这种投资或效果称为 x_{ij} 的效果系数，设为 A，即

$$A=\{a_{ij}:\ i,\ j=1,\ 2,\ \cdots,\ N\}$$

(7-60)

现在的问题是，怎样布局这些企业于各个地点，使总投资达到最小或总效益达到最大？

约定：如果第 i 个企业确定布局于第 j 个地点，则 $x_{ij}=1$；否则，$x_{ij}=0$。

假设一个企业只能布局于一个地点（不分开建），一个地点只能容纳一个企业。如果允许一个地点安排两个或两个以上的企业，可以通过安排虚拟地点（即把 1 个地点看成是 2

个地点）加以解决。

据此，可以用 0-1 线性规划模型描述生产布局问题：

目标函数：

$$z = \sum_{j=1}^{n} c_j x_j \qquad\qquad (7\text{-}61)$$

趋向最大或最小。

约束条件：$x_{ij}=0$ 或 $x_{ij}=1$，对未知量的约束条件；当 i 企业布局在 j 地点时取 1，否则取 0。

$$\sum_{j=1}^{n} x_{ij} = 1 \quad (i=1,2,\cdots,N,\text{一个企业只能布局在一个地点的约束})$$

$$\sum_{i=1}^{n} x_{ij} = 1 \quad (j=1,2,\cdots,N,\ \text{一个地点只能布局一个企业的约束})$$

（二）线性规划的标准形式

线性规划问题一般都具有以下共同特征。

每一个问题都有一组未知变量（x_1，x_2，$\cdots$，x_n）表示某一规划方案，这组未知变量的一组定值代表一组具体的方案，而且通常要求这组变量的取值是非负的。

每一问题都有两个主要组成部分：一是目标函数，按照研究问题的不同，常常要求目标函数取最大或最小值；二是约束条件，它定义了一种求解范围，使问题的解必须在这一范围之内。

每一问题的约束条件和目标函数都是线性的。

根据这些特征，并考虑讨论和计算上的方便，都把线性规划问题的数学模型转化成标准形式，即

$$\sum_{j=1}^{n} a_{ij} x_j = b_i \quad (i=1,2,\cdots,N) \qquad\qquad (7\text{-}62)$$

在约束条件及非负约束

$$x_j \geqslant 0 \qquad (j=1,\ 2,\ \cdots,\ N) \qquad\qquad (7\text{-}63)$$

下，求一组未知变量 x_j（j=1，2，$\cdots$，n）的值，使目标函数

$$z = \sum_{j=1}^{n} c_j x_j \Rightarrow \min \qquad\qquad (7\text{-}64)$$

转化办法是：

（1）对于求极大值问题，可令 $z'=-z$，将目标函数代换成求极小值问题。

（2）对于第 k 个约束条件 $\sum a_{kj}x_j \leqslant$（或 $\geqslant$）b_k，可引入松弛变量 $x_{n+k} \geqslant 0$，并将第 k 个方程改写为

$$a_{k1}x_1 + a_{k2}x_2 + \cdots + (-)x_{n+k} = b_k \qquad\qquad (7\text{-}65)$$

而将其目标函数看作

$$z = \sum_{j=1}^{n} c_j x_j = \sum_{j=1}^{n} c_j x_j + 0 \times x_{n+k} \qquad\qquad (7\text{-}66)$$

这样就把原始问题转化为标准形式的线性规划模型了。

（三）线性规划模型的求解

线性规划模型一般可用单纯型法加以求解。单纯型法的基本思路是：根据规划问题的具体数据找出初始可行解；判别、检查所有的检验系数是否满足最优性，若满足，则已完成求解，否则，进行迭代，重复上述步骤，直至所有的检验系数都满足最优性为止。

不管用什么方法求解线性规划模型，除非只有几个变量，否则，计算量都很大，需借助于计算机。目前，各种计算机、各种算法语言的线性规划程序都有，所以线性规划方法的求解和应用已不成问题。

二、决策对策模型

（一）决策的问题与类型

根据性质不同，可以将决策问题分为四种：确定型、风险型、非确定型和竞争型。

（1）确定型决策，就是决策的对象系统未来状态是确定的，对系统的开发虽然可以采取不同的开发方案，但每一开发方案的费用和效益也是确定的（可以用确定的数学模型表达出来），决策的目的就是从若干个方案中找出最佳方案。

（2）风险型决策，也叫统计型决策或随机型决策。它具备下列五个条件：决策目标明确；决策方案具体，且不少于两个；系统可能出现的状态不少于两种，且难以确定；系统可能出现状态的概率已知或可以求得；不同决策方案在系统不同状态下的损失和收益可以计算出来。

（3）非确定型决策。同风险型决策相比，缺少条件第四条，即存在系统可能出现的状态不少于两种，但各状态出现的概率无法得知。

（4）竞争型决策，是指有竞争对手的决策，如军事决策、市场占领决策等。这种决策，其决策方案的选择，不仅要考虑决策对象本身的变化，还要考虑竞争对手的策略。

（二）非确定型决策问题的分析方法

假定某一工厂准备生产一种产品，因缺乏资料，工厂对该产品市场需求量只能估计为较高、一般、较低、很低四种情况，而对每种情况出现的概率无法预测。为生产这种产品，工厂考虑了三个方案：第一方案，改建原有的生产线；第二方案，新建一条生产线；第三方案，部分零件从市场上采购，本厂生产其他部分，组装后出售。

这三个方案在不同市场需求情况下的获利情况如表 7-15 所示。

表 7-15　非确定型决策问题数据（假想）

市场需求	第一方案	第二方案	第三方案
较高	600	800	400
一般	400	350	250
较低	0	−150	90
很低	−150	−300	50

对于这种非确定型决策问题，目前存在多种分析方法，下面结合此例介绍常见的几种。

1. 等概率法

既然各种自然状态出现的概率无法预测，不妨假定它们的概率相等。此例中，四种状态按等概率计算，每种状态出现的概率为 1/4=0.25。因此，各方案的损益值是

第一方案：600×0.25+400×0.25+0×0.25+(−150)×0.25=212.5

第二方案：800×0.25+350×0.25+(−100)×0.25+(−300)×0.25=187.5

第三方案：400×0.25+250×0.25+90×0.25+50×0.25=197.5

第一方案收益值最大，应认为是最佳方案。

2. 最大的最小收益法（小中取大）

以最小收益值为评价标准，注意的重点放在收益不低于一定限度（或损失不超过一定的限度）。计算步骤是：先找出各方案中的最小收益值；然后比较这些最小收益值，以其中的最大者准确定最佳方案。

如上例，三个方案的最小收益值分别是−150，−300，50。50最大，所以，第三方案为最佳方案。

显然，此法是一种比较保守的分析方法。

3. 最大的最大收益法（大中取大）

与"最大的最小收益法"相反，以各方案的最大收益为比较对象，大中取大。此例中，各方案的最大收益值分别是 600，800，400。800最大，所以，第二方案是最佳方案。显然，此法是一种十分乐观的分析方法。

4. 最小的最大后悔值法（大中取小）

当某一状态出现而决策者未采取对应的方案时，决策者就会感到后悔。最大收益值与所采取方案的收益值之差，叫做后悔值。按照这种分析方法，先找出各个方案的最大后悔值，然后选择最大后悔值最小的方案作为最佳方案。此例中，各种状态的最大收益值计算如下：

市场需求较高时，最大收益值是第二方案（800）；

市场需求一般时，最大收益值是第一方案（400）；

市场需求较低时，最大收益值是第三方案（90）；

市场需求很低时，最大收益值是第三方案（50）。

因此，各方案在各种状态下的后悔值就如表 7-16 所示。

表 7-16　各方案的后悔值计算结果

市场需求	第一方案	第二方案	第三方案
较高	800−600=200	800−800=0	800−400=400
一般	400−400=0	400−350=50	400−250=150
较低	90−0=90	90−(−100)=190	90−90=0
很低	50+150=200	50−(−300)=350	50−50=0
最大后悔值	200	350	400

三个方案中，以第一方案的最大后悔值最小，因此，第一方案为最佳方案。

5. 乐观系数法

最大的最小收益值法是从最悲观的估计出发，最大的最大收益值法是从最乐观的估计出发，两者都是走极端的估计。将二者结合起来，即根据决策人员的主观判断，选择一个

系数 α（$0<\alpha<1$，α 称乐观系数），当 $\alpha=0$ 时，决策人员对出现的状态持完全悲观的看法；当 $\alpha=1$ 时，决策人员对出现的状态持完全乐观的看法。

对上述例子，假定取 $\alpha=0.2$，则 $1-\alpha=0.8$ 为悲观系数。利用这两个系数可以计算出各方案的收益值，就是乐观系数×最大收益＋悲观系数×最低收益。用此法计算上例各方案的收益值就是

第一方案：$0.2\times600+0.8\times(-150)=0$

第二方案：$0.2\times800+0.8\times(-300)=-80$

第三方案：$0.2\times400+0.8\times50=120$

120 最大。因此，可以认为第三方案为最佳方案。

从以上分析可以看出，不同的分析方法，导致不同的结果，得到不同的最佳方案。仔细研究所得结果，可以认为各方法都有自己的优点和缺点。决策人员究竟采用哪种方法，取决于他对未来状态的估计是乐观的或是悲观的，也取决于他个人是比较谨慎还是喜欢冒险。在某种情况下选用某种方法，要依靠决策者个人的判断，这必然带来很大的主观性。这种主观性是很难避免的，因为既然未来状态出现的可能性大小是不能预测的，要做出完全符合客观情况的判断是不可能的。

（三）风险型决策问题的分析方法

风险型决策可以用决策树作为分析的工具。首先画一个方框作为出发点，叫决策点。从决策点画出若干条线，每一条线代表一个方案。这样的线叫方案枝。在各个方案枝的末端画上一个圆圈，叫作自然状态点。从自然状态点引出若干条直线，代表自然状态，叫作概率枝。把各个方案在各种自然状态下的利益或损失的数字记在概率的末端，这样构成的图形叫决策树。

例1：假设有一建筑公司要承包某项工程，承包或不承包的收益与天气状态有关。具体数据如表 7-17 所示，决策树分析过程如图 7-6 所示。

表 7-17　建筑公司承包工程情况表　　　　（单位：元）

自然状态	概率	承包损益	不承包损益
天气好	0.2	50000	-1000
天气不好	0.8	-10000	-1000

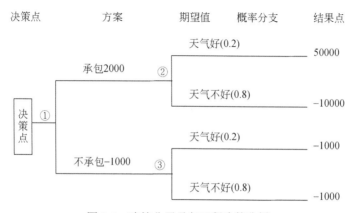

图 7-6　建筑公司承包工程决策分析

决策树方法有利于管理人员把决策问题条理化、形象化。把各种替代方案、可能出现的情况及其可能性大小绘制在一张图上，也便于讨论，通过对决策树的讨论、补充和修正，可更精确地反映实际情况，把决策做得更科学、更可靠。用决策树方法分析决策问题，只要把图形绘出，然后由右向左一步步地计算期望值，比较期望值的大小，就可找出最优方案。这对多级决策问题来说，尤为方便。

例2：为生产某种产品，地方政府设计了三个方案：

方案一，建一个大工厂。

方案二，建一个小工厂。

方案三，先建一个小工厂，3年后若产品销路好，再扩建。

已知建大工厂需投资300万元，建小工厂需投资150万元，在小工厂基础上扩建需投资160万元；产品前3年销路好的概率是0.7，销路差的概率是0.3。而前3年销路好、后7年销路也好的概率是0.8，前3年销路差、后7年销路好的概率是0.1；大工厂和小工厂在不同销路状态下的损益情况如表7-18所示。

表 7-18　不同概率下大、小工厂的收益对比　　　　（单位：万元/年）

自然状态	概率	大工厂	小工厂
销路好	0.7	100	40
销路差	0.3	−20	20

扩建后使用的7年，每年的损益值与大工厂相同。试以10年为考察基础，分析三个方案中哪个为最佳方案。

这是一个多级决策问题。用决策树方法分析如下。

首先，画出决策树，如图7-7所示。然后从右至左计算损益期望值（舍小取大，标注在各结点的标号上），比较各方案的收益期望值。

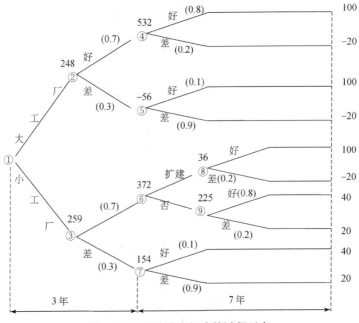

图 7-7　工厂建设多级决策过程示意

点 4 的期望值为 0.8×100×7 年+0.2×(−20)×7 年=532（万元）。

点 5 的期望值为 0.1×100×7 年+0.9×(−20)×7 年=−56（万元）。

点 2 的期望值为 0.7×100×3 年+0.7×532+0.3×(−20)×3 年+0.3×(−56)−300（投资）=247.6≈248（万元），即大工厂的损益期望值是 248 万元。

点 8 的期望值为 0.8×40×7 年+0.2×(−20)×7 年−160(扩建投资)=36（万元）。

点 9 的期望值为 0.8×40×7 年+0.2×20/7 年=225（万元）。

点 9 不如点 8，故不扩建；点 8 移至点 6。

点 7 的期望值为 0.1×40×7 年+0.9×20×7 年=154（万元）。

点 3 的期望值为 0.7×40×3 年+0.7×372+0.3×20×3 年+0.3×154−150（投资）=258.6≈259（万元）。

显然，先建小工厂，若销路好再建大工厂的方案期望值最大。因此，方案三为最佳方案，即建厂决策应该是：先建一个小工厂，3 年后如果产品销路好，就将小工厂扩建成大工厂。

必须指出，损益期望值是指今后可能得到的数值，并不代表必然能够实现的数值。因此，以损益期望值为依据而选定的最优方案，实际上也不一定是效果最好的方案。

（四）竞争型决策——对策论的理论和方法

1. 对策的三要素

（1）局中人。有权决定自己策略的对策参加者，可以是一个人，也可以是利益一致的一组人。一个对策系统中，至少包括 2 个局中人。

（2）策略集合。参加对策的每个局中人，都有自己的策略集合。当然，每个局中人至少应有不同的策略，否则，就不可能参加对策。

（3）赢得函数。赢得是对策进行一局（自己的一个策略与对手某一策略作用）的结果。显然，在对策中，当局中人之一改变了策略，"局势"也就变了，因而局中人的赢得也就改变了。因此说，赢得是局势的函数，称为赢得函数。

2. 对策的分类

对策可以按照局中人的数目而区分为双方对策和多方对策；对策进行的结果，如果胜者所得到的就是输者所失去的，也就是局中人赢得的代数和为零，那么，这种对策就叫零和对策，赌博就是一种零和对策；有时对策的结果就是各局中人瓜分某一固定的常数，称这种对策为常数和对策；有时对策的结果既不是零和的，也不是瓜分某一常数，则称此类决策为非零和对策。人和地之间的关系，经济合作各方之间的关系，常是非零和的。N 方非零和对策，可以转化成 $N+1$ 方零和对策。

局中人的一个策略中可以只有"一着"的策略和"许多着"的策略。前者如二人剪刀、石头、布游戏，一次决定胜负，出剪刀或石头或布就是"一着"；后者如下象棋，需要很多步。有的对策问题，策略是有限的，每一策略所组成的"一着"也是有限的，称为有限对策；否则，称为无限对策。

对策还可以按策略是否为时间的函数而区分为静态对策和动态对策，二人零和对策是最常见的静态对策。

3. 矩阵对策

在零和对策中，如果局中人只有 2 个，并且每个局中人的策略集合中的元素是有限的，称为二人有限零和对策。这种对策的赢得函数可以用一个矩阵来表示，所以称为矩阵对策，而赢得函数矩阵称为对策矩阵。

用 I、II 表示局中人，假如 I 共有 m 个策略，以 a_i 表示其中的第 i 个策略，记这个策略集合为 s_1，则

$$s_1=(a_1, a_2, \cdots, a_m) \tag{7-67}$$

同理，如局中人 II 共有 n 个策略，以 b_j 表示其中的第 j 个策略，记这个策略集合为 s_2，则

$$s_2=(b_1, b_2, \cdots, b_n) \tag{7-68}$$

以行表示局中人 I 的策略，以列表示局中人 II 的策略，则 i 行和 j 列交点处即表示局中人 I 采取第 a_i 策略，局中人 II 采取第 b_j 策略所形成的局势。如果根据对策结果规定，在局势（a_i，b_j）时 I 的赢得是 p_{ij}（p_{ij} 为正，表示 I 的收入、II 的支出；p_{ij} 为负，表示 I 的支出、II 的收入），显然 II 的赢得与 I 赢得是互为相反数。局中人 I 在各种局势下的赢得可用表 7-19 表示。

表 7-19　局中人 I 的赢得表

II 的策略 / I 的策略	b_1	b_2	$\cdots$	b_j	$\cdots$	b_n
a_1	p_{11}	p_{12}	$\cdots$	p_{1j}	$\cdots$	p_{1n}
a_2	p_{21}	p_{22}	$\cdots$	p_{2j}	$\cdots$	p_{2n}
$\vdots$						
a_i	p_{i1}	p_{i2}	$\cdots$	p_{ij}	$\cdots$	p_{in}
$\vdots$						
a_m	p_{m1}	p_{m2}	$\cdots$	p_{mj}	$\cdots$	p_{mn}

田忌赛马是比较典型的二人零和对策，可用矩阵对策的方法把齐王在赛马中的各种局势的赢得表示出来。

由于齐王和田忌约定三个等级马中各选一匹马进行比赛，所以，对策的一局就是赛完三匹马。因此，在这个对策中，一个局中人的完整行动方案应该是确定三个等级马的比赛顺序。记齐王策略（马的出战顺序）为

a_1：上，中，下　　a_2：上，下，中　　a_3：中，上，下
a_4：中，下，上　　a_5：下，上，中　　a_6：下，中，上

田忌的策略集合与齐王相同，表示方法一样。由于已知齐王的每一个同等级的马均比田忌的强，而次一等级的马均不如田忌上等级的马，可以算出齐王的各种策略的赢得，如表 7-20 所示。

表 7-20　齐王赢得表

田忌策略 / 齐王策略	上中下	上下中	中上下	中下上	下上中	下中上
a_1 上中下	3	1	1	1	-1	1
a_2 上下中	1	3	1	1	1	-1
a_3 中上下	1	-1	3	1	1	1

续表

田忌策略 齐王策略	上中下	上下中	中上下	中下上	下上中	下中上
a_4 中下上	−1	1	1	3	1	1
a_5 下上中	1	1	1	−1	3	1
a_6 下中上	1	1	−1	1	1	3

　　齐王每一策略赢得的代数和是 6，六种策略的总赢得是 36，可见优势之明显。但每一策略中，都存在一个局势，其所得是−1。孙膑就是选择了这个局势，使田忌在赛马中战胜了齐王。如果齐王懂得对策，在选择赛马出战顺序上也能像孙膑那样，考虑对手的策略，则获胜的机会将大大超过田忌。

　　区域之间、区域内部不同集团之间的关系，包括合作与竞争、利益分配等，都可以用对策理论来解释，有的也可以用对策模型加以描述、甚至分析。

复习思考题

　　1. 解释概念：生活质量指数（PLQI）；人类发展指数（HDI）；风险型决策；AHP；情景分析法。
　　2. 简述区域系统分析的特点和原则。
　　3. 分析说明如何用比较的方法进行区域系统分析。
　　4. 分析说明如何用评价的方法进行区域系统分析。
　　5. 根据预测原理和方法，预测我国 2020 年人口、GDP 和人均 GDP。
　　6. 简述线性规划的原理和建模过程。

进一步阅读

安虎森. 2005. 空间经济学原理. 北京：经济科学出版社.

顾凯平，高孟宁，李彦周. 1992. 复杂巨系统研究方法论. 重庆：重庆出版社.

侯景新，尹卫红. 2004. 区域经济分析方法. 北京：商务印书馆.

魏后凯. 2006. 现代区域经济学. 北京：经济管理出版社.

吴殿廷. 2016. 区域分析与规划教程. 2 版. 北京：北京师范大学出版社.

张敦富. 2013. 区域经济学导论. 北京：中国轻工业出版社.

　　Albegov M. 1983. Regional Development Modelling: Therory And Practice. North-Holl And Publishing Company.

　　Shahrokh F, Labys W C. 1985. A commodity-regional model of West Virgina. Journal of Regional Science, 25(3): 383-411.

第八章 区域规划准则

本章需要掌握的主要知识点是:

区域规划的目标是什么?

区域规划包括哪些层面?

区域规划与区域政策、区域治理及可持续发展之间,有怎样的联系和区别?

区域规划的基本要素是什么?

泽恩炀组织区域规划的实施?

如何进行区域规划实施监测?

2015 年 4 月 23 日联合国人居署理事会第 25/6 号决议通过了《城市与区域规划国际准则》,该准则主要从城市化和城市规划的角度提出了城市与区域规划的一般认识与要求。区域不同于城市,区域规划也不同于城市规划。区域规划是为实现一定地区范围的开发和建设目标而进行的总体部署,关注的是一个"面";后者是对城市未来发展、空间布局和各项工程建设的综合部署,关注的是一个"点"(城市)。虽然城市是区域的重要组成部分,而且越来越重要,但毕竟二者的着眼点不同,追求的目标也不同。所以,有必要对联合国的《城市与区域规划国际准则》进行改造,提出专门的区域规划国际准则。

下面就是在联合国《城市与区域规划国际准则》的基础上所进行的简单修改而形成的区域规划准则,供从事区域规划研究、实施和管理的人员参考,也是从世界区域规划的最新进展角度对本教材做出的总结。

第一节 导 言

一、目 标

区域规划准则(以下简称准则)旨在为改善国家和地方政策、规划和实施进程搭建一个框架,推动经济社会发展更有序、更有效,促进区域可持续发展。

准则的核心目标如下。

(1)制定一个普遍适用的参考框架,指导全球的区域政策改革。

(2)从各国和各地区的经验中总结出普遍原则,支持制定适用于不同情况和尺度范围的各种规划方案。

(3)与其他促进区域可持续发展的国际准则相互补充和衔接。

(4)提升区域议题在国家、区域和地方政府发展议程中的地位。

二、定义和范围

区域规划是一个决策过程,它通过制定各种发展愿景、战略和方案,运用一系列政策原理、政策工具、体制机制、参与和管治程序，实现经济、社会、文化和环境的目标。

区域规划具有促进经济发展的基本功能。作为一种重塑区域形态和功能的手段，规划能够加快本土经济的增长、促进繁荣和就业，同时也是应对最脆弱、最边缘化或无法充分享受服务的群体需求的有力工具。

准则将推广区域规划的关键原理和建议，帮助所有国家和区域，有效地引导生产要素和区域人口转移，促进经济社会发展，改善城乡居民生活质量。

根据权利行使的基层原则和各国的具体治理安排，应在以下各个尺度层面的空间规划中使用本准则。

（1）跨（国）境层面。跨（国）境区域战略能够直接引导投资，应对气候变化和能源效率等全球性问题，推动跨境区域内的地区整合扩展，降低自然灾害的风险，改善共有自然资源的可持续管理。

（2）国家层面。国家规划能够利用现有及规划中的经济支柱和大型基础设施，以便支撑、构建和平衡包括区域交通走廊、江河流域在内的城镇体系，从而完全释放其经济潜力。

（3）城乡层面。区域规划可以提升规模经济和集聚经济效应，提高生产力和繁荣程度，加强城乡联系和适应气候变化影响的能力，降低灾害风险和能耗强度，应对社会和空间不平等问题，以及促进城乡之间的互动融合和协同发展。

（4）地方层面。区域发展战略和综合发展规划有助于对投资决定进行优先排序，鼓励彼此割离的地区之间协同互动。土地利用规划有助于保护环境敏感地区，加强土地市场监管。区域扩展规划和填充式规划有助于最大限度地降低交通和服务供应成本，优化土地的利用，支持区域开放空间的保护和布局。区域布局调整和更新改造规划有助于提高居住和经济密度，促进社区的社会融合。

无论采用何种方法，一个规划的成功实施，需要强大的政治意愿、所有相关利益相关方参与的恰当的伙伴关系，以及三个关键的促成因素：①透明且可执行的法律框架。应强调建立规章制度体系，为区域发展提供一个稳定且可预测的长期法律框架。应特别关注问责制、可实施性和法律框架必要的强制执行能力。②健全且灵活的区域规划和设计。公共资源分配是创造区域价值的主要因素之一，应特别关注公共资源的分配，通过提供合理的空间组织形式和道路连通性，配置开放空间。此外，明确可建设和需要调整的用地布局，包括适当的建筑密度、经济密度和人口密度控制，兼顾产业集聚区与人口集聚区的融合发展也同样重要，这样可以减少交通需求，提高服务供应的效率和效益。最后，公共空间配置应促进社会融合互动，提升区域的文化内涵。③可负担且具有成本效益的财政计划。一个区域规划的成功实施，取决于其良好的财政基础，包括启动公共投资，以产生经济和财政效益，并覆盖运行成本的能力。政府的财务方案应包括实事求是的收入计划，包括所有利益相关方共享区域价值，以及能满足规划要求的支出计划。

上述三个要素应达成平衡，以确保在区域工作方面取得积极且可实现的成果。这必将带来不断增强的跨部门合力、成果导向的伙伴关系，以及简化有效的工作程序。

第二节　区域规划准则

一、区域政策和治理

（一）原理

区域规划不仅是一项技术工具，更是一项综合解决利益冲突的参与式决策进程，并且与共同愿景、总体发展战略和各项国家、区域及地方政策相互衔接。

区域规划是区域治理新范式的核心组成部分，可以促进地方民主、参与度、包容性、透明度及问责制，以期确保区域可持续发展和空间秩序。

（二）各国政府的责任

各国政府应与其他各级政府机构、相关合作伙伴一道：

（1）制定国家层面的区域政策框架，推广区域可持续发展模式，涉及当前和未来居民的适足生活水平、经济增长和环境保护、区域和其他人类住区之间的平衡体系，以及所有公民的明确土地权利和义务（包括贫民土地权保障），以此作为各级区域规划工作的基础。另外，区域规划将成为一项工具，用以将政策转化为行动方案，并为政策调整提供反馈。

（2）为区域规划制定有力的法律和制度框架：

确保在制定区域规划时，充分考虑经济发展的周期性特征，以及国家各部门的政策，并确保在开展国家规划工作时，充分体现地方经济的特色和优长。

承认区域之间的差异，以及空间协调和区域均衡发展的必要性。

根据权利行使的基层原则，对自下而上和自上而下方法的结合使用做出适当安排，促进区域与城市、区域和国家规划之间的联系和协同，确保各项举措在部门和空间层面协调一致。

制定基本规则，并建立相应机制，协调区域间的规划与管理。

将合作伙伴关系和公众参与正式确定为政策的核心原则，让公众、民间社会组织和私营部门的代表参与到区域规划活动中，确保规划人员在实施这些原则时发挥积极的支持作用，并建立广泛的磋商机制，举办论坛，推动有关区域发展问题的政策对话。

促进对土地和房地产市场的监管，保护人工环境和自然环境。

允许制定新的监管框架，促进连续不断地以互动方式，实施并修订完善区域规划。

为所有利益相关方提供公平的竞争环境，以刺激投资，提高透明度，尊重法治，减少腐败。

（3）根据《关于权力下放和加强地方主管部门的国际准则》，界定、实施和监测权力下放工作和基层政策，加强地方主管部门的作用、职责、规划能力和资源。

（4）构建区域间合作框架，衔接多层次治理体系，支持建立各类跨区域、跨城市的机构，辅以适当的监管框架和财政激励机制，从而确保区域规划和管理工作在适当的规模范围内开展，相关的项目能够获得必要的资金支持。

（5）推动立法工作，明确地方主管部门对于规划的制定、审批和修改负有领导责任，同时明确，如果需要将规划变成具有法律约束力的文件，必须保证规划与其他各级政府机构制定的政策并行一致。

（6）加强并授权地方主管部门，确保规划原则、条例和规章得到实施，有效地发挥作用。

（7）开展与专业规划组织和网络、研究机构及民间社会的合作，建立区域规划方法、模式和实践的观察机制，以便记录、评估和综合各国经验，组织并分享案例研究，向公众提供信息，并按需向地方主管部门提供帮助。

（三）地方主管部门的责任

地方主管部门应与其他各级政府机构、相关合作伙伴一道：

（1）为制定区域规划提供政治领导，确保与部门规划、其他空间规划及周边地区的发展相互衔接配合，从而在适当的空间范围内规划和管理区域。

（2）负责其管辖范围内的区域规划的审批、持续的评估和修订（如每5年或10年一次）。

（3）将提供公共服务纳入规划过程，参与区域间及多层级合作，促进产业、住房、基础设施和服务设施的建设和融资。

（4）促进区域规划与区域管理相结合，确保上位规划和下位的实施相互衔接，确保长远目标与各项计划、短期管理活动及部门项目之间协调一致。

（5）对具体承担区域规划制定工作的专业人员和私营公司进行有效监管，确保各项规划方案符合地方政治愿景、国家政策和国际原则。

（6）确保区域法规得到执行并有效发挥功能，采取必要行动，避免非法开发行为，尤其是要关注面临风险、具有历史、环境或农业价值的地区。

（7）建立利益相关多方的监测、评价和问责机制，以便透明地评估各项计划的实施情况，并为必须对长短期项目和计划方案采取的纠正行动提供反馈意见和信息。

（8）分享各自的区域规划经验，参与区域间合作，以推动政策对话和能力建设，推动地方政府联盟参与国家和地方层面的政策与规划工作。

（9）建立适当的参与机制，促进区域利益相关方，尤其是社区、民间社会组织和私营部门，有效而平等地参与到区域规划的制定和实施工作中，促进民间社会的代表，尤其是青年，参与实施、监测和评价工作，确保他们的需求在规划过程中得到考虑和回应。

（四）民间社会组织及其协会的责任

民间社会组织及其协会应：

（1）参与区域规划的制定、实施和监测工作，帮助地方主管部门识别需求和优先事项，并尽可能根据现有法律框架和国际协定，行使其参与协商的权利。

（2）动员群众，代表群众，尤其是不同年龄、性别的贫民和脆弱群体，参与区域规划的公共协商，推动公平的区域发展，倡导和平的社会关系，优先考虑最不发达地区的基础设施和公共服务。

（3）提高公众认识，动员公众舆论，防止非法和投机的投资行为，尤其是那些可能危害自然环境、导致低收入和脆弱群体流离失所的开发建设。

（4）促进确保区域规划长远目标的持续性，即使在政治变革或出现短期障碍时也不例外。

（五）规划专业人员及其学会的责任

规划专业人员及其学会应：

（1）在规划制定和修订的各个不同阶段，贡献其专长，动员关心其意见的利益群体，促进区域规划进程。

（2）在倡导更加包容平等的发展中发挥积极作用，具体方法既有促进公众广泛参与规划工作，也包括把相关内容纳入规划、设计、法规、章程和规则等规划手段中。

（3）推动区域规划领域的研究，促进规划知识的增长，组织各类研讨会和协商论坛，提高公众对准则中所提建议的认识。

（4）与各类学习和培训机构合作，审查和编写区域规划方面的大学课程和专业课程体系，在这些课程中引入本准则的内容，并作必要的改编和进一步的阐述，促进能力提升。

二、可持续发展的区域规划

区域规划能够在诸多领域促进可持续发展，它应该与可持续发展的三个互补方面紧密联系：社会发展和社会包容、可持续经济增长，以及环境保护和管理。以协同方式整合这三方面的内容，既需要政治承诺，也需要所有应参与区域规划进程的利益相关方的共同参与。

（一）区域规划与社会发展

1. 原理

区域规划的首要目的，是在当今和未来社会的各个领域，实现恰当的生活水平和工作条件，确保区域发展的成本、机会和成果得到公平分配，特别是要提高社会包容性和凝聚力。

区域规划从本质上讲是一项对未来的投资，它为提高生活质量、成功实现尊重文化遗产和文化多样性的全球化进程，以及承认不同群体的多样性需要提供了必要的前提条件。

2. 各国政府的责任

各国政府应与其他各级政府机构和相关合作伙伴一起：

（1）监测区域的空间利用格局的演变，支持地方主管部门和社区旨在提高社会和地域凝聚力及包容性的规划努力。

（2）推动制定减贫战略并加以具体落实，支持创造就业岗位促进所有人体面地工作，包括解决流动人口和流离失所者等脆弱群体就业的特殊需求。

（3）提供适当的财政激励和针对性的补贴，加强地方财力，授权地方主管部门，通过区域规划手段确保有助于解决社会不平等问题，促进文化多样性。

（4）促进在区域规划过程中实现文化遗产和自然遗产的认定、保护和发展的一体化。

3. 地方主管部门的责任

地方主管部门应与其他各级政府机构及相关合作伙伴一起：

（1）编制和推行包含以下内容的区域规划：一个清晰、分步骤、有重点的空间框架，确保所有人享有基本服务；一个关于土地、城市建设和交通方面的战略指引和规划图，特别关注低收入和社会脆弱群体的当前和预期需要；鼓励社会融合和土地混合使用的法规，为广大民众提供有吸引力的、可负担得起的公共服务、住房和就业机会。

（2）提倡社会和空间的融合度和包容性，为改善社区的社会文化生活做出贡献。

（3）根据男女老少不同的需求，提供高质量的公共空间，改善和活化现有的公共空间，如广场、街道、绿地和体育场馆，使其更加安全，并且人人都可享用。应该认识到，这些场所是区域活力和包容性生活不可或缺的平台，也是基础设施建设的主要内容。

（4）确保每位居民都能够获得安全、可负担得起的饮用水和充足的卫生服务。

（5）促进土地混合使用，构建安全、舒适、可负担且可靠的交通系统，以及根据不同地区地价和房价的差别，采用不同的保障性住房解决方案，以缩短居住、工作和服务区域之间的通勤时间。

（6）充分认识发展区域文化、尊重社会多样性是社会发展的组成部分，并且具有重要的空间意义，鼓励开展室内（博物馆、剧院、电影院、音乐厅等）和户外（街头艺术、歌舞游行、乡村旅游等）文化活动。

（7）保护和重视文化遗产，包括传统住区和历史街区、宗教和历史古迹、考古区域及文化景观。

（二）区域规划与可持续经济增长

1. 原理

区域规划是经济可持续和包容性增长的催化剂，它提供了一个有力的框架，有助于创造新的经济机会，监管房地产市场，及时提供充足的基础设施和基本服务。

区域规划是一个强大的决策机制，可确保可持续经济增长、社会发展和环境可持续性齐头并进，以促进各个地域层面之间更好地相互连通。

2. 各国政府的责任

各国政府应与其他各级政府机构和相关合作伙伴一起：

（1）通过适当的产业、服务和教育机构集群发展，规划并支持相互连通的多中心城市的发展，以此为战略，提升毗邻城市之间、城市与其农村腹地之间的专业化、互补性、协同效应，以及规模经济与集聚经济效应。

（2）与包括私营部门在内的有关各方建立动态伙伴关系，依据规模经济和集聚经济效应、就近原则和连通性的原则，确保区域规划协调经济活动的空间区位和分布，从而提高生产力，提升竞争力，促进繁荣发展。

（3）支持区域间的合作，确保资源得到优化应用和可持续利用，防止地方主管部门之间的不正当竞争。

（4）制定地方发展政策框架，将地方经济发展的关键概念适当聚焦，通过鼓励个人和私人的主动精神，在区域规划进程中扩大或复苏地方经济，增加就业机会。

（5）制定信息和通信技术政策框架，该框架充分考虑地域限制和机会，加强地域实体和经济活动者之间的联系。

3. 地方主管部门的责任

地方主管部门应与其他各级政府机构及相关合作伙伴一起：

（1）承认区域规划的主要作用之一是为高效的主干基础设施建设、提高流动性、促进构建区域增长极提供必要的依据。

（2）确保区域规划能够创造更为有利的条件，以建立安全可靠的公共交通和货物运输系统，同时尽量减少个人交通工具的使用，从而以节能和负担得起的方式加强区域流动性。

（3）确保区域规划有利于为经济主体和居民提供更多、更均衡和负担得起的信息基础设施和服务，促进区域内基于知识的开发建设。

（4）将清晰详尽的投资规划内容纳入区域规划，包括公共和私人部门在承担投资、运营和维护成本方面预期可能做出的贡献，以便合理调动资源（地方税、内源性收入、可靠的转移机制等）。

（5）利用区域规划及相关先进的土地用途管治规则，如基于形态的设计准则，或基于绩效的分区管治，管理土地市场、建立开发权市场、调动区域金融（包括如以土地为基础进行融资），以及部分回收基础设施和服务方面的公共投资。

（6）利用区域规划来引导和支持地方经济发展，特别是创造就业机会，发展地方社区组织、合作企业、小微企业，推动产业和服务的适度集聚。

（三）区域规划与环境

1. 原理

区域规划提供一个空间框架，保护和管理区域的自然环境和人工环境，包括生物多样性、土地和自然资源，确保综合性可持续发展。

区域规划有利于加强环境和社会经济的抵御力、促进减缓和适应气候变化、加强管理自然和环境的危害和风险，从而提升人类安全。

2. 各国政府的责任

各国政府应与其他各级政府机构和相关合作伙伴一起：

（1）制定标准与法律法规，保护水、空气和其他自然资源、农业用地、绿色开敞空间、生态系统和生物多样性等，实现可持续管理。

（2）推动区域规划工作，强化城乡互补，提高粮食安全，促进区域间的相互联系和协同增效，将区域规划和区域发展联系起来，在区域层面（包括跨境区域）确保区域凝聚力。

（3）制定和推广合适的工具和方法，采用激励机制和管治措施，推动环境影响评估工作的开展。

（4）倡导发展紧凑型聚落，对城镇、村落蔓延现象严加管控，结合土地市场管理，制定渐次加密战略，优化区域空间利用，降低基础设施成本，削减交通需求，限制区域化地区的生态足迹，有效应对气候变化的挑战。

（5）推动节能减排，更多地使用清洁能源，减少化石燃料消耗，推行合理的能源组合，提高建筑业、工业和多模式交通运输业的能效。

3. 地方主管部门的责任

地方主管部门应与其他各级政府机构及相关合作伙伴一起：

（1）制定区域规划，提供一个应对气候变化的减缓和适应框架，提高人类住区（尤其是位于脆弱和非正规地区的人类住区）的抵御力。

（2）建立和实行高效的低碳经济发展模式，提高能源使用效率，增加可再生能源的产量和使用。

（3）在低风险地区提供必要的公共服务、基础设施和住宅开发，通过自愿参与的方式，促使高风险地区的居民到更合适的地方重新定居。

（4）评估气候变化的意义和潜在影响，保证区域的关键功能在灾难或危机中继续发挥作用。

（5）将区域规划作为改善水和卫生服务供应、减少空气污染和水资源浪费的行动计划。

（6）综合私营部门和民间社会组织的力量，通过区域规划，认定、复兴、保护和建造具有特殊生态或遗产价值的高质量公共空间和绿色空间，避免产生热岛效应，保护当地的生物多样性，支持建立多功能公共绿色空间，如可滞留和吸收雨水的湿地等。

（7）确定和认可已趋衰落建筑环境的价值并加以振兴，以便利用原有资产，加强社会对其价值的认同。

（8）将固体和液体废物管理及回收纳入空间规划，包括填埋场和回收场地的选址。

（9）与服务供应商、土地开发商和土地所有者开展合作，将空间和部门规划紧密联合起来，促进部门间各类服务（如供水、排污和卫生设备，能源和电力，通信和交通）的协调和协同增效。

（10）通过激励机制和限制措施，推动建造、改装和管理"绿色建筑"，同时监测其经济影响。

（11）做好街道设计，鼓励步行、非机动交通和公共交通，有利于种植树木遮阴，吸收二氧化碳。

三、区域规划的要素

（一）原理

区域规划在不同的时间和空间范围内，整合若干空间、体制和金融维度。它是一个持续反复的过程，以强制性的规定为基础，旨在提高空间利用效率，加强地域之间的协同增效。

区域规划（包括空间规划）使得基于不同愿景的政治决定更加顺利，也更加相互衔接，它将这些决策转化为行动，改造物质和社会空间，支持区域的综合开发。

（二）各国政府的责任

各国政府应与其他各级政府机构和相关合作伙伴一道：

（1）推动将空间规划作为一种促进机制和弹性机制，而不是作为一张固定不变的蓝图。应以参与性的方式制定空间规划，各种版本的空间规划应便于广大民众访问和方便使用，并且便于他们轻松理解。

（2）提高公众的区域规划意识，提升民众的能力，尤其需要强调，区域规划不只是不同空间尺度的产品（规划方案、相关规则和法规），更是一个过程——制定、修改和实施规划的机制、过程。

（3）建立人口、土地、环境资源、基础设施、服务和相关需求的数据库、注册系统和地图测绘系统，并加以必要的维护，以此作为制定和修订空间规划和法规的基础条件。这些系统的建设，应该结合利用当地的知识、现代信息与通信技术，充分考虑区域的具体分类数据。

（4）对区域规划建立全面的分期、更新、监测和评估体系，必要时通过立法予以落实。这些系统最根本的要素，包括绩效考核指标体系和利益相关方的参与。

（5）支持设立专门的规划机构，保证其结构合理、资源充足，并且技能不断提升。

（6）建立有效的金融和财政框架，支持地方层面开展区域规划。

（三）地方主管部门的责任

地方主管部门应与其他各级政府机构及相关合作伙伴一道：

（1）制定共同的空间战略愿景（以必要的规划图为支持），确立一套各方认同的目标，清晰地反映政治意愿。

（2）详细拟定区域规划方案，保持彼此相互衔接，包括下列多个空间组成部分：①发展愿景。其制定要对人口、社会、经济和环境趋势进行系统分析，充分考虑土地利用和交通运输之间的重要关系。②明确的优先次序和分期安排。针对希望达成或可能实现的空间结果，在恰当的时间尺度上，基于合理的可行性研究基础上提出。③反映区域预期增长规模的空间布局方案。包括区域空间拓展规划安排、区域的合理加密与再开发、紧密相联的城市群体系及高质量的公共空间。④规划设计方案。以环境条件为基础，优先保护重要生态地区和灾难多发地区，尤其关注土地的混合使用、聚落形态与区域结构、交通与基础设施开发，灵活应对未来不可预见的变化。

（3）确立体制安排，建立参与框架和伙伴关系框架，达成利益相关方协议。

（4）设立一个能通报区域规划进程，并允许对提案、规划方案和最终的成果进行严格监测和评估的知识库。

（5）设计一项人力资源开发战略，提升本地的能力，必要时可寻求其他政府部门的支持。

（6）应确保做到以下几点：①土地利用和基础设施的规划与实施，应在空间上相互关联和协调，因为基础设施建设离不开土地，而且会对土地价值产生直接影响；②除其他事项外，基础设施规划必须重点研究主干铁路网、干线公路网、数字通信和应急抢险之间的关联；③区域规划的制度组成部分与财务组成部分密切相关，为此应建立合理的实施机制，如参与式预算、公私伙伴关系和多层级融资计划。

（四）民间社会组织及其协会的责任

民间社会组织及其协会应：

（1）通过参与式进程，包括咨询所有利益相关方，在民众关系最密切的公共部门推动下参与制定总体空间愿景，对项目的优先程度进行排序。

（2）宣传能够促进下述方面的土地使用规划和法规：社会和空间包容，保障贫民土地权益，可负担性，合理提高密度，土地混合使用和相关的分区制度，充足且便利的公共空间，保护重要的农业用地和文化遗产，以及有关土地所有权、土地注册系统、土地交易和土地融资的改进措施。

（五）规划专业人员及其学会的责任

规划专业人员及其学会应：

（1）开发新工具，跨地区、跨部门转让知识，推进一体化、参与式和战略性规划。

（2）将预报和预测结果转化为规划的备选和设想方案，帮助政府决策。

（3）在不同阶段、不同部门和不同规划尺度范围内，确认并确保协同增效。

（4）支持对脆弱和弱势群体及土著居民的赋权，建立和宣传规划的实证方法。

四、区域规划的实施和监测

（一）原理

充分、全面地实施区域规划，需要政治领导力、合理的法律和制度框架、有效的区域管理、更好的协作、凝聚共识的方法和减少重复劳动，如此才能持之以恒地、积极有效地应对当前和未来的挑战。

区域规划的有效实施及评估，尤其需要在各个层级对实施过程进行持续监测、定期调整，还需要具备充分的能力、可持续的筹资机制和技术保障。

（二）各国政府的责任

各国政府应与其他各级政府机构及相关合作伙伴一道：

（1）对法律法规定期进行严格审查，将其作为规划实施的重要工具，确保其切合实际且便于执行。

（2）确保所有居民、土地和投资商及从业人员遵守法治。

（3）在规划实施的伙伴中，推动各方落实问责和冲突解决机制。

（4）对区域规划的实施情况进行评估，为地方主管部门提供财政和财务激励及技术援助，主要用于应对基础设施短缺的问题。

（5）鼓励学术和培训机构参与区域规划的实施，提升所有规划相关学科的高等教育程度，为区域规划专业人员和区域管理者提供在职培训。

（6）围绕区域规划的实施进程、调整方案和面临的挑战，以及区域数据及统计资料的公开自由获取，推动相关的监测和报告工作。吸纳区域规划专业人员、民间社会组织和媒体的积极参与。

（7）鼓励区域间的经验交流，促进区域之间的合作，以此作为改进规划、实施和区域管理实践的重要方式。

（8）开发、建立健全区域规划的监测、评估和问责制度，根据成果和过程的跟踪指标，汇总定量和定性信息及分析结论，接受公众监督。以国家和本地制度为基础，交流国际经验教训。

（9）推行无害环境技术、数据采集地理空间技术、信息和通信技术、大数据技术、企业注册和财产备案系统，促进交流和知识共享，从技术和社会两方面支持区域规划的实施。

（三）地方主管部门的责任

地方主管部门应与其他各级政府机构及相关合作伙伴一道：

（1）对区域规划中规定的各项实施活动，采用高效、透明的机构设置，明确领导和伙伴关系，协调各地区、各部门的责任。

（2）选择切实的财务方案，推动渐进式、阶段性的规划工作，明确所有预期的投资来源（预算内或预算外、公共或私营等）、资源开发和成本回收机制（拨款、贷款、补贴、捐赠、用户收费、土地费用和税收），以确保财政可持续性和社会承担能力。

（3）确保各级政府按规划中确定的需求，分配公共资源，并且有计划地引导其他资源。

（4）确保创新筹资来源得到开发、测试、评估和必要的推广。

（5）通过培训、经验和专业知识交流、知识转让和有组织的评论，在地方层面的规划、设计、管理和监测工作中，加强机构和人员的能力建设。

（6）支持实施过程中所有阶段的公共信息、教育和社区动员活动，让民间社会组织参与到规划方案的设计、监测、评估和调整中。

（四）民间社会组织及其协会的责任

民间社会组织及其协会应：

（1）动员相关社区、联络伙伴团体，在相关委员会和其他体制安排中，表达对包括贫困人群在内的公众的关切，为实施各项规划做出积极贡献。

（2）就规划实施各阶段可能遇到的机遇和挑战，向主管部门提供反馈，并就必要的调整和纠正措施提出具体建议。

（五）规划专业人员及其学会的责任

规划专业人员及其学会应：

（1）为不同类型规划的实施提供技术援助，支持空间数据的收集、分析、使用、共享和传播。

（2）设计和组织培训班，提高政策制定者和地方领导人对区域规划问题的认识，尤其是使其认识到这些规划需要持续、长期的实施和问责制。

（3）承担与实施这些规划有关的在职培训和应用型研究，以期汲取实践经验，为决策者提供实质性反馈意见。

（4）制作可用于公共教育、提高认识和广泛动员的规划模型。

复习思考题

1. 不同层面的区域规划各有哪些诉求？
2. 在区域规划编制和实施中，各国政府的责任是什么？
3. 在区域规划编制和实施中，地方政府的责任是什么？
4. 在区域规划编制和实施中，社会团体的责任是什么？
5. 在区域规划编制和实施中，规划专业人员及其学会的责任是什么？

进一步阅读

欧洲空间规划材料，请自行在图书馆或网上查找。

德国空间规划材料，同上。

日本国土规划材料，同上。

联合国人居署《城市与区域规划国际准则》。

后　记

　　我在北京师范大学一直从事区域分析与规划教学和研究工作。得益于北京师范大学"区域地理"国家级教学团队、北京师范大学区域经济学重点学科的支持和同事们的帮助，该课程先后获得学校优秀教学成果奖一等奖、北京市优秀教学成果奖二等奖，也是国家级优秀教学成果奖一等奖"区域地理课程改革与建设"的重要支撑。2010年前后，国家开发银行聘请我为其员工开设区域规划讲座，并委托我和陈光主编区域规划讲义。正是在这样的基础上，我们编写了这部教材。

　　我国正在掀起区域规划热潮，各级政府每隔五年就要编制一套国民经济和社会发展规划，跨地区的区域规划也层出不穷，京津冀协同发展规划纲要、长江经济带发展规划纲要、"一带一路"愿景与行动等，更是从国家乃至国际角度所作的区域规划范例。

　　区域规划的对象是区域，目的是促进区域的发展和协调发展。作为地球表层的空间系统，区域规划和一般的经济社会发展规划相比，更注重空间关联和协同发展。基于这种认识，我们设计了本教材的框架体系，并结合国际上区域规划的最新进展和中国在区域规划方面的创新性探索，展开了本书的具体内容。

　　本教材由我负责总体设计和大部分章节的撰写，宋金平参与了国际研究进展方面的编写；陈光参与了中国实践方面的总结，最后由我统稿定稿。

　　本书的出版得到了科学出版社的支持，特别是地质分社副编审韩鹏老师、化学与资源环境出版分社文杨先生的大力帮助。特此说明和致谢。

吴殿廷

2017年5月端午节于京师